U0809096

蜂窝骨架纳米流控封隔器胶筒

章娅菲　于　洋　窦益华　著

中国石化出版社

内容提要

本书详细介绍了蜂窝骨架纳米流控封隔器胶筒的骨架结构、填充配方、整体材料的力学性能研究成果，包括橡胶蜂窝骨架、纳米流控系统、封隔器胶筒三大部分。可为优选橡胶蜂窝骨架结构与纳米流控填充配方、优化制备充填蜂窝骨架复合弹性材料、优化制作超高温蜂窝骨架纳米流控封隔器胶筒及其应用提供理论依据及数据支持。

本书可供从事蜂窝骨架力学性能研究、纳米流控系统基础和应用研究的学者及封隔器胶筒工程设计人员参考，也可作为高等院校相关专业研究生的参考学习资料。

图书在版编目（CIP）数据

蜂窝骨架纳米流控封隔器胶筒/章娅菲，于洋，窦益华著.—北京：中国石化出版社，2022.10
ISBN 978-7-5114-6884-0

Ⅰ.①蜂… Ⅱ.①章… ②于… ③窦… Ⅲ.①封隔器-研究 Ⅳ.①TE931

中国版本图书馆CIP数据核字（2022）第169997号

未经本社书面授权，本书任何部分不得被复制、抄袭，或者以任何形式或任何方式传播。版权所有，侵权必究。

中国石化出版社出版发行

地址:北京市东城区安定门外大街58号
邮编:100011 电话:(010)57512500
发行部电话:(010)57512575
http://www.sinopec-press.com
E-mail:press@sinopec.com
北京艾普海德印刷有限公司印刷
全国各地新华书店经销

*

710×1000毫米16开本16.5印张350千字
2022年10月第1版 2022年10月第1次印刷
定价:88.00元

前　　言

封隔器是油田作业中必不可少的一种工具，胶筒是封隔器发挥封隔环空、隔绝产层等密封作用的核心部件。由于井下工作环境恶劣、受力复杂，胶筒易产生裂纹和破损，造成封隔器密封失效。针对封隔器胶筒失效难题，融合纳米流控系统独特的温度－体积、压力－体积变化特性和蜂窝骨架比强度高的优点，构建纳米流控系统充填蜂窝骨架复合弹性材料，研制蜂窝骨架纳米流控封隔器胶筒。

蜂窝骨架纳米流控封隔器胶筒，由纳米流控系统充填蜂窝骨架后所形成的复合弹性材料制成，具有良好的耐温变、抗压变的工作特性。纳米流控系统由纳米多孔介质与功能流体构成，使用时通常封装在一个密闭环境中。为了保证纳米流控系统的可重复使用性，应选择疏水纳米多孔介质与非浸润性功能流体的组合。一个设计合理的纳米流控系统其能量存储能力是传统吸能材料的几十甚至上百倍，在小体积应用环境下具有显著的优势。蜂窝结构是覆盖二维平面的最佳拓扑结构，也是最经济的空间架构。与传统材料相比，蜂窝结构的复合材料具有质量轻、比强度高、高温性能稳定等优点。采用纳米流控系统充填蜂窝状骨架，将在增强其蜂窝骨架抗剪、承压能力的基础上，获得一种具有纳米流控系统温变、压变独特性的封隔器胶筒材料。

为了解蜂窝骨架纳米流控封隔器胶筒的力学性能，依次查明了橡胶蜂窝骨架、纳米流控系统、蜂窝骨架纳米流控封隔器胶筒的力学性能，以期为优化制备纳米流控系统充填蜂窝骨架复合弹性材料、优化制作超高温蜂窝骨架纳米流控封隔器胶筒、指导其设计和应用提供理论依据及数据支持。本书按上述三部分划分内容，介绍研究方法与研究结果。第一部分，橡胶蜂窝骨架，包括第1~3章。该部分简述了蜂窝骨架及其分析方法，阐明了胞元参数、层间排布、压缩方向、压缩速率等因素对橡胶蜂窝骨架力学性能的影响规律。第二部分，纳米流控系统，包括第4~6章。该部分简述了纳米流控系统的工作原理及研究进展，给出了纳米多孔介质孔径大小、孔径组合、功能流体、系统温度对纳米流控系统能量吸收特性的实验与分子动力学模拟研究结果。第三部分，封隔器胶筒，包括第7~9章。该部分概述了封隔器及封隔器胶筒的研究方法，阐明了蜂窝骨架纳米流控弹性材料的力学性能，以及传统封隔器胶筒和蜂窝骨架纳米流控封隔器胶筒的密封性能对比研究成果。

本书第1~4、6、8章由章娅菲完成，第7章由窦益华完成，第5、9章由于洋完成。在编写过程中，参考了许多学者专家的论著和文献资料，并由西安石油大学优秀学术著作出版基金资助出版，在此表示衷心的感谢。

由于笔者水平有限，加之书本中涉及多学科的知识，书中难免有错误和不足之处，敬请广大读者批评指正。

目　　录

1　蜂窝结构及其分析方法

图 1－1　蜂窝

自然界蜜蜂以其超然的智慧和辛勤的劳动构筑了形状优美、结构独特的六边形蜂窝，如图 1－1 所示。早在公元 4 世纪的古希腊，数学家佩波斯就提出："蜂窝的优美形状是自然界最有效劳动的代表。"他猜想，人类所见到的截面呈六边形的蜂窝，是蜜蜂采用最少量的蜂蜡建成的，这个猜测一直被称为"蜂窝猜想"。

经过长期的观察和分析，人类发现蜜蜂蜂窝是一座十分精密的建筑工程，其大小刚好可以容纳一个蜜蜂幼虫。蜜蜂建巢时，青壮年工蜂负责分泌片状新鲜蜂蜡，每片只有针头大小。而另一些工蜂则负责将这些蜂蜡仔细摆放到一定的位置，以形成竖直六面柱体。每一面蜂蜡隔墙厚度不到 0.1mm，误差只有 0.002mm。六面隔墙宽度完全相同，墙之间的角度正好是 120°，形成一个完美的正六边形的几何图形。

人类一直疑问，蜜蜂为什么不让其巢室呈三角形、正方形或其他形状呢？隔墙为什么是平面，而不是呈曲面呢？虽然蜂窝是一个三维体建筑，但每一个蜂窝都是六面柱体，而蜂蜡墙的总面积仅与蜂窝的截面有关。由此引出了一个数学问题，即寻找面积最大、周长最小的平面几何图形。1943 年，匈牙利数学家陶斯巧妙地证明，在所有首尾相连的多边形中，正多边形的周长是最小的。但如果多边形的边是曲线时，会发生什么情况呢？尽管陶斯认为，正六边形与其他任何形状的图形相比，它的周长最小，但他不能证明这一点。直到 20 世纪 90 年代，美国数学家黑尔宣称：在考虑多边形的边是曲线时，无论曲线向外突，还是向内凹，都证明了由许多正六边形组成的图形周长为最小。这些证明从理论上证实了"蜜蜂所建筑的蜂窝采用了最少的材料，构成了最大的空间"这一千年猜想[1-3]。

从技术发明的角度来看，蜂窝技术的发展可以分为四个阶段，即兴趣和启蒙阶段（公元前 60—126 年）、探索阶段（1638—1901 年）、基于结构的应用阶段（1914—1990 年）和多功能、多领域、多尺度的快速发展阶段（1990 年至今）。

在第一阶段，人们对蜜蜂的六边形蜂窝好奇了几个世纪。在经历了1000多年的沉寂之后，第二次工业革命推动了对自然界多孔结构的探索，人们对轻质结构的需求越来越大，而显微镜的发明为探索这些神奇的结构提供了合适的工具。例如，在1665年，罗伯特·胡克(Robert Hook)发现软木塞的天然细胞结构类似于六边形蜂窝。几百年来对蜂窝结构的认识积累，使蜂窝技术从第二阶段的量变发展到第三阶段的质变。1914年Höfler和Renyi申请了蜂窝结构的第一个结构应用专利，开启了基于结构的应用阶段。

图1-2 Hex Tower(十六进制塔)

自20世纪80年代以来，蜂窝结构在工程领域的应用已经显著扩展到建筑领域，如2005年Michel Rojkind设计的Hex Tower(图1-2)。此外，人们亦设计和制造了以不同材料制成的新型蜂房，以方便特定用途。特别是在过去一些年，我们见证了蜂窝结构从工程领域扩展到纳米和生物医学领域，如阳极氧化的氧化铝纳米孔阵列，聚合物薄膜的微孔阵列，活性炭蜂窝，光子带隙蜂窝结构[4]。

受自然蜂窝的启迪，人类长期研究和分析了自然蜂窝结构的特点，创造性地发明了各种蜂窝结构技术和各种蜂窝材料制品，它们有的用于新材料和新产品的研发，有的用来改善现有产品的特性，并且蜂窝结构技术有时还用来解决结构设计中面临的难题。

蜂窝结构具有优秀的力学性能和物理性能，目前常用的蜂窝结构根据基体材料不同主要可以分为金属蜂窝、纸蜂窝、塑料蜂窝以及陶瓷蜂窝。

1.1 蜂窝材料

1.1.1 金属蜂窝

金属蜂窝是金属骨架和蜂窝孔(形状与蜜蜂的巢穴极其相似)相间的一种功能复合材料。因其内部结构含有许多蜂窝状直通孔而得名。这种材料具有独特的性能：抗冲击能力、耐热防腐、导电、导热、隔热、隔声、蓄能、吸能减震、电磁屏蔽等。其性能主要取决于蜂窝的种类、蜂窝的结构(孔型、孔径、孔隙率、开口度、壁厚、密度、比表面积等)、金属基体材料等三大方面。在最近几年，金属蜂窝得到多方面的研究、开发与应用。应用已涉及航空航天、交通运输、军工、电子、环保、能源、机械、化工以及建筑等。目前，金属蜂窝的开发与应用已初步形成一种高新技术产业。

金属蜂窝的主要结构参数有：孔径、孔型(正六边形、正四边形、正三角形等)、孔隙率、开口度、密度等。根据应用目的的不同，对金属蜂窝物理性能要求不同，与其密切相关的结构参数也不同。如蓄能性能主要与孔径、孔隙率及孔型有关；渗透性能主要与孔隙率、孔表面光洁度、孔径大小有关。

1)金属蜂窝特点

(1)均匀孔径：金属蜂窝的孔径非常均匀，几何形状规则，根据用途和成型方法的不同，可大可小。

(2)高开口度：金属蜂窝的开口度随制作方法的不同而变化，一般而言，在60% ~98%的范围内变化。

(3)小密度：金属蜂窝是一种多孔的不连续材料，实体部分截面积很小，所以金属蜂窝的密度很低，一般为同体积金属的1/50 ~3/5 不等。密度小的金属蜂窝结构完全可以浮在水面上。

(4)高比表面积：金属蜂窝的比表面积很大，达 1000 ~4000m^2/g。

2)金属蜂窝的应用

一般来说，材料的性质决定了它的用途。金属蜂窝所具有的多方面优良性能，必然决定其多领域、多功能、多形式的应用。现阶段较为成熟的应用主要集中在两大方面：汽车等地面交通工具(利用其高比表面积、高比刚度)和飞机等航空航天器(利用超轻质结构、高比刚度)。金属蜂窝通常有两种使用形式：一种是把蜂窝作为夹芯来制作蜂窝夹层结构；另一种是根据其结构特点而直接应用。

(1)汽车等地面交通工具

H. Nakamure 等认为，HSCT(high speed civil transport)成功的关键在于耐热、轻质、低成本材料/结构的开发与发展，而金属蜂窝夹层结构便是一种有希望这样的结构，可广泛应用于船舶、高速火车、汽车及房屋建筑和高桥结构。具体来说，利用金属蜂窝吸能减震、高比刚度的优良性能，可制造汽车、火车和轮船等地面交通工具的前部和尾部的防护杆以及顶棚，还可以用作减震装置；利用其隔声性能，制成金属蜂窝隔声夹层板。但就目前来看，技术和工艺还不够完善和成熟，应用还局限在一定范围之内，还需要加强理论研究和加大开发力度。相对而言，已进入实际应用领域并渐显优越性的则是汽车尾气催化净化器。

据报道，汽车排放污染物的60% ~80%来自冷启动后的120s，因此要求催化净化器载体热容量小，起燃温度低。与传统的陶瓷载体相比，金属蜂窝载体具有起燃温度低、净化效率高、排气背压小、高比表面积、高机械强度、抗氧化性和震动性优良等优点。利用金属的导热性，人们利用非尾气加热催化剂成为可能；利用金属的导电性，采用电加热金属蜂窝载体，催化剂能在30s内达到起燃温度(350℃)。近几年，国外一些高级轿车上已开始采用抗氧化性优良的不锈钢箔或合金制成的金属蜂窝作为载体。

表1－1是金属蜂窝载体与陶瓷蜂窝载体的部分比较数据。从表1－1可以看出，金属载体的壁厚不到陶瓷载体的30%，开孔率比陶瓷载体提高了近1/3，单位体积表面积明显高于陶瓷载体，对降低排气背压有利。

表1－1　金属蜂窝载体与陶瓷蜂窝载体的物理参数

参数	金属蜂窝载体		陶瓷蜂窝载体	
孔数	400	500		400
壁厚/mm	0.04	0.2		0.15
开孔率/%	91.6	90.6	67.1	76.0
比表面积/(m^2/g)	3.2	3.6	2.4	2.79
载体重量/g	620	690	690	550
比热容/[kJ/(kg·K)]	0.5		1.05	
热导率/[W/(m·K)](20℃)	14		1.0	
热导率/[W/(m·K)](600℃)	20		0.8	
载体材料密度/(kg/m^3)	7.3		2.5~2.7	
每m^3载体从0℃加热到100℃所需热量/($\times10^3$kJ)	31		63	

早在20世纪60年代初，美国就开发出第一代金属蜂窝载体催化器，它的载体是由平楞和瓦楞型的金属薄片相叠后卷绕而成的圆柱形基体和外壳组合而成，但是金属薄片之间以及基体与外壳之间的黏结问题没有解决，直到20世纪80年代，使用真空硬焊接工艺，才解决了金属蜂窝载体的固定问题。

金属蜂窝载体的不足在于：耐热性较差、制备工艺更严格、在剧烈温度变化下载体和催化剂涂层结合的牢固性问题难以解决。解决办法：加强耐热合金材料的开发与研究，多元复合材料将是其发展方向之一。研究在合金中添加稀土金属的工艺与配方，例如在耐热合金中加入铈、铱、钍等可提高其抗氧化能力，只需加入0.2% Ce，便可使合金的使用寿命提高5倍，还可以增强表面膜和合金之间的结合力。寻求载体成型的简化工艺或新工艺，净成型工艺将是其发展方向之一。

(2)航空航天器

金属蜂窝结构最早是应用于飞机工业，由于其具有优良的轻质结构、高温强度、耐热、耐腐蚀、吸能减震等性能，再加上它易进行焊接、表面处理、变形等加工，便迅速技术性渗透到其他工业。目前，金属蜂窝已经广泛应用于飞机整流罩、阻流板、副翼、方向舵、侧壁、车门等承受载荷不大，但是刚性要求高、重量轻的次要结构部件。在电子设备减震垫、宇宙飞船起落架、减震元件和精密仪器的保护、机内装饰等方面有更广泛、更优势的应用。

德国 Alusuisse - Aingen 公司开发了一种蜂窝单元为六边形的铝蜂窝复合板，性能如表 1 - 2 所示，具有重量轻、刚性高、易回收、易开槽、冷弯弧、折边和压缩成型等优点。可广泛应用于航天器室内幕墙、隔板、装饰板等，也可应用于建筑外墙翻新与室内装修等。

表 1 - 2　铝蜂窝复合板(ALUCORE)的部分性能

测试项目	F06/106	F10/110	115	120	125
厚度/mm	6	10	15	20	25
面密度/(kg/m^2)	4.9	5.3	7.0	7.4	7.8
刚度/(kN/m)	0.71	2.19	7.55	13.90	22.17

金属蜂窝芯夹层结构的不足在于，制造、使用过程中容易产生脱胶、剥离等缺陷，造成大量的能源、材料、人力物力的浪费。针对这一问题，有许多的科研工作者在这一方面展开深入的研究。金属蜂窝复合板的不足在于抗弯能力与承载力欠佳。有人便采用加强边框、用厚槽型钢或镀锌铁板代替铝板制成一种新型金属蜂窝复合板，具有弹性恢复好(其破坏为延性破坏)、抗弯能力强、承载力高等优点。但造型单一、工艺复杂。由于工艺方法及制造成本的原因，目前结构上常用的是金属或非金属材料制成的六角蜂窝芯材。于是有人便将平面板材通过按有规律的线系进行皱褶，从而形成各种不同构造形式，不同几何尺寸的高度、变高度或曲面构型等复杂形状的芯材，可满足航空航天各种不同结构和功能的要求。

(3)能源

金属蜂窝具有优良的吸光性能。就正六边形的空心柱体蜂格而言，蜂格的透光率对于平行光可达到 97% 以上，对于不平行的光线，蜂格壁可以将不垂直蜂窝平面的大部分光线遮挡，如果在蜂窝的单面贴以面板，则蜂窝便具有良好的吸光性能。由于蜂格壁可以遮挡大部分阳光，使光线的多次反射都在蜂格壁上进行，因此光线几乎全被蜂窝吸收，如果蜂窝是黑色的，蜂窝的吸光性能将接近绝对黑体。利用蜂窝的吸光性能，可以制造蜂窝结构太阳能集热板。

利用金属蜂窝的高孔隙率和耐高温、耐温度变化、抗氧化性能，可用其制作隔热材料。蜂窝本身并不具有隔热性能，但是蜂窝夹层板(金属板－蜂窝－金属板)却具有良好的隔热性能。在常用的蜂窝夹层板的蜂窝芯中，实体材料的体积仅占1%～3%，其余空间内是处于密封状态的空气，由于空气的隔热性能优于任何固体材料，所以蜂窝夹层板具有良好的隔热性能。隔热材料可广泛应用于航空航天器(如火箭发动机喷注器等)、消防器具外壳、消防机器人外壳、热机外壳、锅炉外壳等。

当通孔金属蜂窝处于高热能流体之中时，由于其大的比表面积和复杂的三维流动，使之具有较高的散热能力。自然对流条件下，在一定范围内增大孔径和孔隙率可增大对流换热能力，强迫对流可显著提高换热能力。多层钛蜂窝结构已被广泛用作声学装置和紧凑换热器，可广泛应用于汽车等发动机散热器、换热器等。

(4)化工

利用金属蜂窝的高比表面积、高孔隙率、流体可透过性与可选择性等特点，在化工领域(制成的金属蜂窝，可以在化肥、制药、水处理、有机化工、食品等行业的液－液分离、固－液分离、气－固分离等工艺中发挥积极的作用)将会有潜在的广阔应用空间。例如将之应用在填充床，将大大提高流体传热传质性能。一般来说，在蜂窝颗粒固定填充床中流体流速不是太高，传质模式为对流传质和分子扩散。填充床容器壁面与床内蜂窝颗粒层之间，传热模式为导热、对流、热辐射(高温)等。有人就蜂窝热体式热交换器流动性能分析后得出：

$$h_{失} = h_1 + h_2 = P_1 - P_2 \tag{1-1}$$

式中，$h_{失}$ 为阻力损失，Pa；h_1 为局部阻力损失，Pa；h_2 为摩擦阻力损失，Pa；P_1 为流经填充床前的空气静压，Pa；P_2 为流经填充床后的空气静压，Pa；空气通过填充床的阻力损失 $h_{失}$ 仅与空气的静压有关，等于流经填充床前后的空气的静压之差。

作为具有极强生命力的新兴功能材料，通过材料工作者的不懈努力，可以预见，金属蜂窝将会广泛应用于化工分离领域、高效催化剂载体、高效电池电极、反应塔填料、热管吸液芯等。

(5)其他应用

金属蜂窝还具有以下优良特性和用途：①电磁波屏蔽性能。金属蜂窝具有较好的电磁波屏蔽性能，特别是高频电磁波，其屏蔽效果更好。可以用金属蜂窝制成电子设备外壳、电子装备室、防电磁辐射器、静电防护器等。②制作光电转化器。利用金属蜂窝大比表面积、大孔隙率的特点，可制成光电转化器。其作用机理为：当太阳光照射在金属通孔蜂窝上时，发生复杂的漫反射，从而，单位时间内吸收的光子数优于其他结构，激发出大量的电子，高效率地实现了光电转化。一般来说，孔径越小，孔隙率越大，光电转化效应越好。③传统材料/结构替代品。利用其轻质结构性能，可以作为现阶段广泛应用的水泥电线杆、天花板、地板、移动隔板、广告牌、各种轻质结构件的替代产品。④利用其吸能减震性能，可应用于高速公路的防护栏、飞机场等强声源隔声墙、民用建筑装饰隔声等[5]。

1.1.2 陶瓷蜂窝

陶瓷蜂窝是一种多孔性的工业用材料，其内部构造是许多贯通的平行通道，这些蜂窝体单元由不同形状的格状薄壁分割而成。与一般的实心块状陶瓷相比，陶瓷蜂窝具有比表面积大、质轻、热膨胀系数低、比热容大、导热性能好、抗热震性好等优异特性。

陶瓷蜂窝自问世以来，发展趋向多样化，主要材质包括堇青石、钛酸铝、碳化硅、氧化锆、氮化硅、刚玉、莫来石、石英等，也可以是其中两种或多种复合而成；陶瓷蜂窝的形状有波纹状、三角形孔、四方孔、圆孔、六角孔等。多样化的陶瓷蜂窝具有不同且优异的物理特性，使陶瓷蜂窝在环保及化工等不同领域中发挥了重要作用，目前陶瓷蜂窝按照应用领域可分为蓄热体、催化剂载体、过滤材料等。图 1－3 为各式各样的陶瓷蜂窝[6]。

图 1－3 各式各样的陶瓷蜂窝

1）陶瓷蜂窝特点

（1）陶瓷蜂窝蓄热体热容量在 1000kJ/kg 以上，产品最高使用温度≥1700℃，在加热炉、烘烤器、均热炉、裂解炉等窑炉中可节省燃料达 40% 以上，产量提高 15% 以上，排放烟气温度低于 150℃。

（2）陶瓷蜂窝填料具有比其他形状填料的比表面积更大、强度更好等优点，可使汽液分布更均匀、床层阻力降低、效果更好，且可延长使用寿命，在石化、制药和精细化工行业中作填料效果相当好。

（3）陶瓷蜂窝用在催化剂方面更具优势。以蜂窝状陶瓷材料为载体，采用独特的涂层材料，以贵金属、稀土金属及过渡金属制备，因而具有高的催化活性、良好的热稳定性、长的使用寿命、高强度等优点。

(4) 陶瓷蜂窝作为过滤材料有以下优点：化学稳定性好，耐酸碱及有机溶剂；极好的耐急热急冷性能，工作温度可高达1000℃；抗菌性能好，不易被细菌降解，不易堵塞且易再生；较强的结构稳定性，孔径分布狭窄，渗透率高；无毒，尤其适用于食品和药物的处理。

2)陶瓷蜂窝的应用

(1)陶瓷蜂窝蓄热体

陶瓷蜂窝蓄热体是具有节能和环保双重功效的蓄热式燃烧器的关键部件，以其耐高温、抗热冲击性好、质轻、蓄热能力高、压力损失小、使用寿命长、节能效率高、相对体积小等优点成为近年来研究的重点和热点。陶瓷蜂窝蓄热体广泛用于钢铁、发电、有色金属冶炼行业等高温窑炉中，起到高效节能减排的作用；陶瓷蜂窝蓄热体也应用于蓄热燃烧法(RTO)处理挥发性有机物VOCs，随着环保法规的加严，陶瓷蜂窝蓄热体在石化、电子、化学化工、制药、纺织、采矿、垃圾焚烧、印刷、喷涂、食用油等行业产生的各类有机废气处理中发挥了巨大的作用，在工业、环保领域拥有广阔的市场前景。

陶瓷蜂窝蓄热体材料通常有堇青石、钛酸铝、氧化锆、碳化硅、莫来石、刚玉等。常见的陶瓷蜂窝材料的性能如表1－3所示。由表1－3可见，堇青石陶瓷蜂窝的热膨胀系数较低，抗热震性比较好，且原材料价格便宜，但是其使用温度在1100℃左右，耐热性较差。钛酸铝陶瓷蜂窝热膨胀系数较低，抗热震性比较好，但是在高温下易分解。碳化硅、刚玉、莫来石陶瓷蜂窝耐高温、机械强度高，但是脆性大，抗热震性一般。陶瓷蜂窝蓄热体的发展难点仍在于提高蓄热材料的耐高温、耐热冲击性、高温强度等性能，单一相的陶瓷材料很难满足要求，复相陶瓷蜂窝蓄热体成为研究的重点。

表1－3　各种陶瓷材料性能

材料	密度/(g/cm^3)	耐火/℃	最高使用温度/℃	热膨胀系数/($\times10^{-6}$/℃)	抗热震性	热辐射率/%	热导率/[W/(m·K)]
堇青石	1.7	1450	1200	1～2	优	0.5～0.7	1.97～2.32
钛酸铝	3.34	>1500	1350	1.22	优	0.55	0.78
莫来石	3.23	1850	1400～1500	4.3	良	0.49～0.8	5.2
刚玉(80%～85%)	2.5～3.2	1850	1400	>7.2	一般	0.5～0.7	2.2
碳化硅	3.2	2000	1500	>4.7	一般	—	77
锆英石	3.2～3.5	2000	1150	3.3	良	0.4～0.8	2.2

为了改善堇青石耐热性差的问题，周健儿等[7]利用钛酸铝来提高堇青石陶瓷蜂窝的性能，制备出耐高温、低膨胀、高耐热冲击的钛酸铝－堇青石复相陶瓷蜂窝，热膨胀系数为$(1.5 \sim 2.5) \times 10^{-7}/℃$，抗热冲击800℃风冷，使用温度达到1300℃以上。吴建锋等[8]采用偏铝质堇青石配方，以煅烧铝矾土、石英和滑石为主要原料，通过挤压成型经1440℃制备出堇青石－莫来石复相陶瓷蜂窝，经30次热震循环(RT～900℃，风冷)后吸水率、气孔率、体积密度、轴向抗压强度变化较小，具有良好的热稳定性及抗热震性，符合GB/T 25994—2010《蜂窝陶瓷》的要求。

为了进一步提高莫来石陶瓷蜂窝的耐热冲击性，胡定军等[9]以高铝矾土和莫来石为主原料，添加三石(红柱石、蓝晶石、硅线石)等添加剂，通过微裂纹和异相颗粒增韧机制，提高陶瓷蜂窝高温机械性能，并且降低了成本。俞浩等[10]以黏土、氧化铝、钛白粉、镁铝尖晶石、方石英等为主要原料制备了钛酸铝－莫来石质陶瓷蜂窝，通过低膨胀、耐高温、耐热冲击性好的钛酸铝复相改性莫来石，获得热膨胀系数为$(1.79 \sim 2.18) \times 10^{-6}/℃$，荷重软化温度>1700℃，耐压强度达到38～52.1MPa的陶瓷蜂窝蓄热体，其性能指标远远优于莫来石、莫来石－堇青石原料制备的产品。

(2)陶瓷蜂窝载体

大气污染严重影响着人民的身体健康和生活品质，近些年来越来越受到重视，我国的大气污染主要来源于机动车排放的NO_x、HC、CO等有害物质。陶瓷蜂窝具有比表面积大、热膨胀系数小等物理特性，成为汽车、船舶、非道路移动机械等内燃机尾气后处理系统的关键部件，为催化剂提供足够的涂覆表面积，将尾气中NO_x、HC、CO等有害物质转化为无害物质，亦可通过壁流式载体本身筋壁内的微孔结构过滤机动车尾气中的碳烟颗粒(PM)，如图1－4所示。

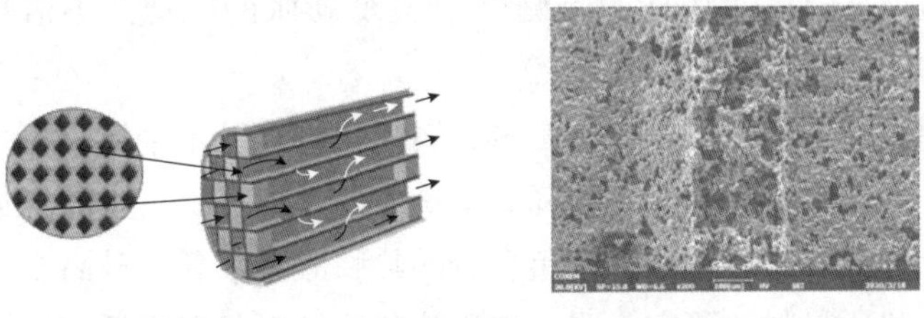

图1－4　壁流式陶瓷蜂窝载体过滤原理及其毛细孔道微观结构SEM照片

根据内燃机尾气后处理的反应或过滤原理，陶瓷蜂窝载体分为直通式载体和壁流式载体，其中直通式载体主要包括SCR载体、DOC载体、ASC载体、TWC载体；壁流式载体包括DPF和GPF。上述载体中，TWC载体和GPF用于汽油车，

SCR 载体、DOC 载体、ASC 载体和 DPF 用于柴油车。根据载体需求性能，直通式陶瓷蜂窝载体主要选择堇青石；壁流式陶瓷蜂窝载体选择堇青石、钛酸铝、碳化硅。

堇青石陶瓷蜂窝载体具有较低的热膨胀系数和良好的耐热冲击性能，是最早被应用在汽车尾气处理行业的载体，迄今为止仍占据全球汽车尾气处理行业的主流市场，在直通式和壁流式陶瓷蜂窝载体中仍然是应用最广泛、市场占有率最大的载体。自堇青石陶瓷蜂窝应用成功后，随着各国环保法规升级，国内外研究机构和企业对堇青石陶瓷蜂窝载体的探索从未停止，产品不断更新换代，例如在重型柴油车国Ⅳ标准中，壁厚 7mil、热膨胀系数$\leqslant 1.25\times10^{-6}$/℃的 SCR 载体即可满足要求；到了国Ⅴ标准，需要壁厚 5～7mil、热膨胀系数$\leqslant 1.00\times10^{-6}$/℃的 SCR 载体才能满足要求；国Ⅵ标准则需 SCR 载体达到壁厚 3～5mil、热膨胀系数$\leqslant 0.60\times10^{-6}$/℃，加装的 DPF 也需要满足孔隙率和中值孔径指标。2018 年 12 月，工信部发布《重点新材料首批次应用示范指导目录(2018 年版)》，指导目录对高性能陶瓷蜂窝载体明确提出三类要求：热膨胀系数应$\leqslant 0.60\times10^{-6}$/℃；TWC 载体壁厚≤4mil，SCR/DOC 载体壁厚≤6mil；载体目数应在 300～750 目之间。这三类要求成为陶瓷蜂窝载体行业发展方向重要的技术参照。综合来说，为了满足更高的排放标准，陶瓷蜂窝载体需要提高尾气的处理效率，其主要的发展趋势是：高孔密度、薄壁化、低热膨胀系数，另外，DPF、GPF 还需满足高孔隙率、窄孔径分布和低热膨胀系数的要求。

为了制备具有低热膨胀系数、高孔密度、薄壁化、高强度、高耐热冲击的堇青石陶瓷蜂窝载体，主要控制点如下：

①选择合理的化学组成。通常认为堇青石质的化学组成越靠近堇青石的理论组成，其热膨胀系数越低，但实际上堇青石材料热膨胀系数最低点不在理论组成点，而是略偏向 Al_2O_3 和 MgO 的一侧[11]，其低膨胀的机理尚不清楚，但已被大量实践所证明。

②控制原材料中的杂质，特别是碱金属氧化物、碱土金属氧化物以及 Fe_2O_3。由于碱金属和碱土金属的存在，会降低系统中的共熔点，堇青石烧成过程中产生过量的液相，形成大量玻璃相，使堇青石的热膨胀系数急剧升高。

③选择片状原材料。研究表明，使用片状原材料可以降低堇青石的热膨胀系数。堇青石单晶的热膨胀系数为各向异性，a、b 轴为正膨胀，c 轴呈现为负膨胀。

④控制原料的粒度。高空密度、薄壁化、高孔隙率带来的影响是结构强度的下降。控制原材料的粒度有利于挤压成型，可以减少模具的磨损，提高生产效率

和合格率。

⑤生料工艺。熟料工艺中首先合成堇青石粉料，然后挤压成型；而生料工艺则是完全采用全生料配料，挤压成型后再通过烧结一步合成堇青石。熟料工艺预合成堇青石然后粉碎，再进行挤压成型，不能使最终的产品中堇青石定向排布，热膨胀系数高。

⑥模具设计和制造。陶瓷蜂窝挤压成型模具，其结构形式、设计方法已趋成熟，一件模具为两个层面，一是导泥孔层面，二是出料槽层面。模具加工的一致性影响到最终陶瓷蜂窝体的孔形孔结构一致性，在模具的表面镀上一层光洁的耐磨材料，可以提高挤压成型的效率和延长模具寿命。

美国康宁公司和日本 NGK 公司长期以来垄断着陶瓷蜂窝载体的全球市场，二者合计占据全球约 90% 的市场，陶瓷蜂窝载体的制造技术以及产品标准的发展也成为行业标杆，随着以奥福环保、王子制陶、宜兴非金属等为代表的国内陶瓷蜂窝载体制造企业的崛起，实现技术突破，国内企业在汽油车、轻型柴油车载体市场的竞争力不断增强，但全球汽车尾气处理载体市场尤其重型柴油车用大尺寸陶瓷蜂窝载体由康宁和 NGK 公司主导的市场格局未发生根本改变，国内企业和研究单位还应深入研究。

(3)陶瓷蜂窝过滤材料

作为过滤材料，陶瓷蜂窝主要应用在冶金及铸造行业金属熔融物过滤，冶金建材、电力、煤化工、核工业等高温烟气除尘。

冶金、铸造行业金属熔融物过滤，多采用莫来石质、堇青石质陶瓷蜂窝过滤片，高质高密度直孔网眼，使产品具有很高的耐热冲击和耐高烧铸温度的特性，直孔式设计保证了流量和强度间的平衡，有效地去除杂质和渣粒等，使铸件机械性能、表面质量及产品合格率大大提高。

壁流式陶瓷蜂窝是目前净化处理高温含尘废气最为先进的技术，具有耐高温、耐腐蚀、粉尘捕集效率高、占地面积小、易安装及维修、使用寿命长等优点，解决了传统过滤材料纤维滤袋、耐高温金属、管状陶瓷滤材耐温低、易腐蚀、易损坏、占地面积大、寿命低等缺点，可以满足不同工况的除尘要求。

(4)红外辐射燃烧板

多孔陶瓷蜂窝装在灶具及燃烧器中，具有较大的比表面积可以使燃气充分燃烧，由于具有红外辐射功能，起到节能环保的作用。与传统金属灶具相比，红外多孔蜂窝节能灶具有以下优点：

①耐高温。陶瓷红外灶采用堇青石陶瓷蜂窝材质，使用温度高达1200℃，而金属灶使用铁铬铝蜂窝体，使用温度仅为900℃，在高温下易被氧化，寿命低，

且其高温强度低，在高温下容易变形弯曲。

②不易回火、防风性强、安全可靠。堇青石陶瓷蜂窝具有低的导热系数和热膨胀系数，使用时燃烧板上下面温差可以达到700℃，不易回火。风吹时，由于燃烧紧贴于辐射板的内表面，加之陶瓷导热系数小，上板面燃烧温度高且热量损失速度慢，陶瓷板降温速度慢，可以起到稳定燃烧的作用，所以防风性能优越。

③热效率高、节能环保。陶瓷红外灶的燃烧热能主要由辐射传热和对流传热两部分组成，辐射传热的效率远远高于普通灶具的对流传热。实践证明红外线家用燃气灶具产品的热效率比普通大气式灶具产品高20%左右。

1.1.3 纸蜂窝

纸蜂窝是牛皮纸经加工形成正六角形结构，根据自然界蜂窝结构原理制作的，它是把瓦楞原纸用胶黏结方法连接成无数个空心立体正六边形，形成一个整体的受力件——纸芯，并在其两面黏结面纸而成的一种新型夹层结构的环保节能材料。

1)纸蜂窝特点

(1)保护环境，成本低廉

增强夹心瓦楞纸板及其制作的包装制品的全部材料是瓦楞纸和箱板纸，有利于生态平衡和环境保护；同时，增强夹心瓦楞纸板及其制品具有普通瓦楞纸板可回收再用、重量轻、可印刷、可折叠、缓冲性能好、成本低等优点。

(2)合理的结构，超高的强度

合理的结构使得增强夹心瓦楞纸板具有很高的强度，经检验测定，纸板总厚度为3.2cm(厚度可随意调整)，夹层波纹密度为38～40楞/m，面层为五层(定量780g/m^2)。普通瓦楞纸板(C楞B楞)，里层为三层(定量470g/m^2)普通瓦楞纸板(C楞)，夹层为三层(定量680g/m^2)普通瓦楞纸板(B楞)总计用纸定量为1900～2000g/m^2。与普通五层瓦楞纸板相比，多项物理指标超出普通瓦楞纸板几倍甚至十几倍。与同样定量的蜂窝纸板相比，增强夹心瓦楞纸板的综合指标更好。

(3)瓦楞蜂窝复合纸板的优越性

绿色包装已成为当今产品包装的发展趋势。瓦楞蜂窝复合纸板是以纸箱行业的边角料及100%再生纸为原料，并可以多次回收利用，是可回收的环保产品。其生产过程不产生工业三废，符合国家环境保护的要求。

该产品以纸代木，符合国家有关改进包装的相关政策，既可以为国家节省大量木材，又遵循了世界各国的环保法规，同时减少企业通关障碍。

2)纸蜂窝的应用

(1)建筑行业

建筑行业是纸蜂窝复合板的最大应用领域，主要用于加工门、隔墙、吊顶、墙裙、地板、壁板、活动房屋、敞开式办公室隔断等。纸蜂窝门板具有重量轻、强度高、隔声性好、成型速度快、成本低等特点，推向市场后，深受用户的欢迎，已逐步成为一种重要的新型居民用房门。在框架轻板建筑体系中，间隔墙和围护墙大面积采用纸蜂窝板，能大幅度提高有效住房面积，提升建筑物抗震性能，减轻主体重量，降低综合成本，改善劳动条件，缩短施工周期，促进建筑施工预制化、装配化和机械化，使框架轻板建筑体系优点越发突出，同时也适应了现代建筑的潮流。可以预见，随着我国新型墙体材料及框架建筑物的迅速发展，蜂窝复合板将在这一领域获得广泛的应用。

(2)家具行业

纸蜂窝复合板可用来制作各类板式家具，如写字台、办公桌、壁柜、组合柜、床板等，不仅使制品的结构简单化、综合性能提高、成本降低，还可节约大量木材、提高工作效率，同时具有耐潮、防火、不变形、刚性好等特点，亦适用于一般民用家具。

(3)交通运输业

在运输业中，客车、客船以木制品及人造板为主，其缺点是重量大、易燃、易腐蚀。在大型轮船上还必须要求防火、隔热，纸蜂窝板是理想的替代材料之一。经防火处理的纸蜂窝复合板性能达到国家防火难燃 B1 级，完全可以用来制作车船内隔板、门、舱、甲板和装饰板等。

(4)包装

纸蜂窝复合板优异的力学性能及吸收能力，良好的成型性及低成本、无污染等特性，使其在包装领域占有突出的位置，可广泛用于精密机床、仪器仪表、工具、家电、电子及计算机产品、汽车零部件、玻璃等的包装及周转储运，还可用于食品的包装及包装时的空隙填充等。

纸蜂窝复合板作为以纸代木的节能型产品，在市场上显示出巨大的生命力。随着我国木材资源的日益缺乏及框架轻板建筑体系的发展，性能优异的纸蜂窝复合板的市场前景更显广阔。在国家政策上，对如纸蜂窝复合板等轻型节能建材制品进行了大力扶植，还成立了专门机构进行推广。纸蜂窝复合板的低成本及其易于进行多品种、多档次的表面装饰，使其相对其他轻型建筑材料，具有较强的竞争优势，纸蜂窝复合板成为一种新型的广泛使用的轻型建筑材料将是大势所趋。

1.1.4 塑料蜂窝

塑料蜂窝一般使用 PVC、PP、HDPE 等材料通过挤压、注塑、片材叠合等方式制成。作为蜂窝材料中的后起之秀，与金属蜂窝材料相比，其原材料的价格更低、质量更轻；与纸蜂窝相比，其比强度更大，同时具有纸蜂窝材料完全不能比拟的耐水耐潮性能，即使在水中放置的塑料蜂窝板，也不会出现变形等问题。塑料蜂窝板材的高强度决定了它完全可以替代实心板材来使用，同时塑料蜂窝板的比强度要远远大于实心板材（蜂窝结构材料使用量一般低于同强度实心结构材料使用量的 5%），且密度小（PP 材料蜂窝板的密度只有水的 1/12，铝的1/32），与实心板材相比蜂窝板材具有不可忽略的优势；塑料蜂窝板同时具有优秀的化学稳定性、耐腐蚀、电力绝缘性；同时作为热和音的不良导体，塑料蜂窝板可以很好地阻隔声音和热量的传播。

由塑料蜂窝板的结构和性能可知，塑料蜂窝板在轻量化方面具有较强的优势，其应用前景非常广泛，下面介绍塑料蜂窝板在车船等交通行业、家具、建筑、集装运输方面的应用。

（1）交通

塑料蜂窝在汽车等运输行业的应用，不仅符合国家产业结构的调整，而且每年可以为国家节省大量的钢材，缓和当前国家的能源危机。PP 蜂窝板可以用于汽车内饰，取代 PP 泡沫材料，德国 ACS 公司生产的塑料蜂窝板可以使奥迪车减轻一半的重量。上海大众公司生产的聚氨酯蜂窝板可以用于汽车行李箱地板，比用金属板的同类产品减轻 80%。因此，使用塑料蜂窝板作为汽车构件可以使汽车更轻、更耐疲劳、更安全、更环保，是当今汽车材料发展的重要方向之一。不仅如此，塑料蜂窝板可以往客车、火车、飞机等其他应用方向拓展。火车的天花板、隔离舱门、地板等可以采用玻璃纤维增强塑料制成的蜂窝芯。意大利 ETR 系列的火车，采用 HEXITE 公司提供的玻璃纤维增强塑料夹芯板制造车厢的行李间、侧板和顶板等，从而减轻重量的同时降低了车厢的重心和轨道的负荷。飞机上也有很大的应用，比如，头顶行李厢及登机梯采用 FIBRELAM 蜂窝，发动机外壳采用 NOMEX 蜂窝。在波音客机上，个别地板采用的夹层结构是尼龙纸蜂窝，其面板为碳纤维增强塑料。虽然只在个别部位的地板采用这种结构，但是飞机质量就减轻了很多，飞机减轻的质量可以多容纳 7 位乘客。同时，它的寿命可以高达 20000h。可见它不仅质轻，而且耐疲劳强度也很高，是一种理想的飞机结构材料。塑料蜂窝材料的物理化学特性，决定了其不吸水、耐腐蚀，便可以在以下几个方面获得大量应用，例如，船体、甲板、船顶、舱门、舱口盖、船的内部装修等都大量使用塑料蜂窝结构。海运行业的装备也大量使用热塑性蜂窝结构，如船坞。HEXCEL公司、FINNYARDS公司、西班牙造船厂等都相继采用NOMEX蜂窝做各种类型的船舶设计。新西兰利用NOMEX蜂窝制作的电动船，可以有效地代替木材和铝，减重达30%[12]。

(2)家具

多年以来，家具市场的原材料多以各式各样的木材料为主，然而，随着木材资源的减少，人们追求环保意识也日益加强，色彩鲜艳、形状各异的塑料家具开始风行于家具市场。家具是否轻便可作为判断家具质量的一个标准，因此，蜂窝塑料板的轻质高强的特点，决定其可以应用于板式家具，而板材越厚，越能体现蜂窝材料的优越性。

(3)建筑

与各种石材薄板(厚5mm以下)复合，广泛应用于高大建筑物的外墙面[13]，做到美观的同时，由于重量轻，增强了建筑物的安全性，并且隔声、隔热。塑料蜂窝板搭建轻型活动房屋，操作容易、速度快，并有较好的保暖、隔声效果。由于塑料蜂窝的易加工性，能加工成不同形状，可以用作不同形状的棚顶或屋顶，具有可靠、安全、美观、便于安装等特点。最为重要的是，蜂窝夹层结构作墙体可以极大地减轻地震等灾害带来的损失，因此很多国家都开始采用蜂窝芯作为墙体。

(4)集装运输

运输业的发展促进集装箱面板的发展。传统的集装箱地板以硬木资源为主，而且大部分原材料都是进口。随着木材资源的匮乏，集装箱地板的发展受到严重制约，亟须寻找新的替代品。集装箱地板的替代品必须满足强度要求，且质量轻、耐用、绿色环保。恰好塑料蜂窝结构满足这些特点，可以很好地代替木质集装箱地板。由英国公司研制的一种HDPE塑料地板，相对于硬木地板具有质量轻的优点。虽然以塑料为主的集装箱地板在各方面展现出来很大的优势，但是由于其生产效率过低、生产成本过高等因素导致其不能实现大规模生产。

1.1.5 橡胶蜂窝

广义上讲，橡胶属于塑料的一种，但实际上两者是不同的。橡胶与塑料都是石油的附属产品，它们在来源上都是一样的，不过，在制成产品的过程里，物理性质却不一样，用途更是不同。橡胶用得广的就是轮胎，塑料随着技术和市场的需求，用途越来越广泛，在日常生活里已经离不开了。

简单地说，塑料与橡胶最本质的区别在于塑料发生形变是塑性变形，而橡胶是弹性变形。换句话说，塑料变形后不容易恢复原状态，而橡胶相对来说就容易得多。塑料的弹性是很小的，通常小于100%，而橡胶可以达到1000%甚至更大。塑料在成型上绝大多数成型过程完毕产品过程也就完毕；而橡胶成型过程完毕后还得需要硫化过程。

橡胶按性能和用途可分为通用型橡胶和特种型橡胶。

通用型橡胶的综合性能较好，应用广泛。主要有：①天然橡胶，从三叶橡胶树的乳胶制得。弹性好、强度高、综合性能好。②异戊橡胶，由异戊二烯制得的高顺式合成橡胶，因其结构和性能与天然橡胶近似，故又称合成天然橡胶。③丁苯橡胶，简称SBR，由丁二烯和苯乙烯共聚制得。按生产方法分为乳液聚合丁苯橡胶和溶液聚合丁苯橡胶，其综合性能和化学稳定性好。④顺丁橡胶，简称BR，由丁二烯聚合制得。与其他通用型橡胶相比，硫化后的顺丁橡胶的耐寒性、耐磨性和弹性特别优异，动负荷下发热少，耐老化性能好，易与天然橡胶、氯丁橡胶、丁腈橡胶等并用。⑤氯丁橡胶，简称CR，由氯丁二烯聚合制得。具有良好的综合性能，耐油、耐燃、耐氧化和耐臭氧。但其密度较大，常温下易结晶变硬，储存性不好，耐寒性差。

特种型橡胶指具有某些特殊性能的橡胶。主要有：①丁腈橡胶，简称NBR，由丁二烯和丙烯腈共聚制得。耐油、耐老化性能好，可在120℃的空气中或在150℃的油中长期使用。此外，还具有耐水性、气密性及优良的黏结性能。②硅橡胶，主链由硅氧原子交替组成，在硅原子上带有有机基团。耐高低温、耐臭氧、电绝缘性好。③氟橡胶，分子结构中含有氟原子的合成橡胶。通常以共聚物中含氟单元的氟原子数目来表示，如氟橡胶23，是偏二氟乙烯同三氟氯乙烯的共聚物。氟橡胶耐高温、耐油、耐化学腐蚀。④聚硫橡胶，由二卤代烷与碱金属或碱土金属的多硫化物缩聚而成。有优异的耐油和耐溶剂性，但强度不高，耐老化性、加工性不好，有臭味，多与丁腈橡胶并用。此外，还有聚氨酯橡胶、氯醇橡胶、丙烯酸酯橡胶等。其中丁腈橡胶以其优异的耐油性而著称，同时还具有良好的耐磨性、耐老化性和气密性，广泛用于油田器具的密封件上。

目前对蜂窝骨架结构的研究主要集中在金属材料蜂窝、纸质材料蜂窝，随着应用需求的增加以及技术的发展，对橡胶材料蜂窝结构的力学性能进行实验和数值模拟研究已成为一个热点方向。一方面是由于行业应用对蜂窝结构提出更高的要求，橡胶材料蜂窝结构相对于金属蜂窝结构有利于减少成品的质量，相对于纸蜂窝结构有利于改善结构适用范围；另一方面是由于橡胶材料作为一种超弹性材料，其本身力学特性决定了橡胶材料蜂窝结构在经历弹性变形后可恢复原貌，这使得橡胶蜂窝骨架具有一定的可重复使用性，使蜂窝结构具有更广泛的应用场景。本书后续章节将对橡胶蜂窝结构的各类性能进行详细描述。

1.2 蜂窝结构制备方法

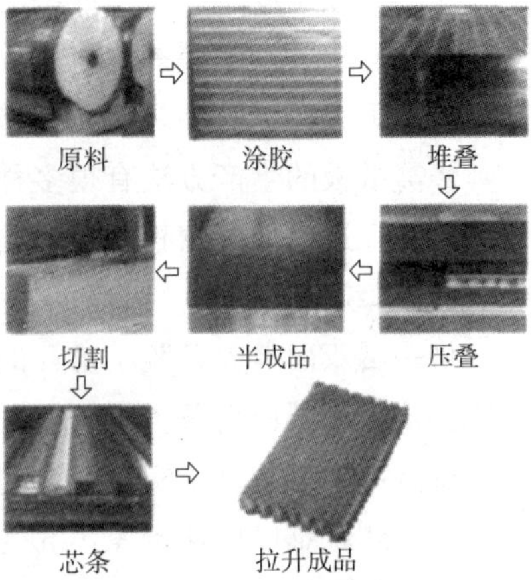

图1－5 拉伸法制备蜂窝芯工艺路线

蜂窝结构的制备方法多种多样，根据原材料的不同，制备方法也有显著差异。金属蜂窝芯的形状有正六边形、菱形、矩形、等边三角形、正弦曲线等形状，因为正六边形蜂窝用料省、制造简单并且结构效率高而应用最广泛。正六边形蜂窝芯子的制备方法目前主要有拉伸法和成型法。拉伸法是先在材料上涂胶条，然后将材料叠合黏结起来，最后将叠合胶接起来的材料拉伸成蜂窝再将其切割成所需尺寸即可投入使用，其加工工艺路线如图1－5所示。采用此法制备的蜂窝芯会受施胶宽度、胶水黏结力以及芯材的基本力学和物理性能等多种因素影响，从而造成拉伸过程中出现局部拉伸不足或拉伸过量的缺陷，进而导致制成的蜂窝芯形状不够规则，最终影响产品品质的稳定性，所以该法主要用于对尺寸及强度要求不高的建筑领域。

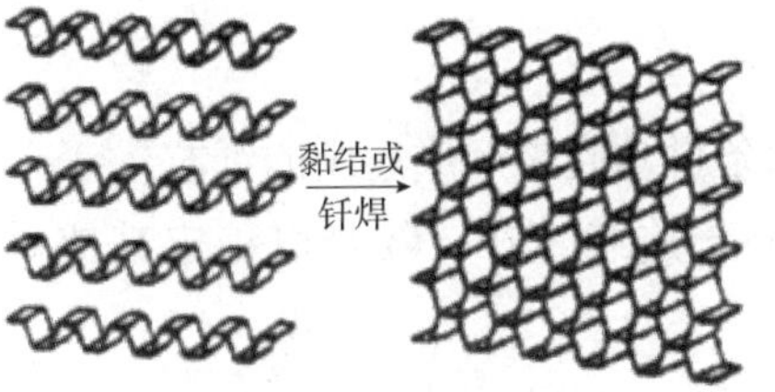

图1－6 成型法制备蜂窝芯的工艺路线

采用成型法制备蜂窝芯通常是将金属蜂窝箔材轧制或辊压成波纹状瓦楞板，然后采用一定的工装夹具将这些瓦楞板叠合连接起来，常用的连接方法有黏结和钎焊，其加工路线如图1－6所示。采用此法制备的蜂窝芯子，蜂格尺寸准确，并且可以制备任何规格的蜂窝芯。但若采用黏结剂连接各个蜂窝芯，其芯层之间的连接强度会直接受到黏结剂强度的影响，所以黏结连接已慢慢被钎焊法所代替。因为钎焊能够使芯层之间形成牢固的冶金结合，接头强度高，加工效率也高，所以非常适用于金属蜂窝芯的成型与加工，因而近年来得到了广泛应用。

陶瓷蜂窝的制备方法，主要包括挤压成型法、热压铸成型法、注浆成型法、压制法等。其中，热压铸成型法、注浆成型法、压制法很难制备出高孔密度、大尺寸、薄壁陶瓷蜂窝，在实际生产过程中，应用最广泛的陶瓷蜂窝的制备方法是挤压成型法。挤压成型的优点是可以制造高度或者长度比截面大得多的制品、孔大小形状均匀、壁厚一致性好、工艺相对简单容易操作可实现连续化生产，具有较高生产效率，因此挤压成型被广泛应用于陶瓷蜂窝的工业化生产过程中。挤压成型缺点是要求泥料具有较大的塑性，泥料黏结剂、塑化剂含量较高，产品的烧成收缩大、致密度小。挤压成型的质量除了受泥料可塑性的影响，还跟挤压模具的质量息息相关。陶瓷蜂窝挤压成型的主要工艺流程包括：配料→混料→捏合→粗炼泥→陈腐→过筛→精炼泥→挤压成型→切割→干燥→烧结。

蜂窝纸板的生产方法有很多种，蜂窝纸板的生产越来越好，生产线也越来越智能化和先进，但蜂窝板的生产始终离不开这四种方式。

(1)缠绕式

将一层双面上胶且胶条错开的原纸与另一层原纸用缠绕方式复合起来形成纸芯块，再经切纸机切条，有八楞角式和线拐式。

特点：①工艺易于实现；②间隙式作业，需刹车装置；③难以匀速恒张力运行；④纸芯块难以快速干燥；⑤受切纸机限制。

(2)层叠式

①零页纸式：将上胶的单张纸层叠起来；

②卷筒纸式：将两层、四层、六层原纸上胶复合后再切断层叠起来，形成纸芯块，再经切纸机切成芯条。

特点：a. 零页纸式易于实现；b. 便于连续生产；c. 设计较复杂(指连续化生产)；d. 纸芯块难以快速干燥。

(3)纸条对接式

将四层、六层原纸上胶复合后再切成横向条拼黏起来形成连续的纸芯。

特点：①不用纸芯块，不用切纸机；②易于连续生产；③难以稳定高速；④浪费小。

(4)连续纸条式

将四层、六层原纸上胶复合后再切成纵向连续的纸条拼黏起来形成连续的纸芯。

特点：①不用纸芯块，不用切纸机；②易于连续化生产；③纸芯宽度随纸芯厚度而变化；④浪费小。

目前国外市场上的塑料蜂窝板材主要是使用焊接法、叠合法、波纹法三大类，这些方法同时也适用于金属材料蜂窝板的制作。

焊接法生产工艺，首先将蜂窝材料通过挤压等加工法生产出单蜂窝或多蜂窝的柱状结构，然后将这些结构进行分切后黏结，制作成为长度和宽度合适的蜂窝芯材，最后贴敷面材，完成板材的制作。这种生产工艺的优点是能够使用不同材料的蜂窝芯材和面材，且能够适用于不同材料蜂窝板的制作，这种加工工艺一般蜂窝壁厚较大，强度较高，多用于厚度较大的塑料材料和金属材料蜂窝板的加工。但这种加工工艺的加工效率很低，生产成本高，无法适应市场需求。

叠合法生产工艺是将成辊的片材首先进行切割，其次在片材上进行涂胶，这种涂胶是规律性的间歇交错涂胶，将间歇交错涂胶后的片材进行堆积叠合，根据需要进行等间距的切割，切割完成后将蜂窝芯块拉伸开，就完成了蜂窝芯材的制作，后期贴敷面板，板材就制作完成了。这种加工工艺的优点是成型方便，且生产的蜂窝芯是压缩状态的，可以在压缩状态下进行运输销售，经过下游销售商的进一步加工后再进行板材的运输，可以极大地节省运输成本，提高企业利润。但缺点是加工无法实现自动化连续生产，而且叠合精度难以控制，产品质量难以保证。叠合法生产工艺如图 1-7 所示。

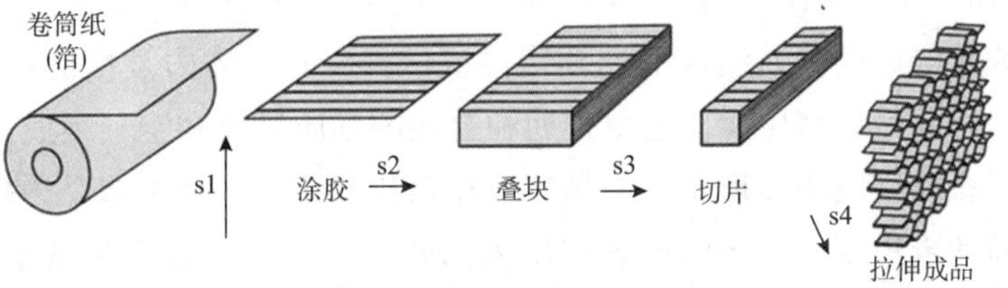

图 1-7　叠合法制造工艺示意图

波纹法是目前制备蜂窝结构的常用方法，具体流程如图 1-8 所示。主要制造流程为首先利用瓦楞辊将板材起波，然后在接触节点或者接触面上涂上黏结剂，将板材有序叠放在一起，最后将其烘干固化。相比于膨胀法，波纹法需要使用更多的黏结剂。膨胀法使用的黏结剂总重量占蜂窝骨架总重量的大约 1% 或者更少，而波纹法使用的黏结剂占比甚至可以达到 10%。

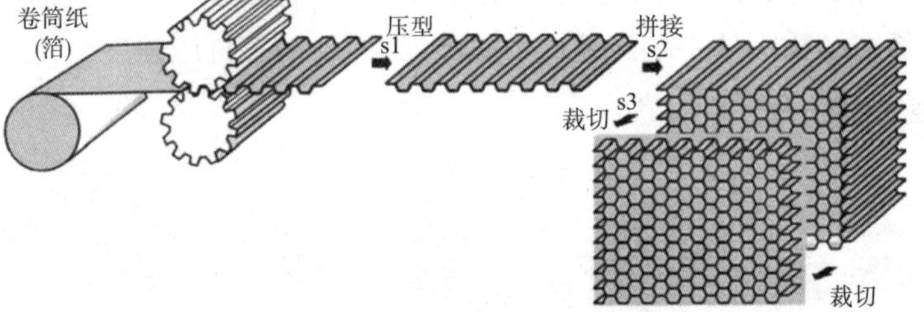

图 1-8　波纹法生产工艺示意图

近年来，随着技术的发展，增材制造技术逐渐普及。增材制造技术又称3D打印，基本原理是将材料以足够小的厚度逐层堆叠累加来实现实体零件快速成型，能够减少生产周期、简化加工工序、节约成本，在复杂结构的成型方面具有传统制造方法无法比拟的优势。3D打印技术常见的类型有：选择性激光烧结成型(SLS)、熔融沉积成型(FDM)、分层实体制造(LOM)、光固化成型(SLA)、粉末黏结成型(3DP)以及电子束熔化成型(EBM)等。目前橡胶蜂窝结构制备较为困难，而采用3D打印技术制备蜂窝结构，可改善传统制备方法制造精度不足，无法制备小尺寸蜂窝结构的缺点，降低黏结剂的使用对蜂窝结构成型质量及力学性能的影响。

1.3 蜂窝结构的力学特征

蜂窝材料的力学行为研究通常在宏观($>10^{-2}$m)、中观($10^{-4}\sim10^{-2}$m)、微观($10^{-6}\sim10^{-4}$m)和纳米($10^{-9}\sim10^{-6}$m)等多个尺度上进行。宏观上，假设蜂窝是由足够数量的周期单元组成的连续构件或试样，其整体力学性能可以均匀化。中观尺度的特征是蜂窝单元，它由排列和连接的基质材料和空气组成。微观尺度是指基体材料的组成相和形态，如晶粒、孔隙和沉淀物。对于迄今为止最小的特征尺度，即纳米尺度，原子团簇表现出表面效应、小尺寸效应和量子隧穿效应。在实际工程应用中，人们对蜂窝材料的宏观、中观和微观力学机制进行了广泛的研究，以确定蜂窝材料的力学性能，而纳米尺度的行为在热学、光学、催化和电磁等领域都有广泛的应用。

蜂窝材料是一种典型的胞体材料，其胞体平面内为二维阵列，平面外为平行叠加，具有周期性的拓扑分配特征，因此重复单元的拓扑结构对这类材料的力学性能有重要影响。下面将介绍4种不同胞元形态蜂窝结构的力学参数计算式。其中：ρ_r为蜂窝结构的相对密度；E为蜂窝结构的弹性模量；ν为蜂窝结构的泊松比；σ_s为蜂窝结构面内静态/准静态抗压强度；σ_d为蜂窝结构面内动态抗压强度；P_m为蜂窝结构面外平均压缩应力；σ_m为面外动态抗压强度。

(1)胞元形状为三角形[14,15]

$$\rho_r=\frac{2\sqrt{3}t}{l} \tag{1-2}$$

$$E=\frac{E_s 2t}{\sqrt{3}l} \tag{1-3}$$

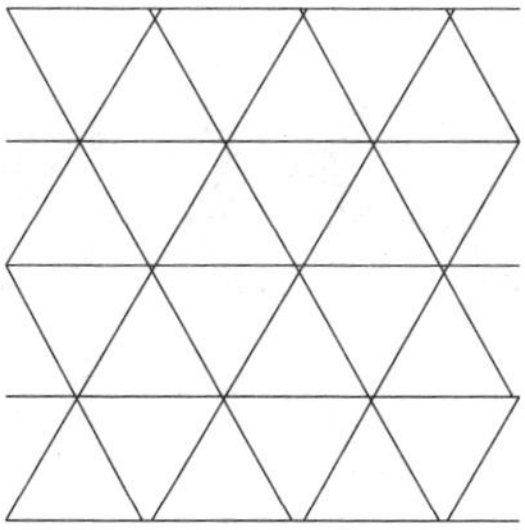

$$\nu = \frac{1}{3} \tag{1-4}$$

$$\sigma_{s1} = \frac{\sqrt{3}\sigma_{ys} t}{l} \tag{1-5}$$

$$\sigma_{s2} = \frac{2\sigma_{ys} t}{\sqrt{3} l} \tag{1-6}$$

$$\sigma_d = 1.8\sigma_{ys}\left(\frac{h}{l}\right)^2 + Z_Q\left[15941\left(\frac{h}{l}\right)^2 + 4528\left(\frac{h}{l}\right) + 23.4\right]\nu^2 \tag{1-7}$$

(2)胞元形状为正方形[14,16]

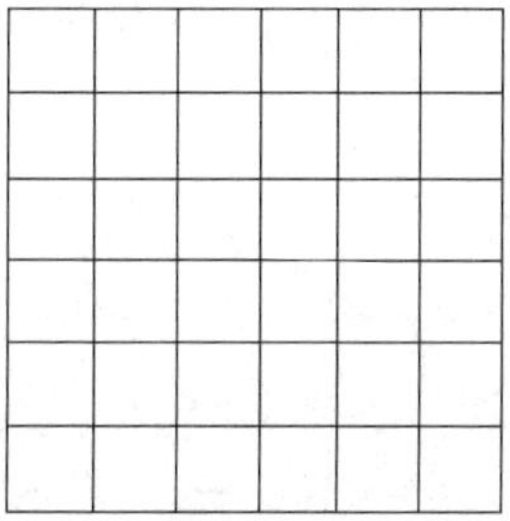

$$\rho_r = \frac{2t}{l} \tag{1-8}$$

$$E = \frac{E_s \mathrm{t}}{l} \tag{1-9}$$

$$\nu = \frac{\nu_s \mathrm{t}}{l} \tag{1-10}$$

$$\sigma_s = \frac{\sigma_{ys} t}{l} \tag{1-11}$$

$$P_m = 11.6331 M_0 \sqrt{(n^2+1)(n+1)(11.65n^2 - 8.88n + 6.11)}\sqrt[3]{c/t} \tag{1-12}$$

(3)胞元形状为正六边形[17-19]

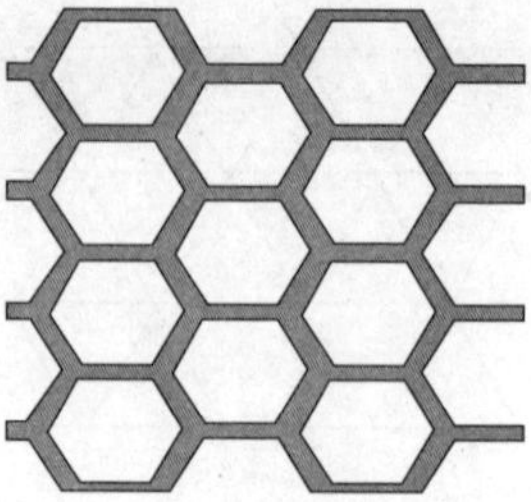

$$\rho_{\mathrm{r}}=\frac{2h}{\sqrt{3}l} \tag{1-13}$$

$$E=\frac{4\sqrt{3}E_{\mathrm{s}}}{3}\left(\frac{t}{l}\right)^{3} \tag{1-14}$$

$$\sigma_{\mathrm{s}}=2.3\frac{\sigma_{\mathrm{ys}}}{3}\left(\frac{h}{l}\right)^{2} \tag{1-15}$$

$$\sigma_{\mathrm{d}}=0.8\sigma_{\mathrm{ys}}\left(\frac{h}{l}\right)^{2}+\left[4742\left(\frac{h}{l}\right)^{2}+3115\left(\frac{h}{l}\right)+0.75\right]\nu^{2} \tag{1-16}$$

$$\sigma_{\mathrm{m}}=2.686\sigma_{\mathrm{s}}\left(\frac{t}{D}\right)^{3/2}+7.946\sigma_{\mathrm{s}}\left(\frac{t}{D}\right)^{2} \tag{1-17}$$

(4)胞元形状为圆形[20-22]

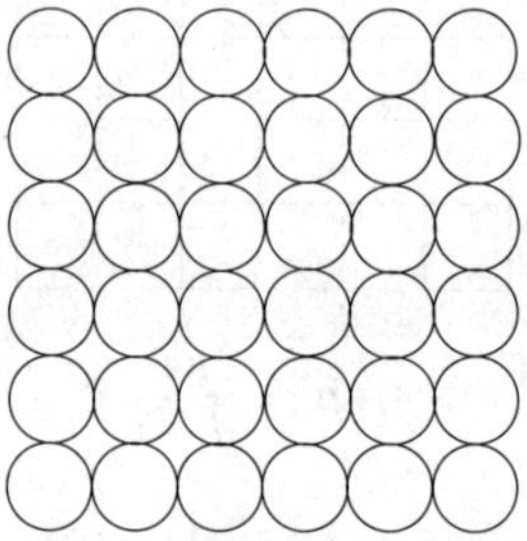

$$\rho_{\mathrm{r}}=\frac{\pi t}{2R} \tag{1-18}$$

$$E=8.329E_{\mathrm{s}}\left(\frac{t}{R}\right)^{3} \tag{1-19}$$

$$\sigma_{\mathrm{s}}=0.453\sigma_{\mathrm{ys}}\left(\frac{t}{R}\right)^{2} \tag{1-20}$$

$$\sigma_{\mathrm{d}}=0.183\sigma_{\mathrm{ys}}\rho_{\mathrm{r}}^{2}+(0.815\rho_{\mathrm{r}}^{2}+0.985\rho_{\mathrm{r}}-0.0005)\rho_{\mathrm{s}}V^{2} \tag{1-21}$$

$$\sigma_{\mathrm{m}}=\frac{C_{1}}{K}\left(\frac{h}{D}\right)^{n_{1}}\sigma_{\mathrm{ys}}+\frac{\pi(h/D)}{K\left(1-C_{2}\sqrt{h/D}\right)}\rho_{\mathrm{s}}V^{2} \tag{1-22}$$

1.4 蜂窝结构力学分析方法

蜂窝结构力学的研究涉及材料科学、塑性力学、工程力学、车辆工程等多学科门类，需综合运用理论分析、实物实验、数值仿真等手段进行全面系统的研究与评价。根据蜂窝结构特征，这三种方法各有特点，互为补充。

1.4.1 理论分析

蜂窝结构受力的理论分析主要用来研究蜂窝的基本力学行为，如静态、动态作用下的弹性与塑性变化，常用的基础方法主要包括极限分析、能量法等。

(1)极限分析

极限分析是指假设材料为理想塑性且结构处于小变形状态，研究在塑性极限状态下的结构特性，是塑性力学的一种分析方法。在极限状态下，结构内的应力与变形若同时满足极限条件、破损机构条件、平衡条件、几何条件以及给定的边界条件，由此得到的解即为极限分析的完全解。

在极限分析中常采用下限定理和上限定理。下限定理是，在所有与静力容许应力场(满足平衡条件且不违背极限条件的应力场)对应的载荷中，较小的载荷为极限载荷。

(2)能量法

能量法(energy method)又称能量原理，是对互等原理、卡式原理、虚功原理、单位载荷法及摩尔积分法等众多与功和能量相关方法的统称，是固体力学中的一种重要方法，常用来解决弹性构件的静力学问题。

其对结构的变形计算及超静定结构的求解起着重要的作用，而且能量法形式统一、方程固定的优点使其适应于编程计算，随着计算力学的崛起，能量法更加受到重视。

能量法是采用能量原理描述结构的平衡与变形连续条件。能量法把求解问题的过程转变为一种极值问题，它比直接求解偏微分方程边值问题能更方便地得到近似解。能量法建立了应力 - 应变与外力所做的功之间的关系。

1.4.2 实物实验

全尺度蜂窝样品实验是观察和分析蜂窝结构力学行为的重要手段。依据实验速度的不同，主要有准静态实验、低速动态冲击实验、高速冲击实验等。

(1)准静态实验

对于设计承受动载荷的蜂窝结构，工程中经常使用一种准静态的分析方法，它是一种相对简化的实验技术，在适当的情形下能获得蜂窝结构响应的主要特征。虽然准静态加载是介于纯静态加载与动态加载的中间状态，但该方法已在轻质结构领域得到了充分证明与认可，准确性已被广泛接受，尤其是在材料的动态性能、结构的支撑条件和动态加载的性质不确定的情况下。在准静态分析中，即便对于一个现实中处于动态加载的场景，如碰撞、跌落冲击、着陆等过程，忽略其变形随时间的变化，假定其变形场与时间无关，也可获取缓慢加载情况下结构的变形过程。

准静态实验就是采用通用的实验平台，对待测试件进行加载，以测定压缩过程的力与位移变化。蜂窝的准静态压缩实验、弯曲实验、剪切实验等，可参照相应的规范进行，如 GB/T 1453—2005《夹层结构或芯子平压性能试验方法》、GB/T 1456—2021《夹层结构弯曲性能试验方法》和 GB/T 1455—2005《夹层结构或芯子剪切性能试验方法》。蜂窝样品的制作与选择也有一定的规定，以蜂窝芯准静态压缩实验为例，在选材时，蜂窝胞元数无需过多，但也不能过少。

(2)低速动态冲击实验

普遍流行的蜂窝低速动态冲击实验方法主要有摆锤实验系统、水平冲击部件实验系统等。水平冲击部件实验系统样式各异，主要依靠在结构件的关键部位设置加速度传感器来间接测定动态冲击力。

摆锤冲击实验机，又名智能摆锤冲击仪，利用摆锤势能转变为动能，形成对结构的外部加载，可用于蜂窝板、蜂窝芯、蜂窝梁以及其他的金属箔片、复合材料、塑料、薄膜、纸张等的冲击性能精确测定。主要采用电子式设备，配有专业的软件，自动化程度非常高，轻巧灵活。

部件动态实验系统，主要是利用台车加速后释放，台车装载待实验部件，通过台车的撞击，测试冲击过程中的载荷－位移历程曲线，测定加速度等。通常部件实验系统为水平分布式，可避免垂向加速度对实验结果带来的附加影响。

(3)高速冲击实验

高速冲击实验装置可满足蜂窝结构高应变率加载的需要。与常规准静态实验装置、低速动态冲击实验装置的重要区别在于，高应变率状态的加载，需利用电力、气压等方式将能量预先蓄积，然后再突然释放。常见的有气锤试验机、落锤试验机、轻气炮实验系统以及超高速飞弹实验系统等。

气锤试验机是利用压缩空气储能，瞬时释放后形成强大动载荷的实验装置。

它主要利用可移动的活塞穿过气缸，并用千斤顶将活塞顶起。触发后，千斤顶被突然释放，辅助气缸里的空气受压，活塞向下加速落下，直至以一定速度撞击预先放置于基座上的待测试件。在此强动载作用下，蜂窝试件被快速压缩。

落锤试验机的基本原理是利用重物自由落体对待测试件进行冲击实验。落锤预先被固定于一定高度，待触发器接收信号后，落锤被释放，在下落过程中不断加速，直至撞击蜂窝试件，完成实验。该方法可以通过调节落锤的高度、落锤质量来实现预期的速度与冲击动能。另外，需要说明的是，落锤试验机除自由落体的效果外，还可通过气动、机械等辅助装置实现额外加速，以达到提升撞击速度、增加冲击动能的目的。当然，该实验不仅要保证落锤运行迹线与试件平面的垂直度，以保证实验的对心撞击，还需要做好必要的防护，防止回弹。

轻气炮实验系统是实现脉冲式高速动态加载的主要方法，可用于材料层裂实验、材料中应力波传播规律研究，以及材料的高压状态方程确定、应力传感器标定等。它以轻质量的压力气体（氦气或氢气）作为原驱动力推动弹丸在炮膛中加速，至预设速度后，弹丸高速撞击待测试件，测试蜂窝试件的冲击响应。常用的击发机构可以是活塞式，也可以是破膜式。活塞式一般只适用于口径较小的炮，其直径一般在60mm以下。破膜式又分为单破膜和双破膜两种，单破膜击发机构由于受膜片材质不均匀的影响，往往不能保证精确的破膜压力而妨碍重复性，双破膜击发机构就克服了上述缺点。击发前，在高压气腔中充气至设定的压力，两个膜片之间充气至设定压力的一半。击发时，只要把膜间的压力放空，膜片瞬间被所设定压力的气体冲破，膜片前方的弹丸在压力气体推动下向前运动并逐渐加速，到达炮膛出口处，弹丸基本处于匀速状态，继而撞击待测试件。

与传统应力传感器测试技术相比，该系统具有更高的可靠性，传感器在测得完整信号之前不会损坏；同时，其时间分辨率更高，容易捕捉到弹性前驱波等具有短瞬时且自由表面质点速度剧烈变化特征的动态过程。

蜂窝结构的超高速碰撞研究主要针对航天工程空间碎片对航天器的冲击破坏。蜂窝板是构成航天器舱壁的主要结构，对航天器内部设备起到保护作用，有必要开展碎片、冰粒等超高速撞击对蜂窝板损伤情况的分析研究。

二级轻气炮即是为实现此类超高速撞击实验而研制的，它是一种特殊的可控高速发射装置，通常由火药室、泵管、高压段、发射管和靶室组成。二级轻气炮作为压缩机来推动活塞、动态地压缩泵管中低分子量气体（通常为氢气和氦气），使其压力可达上百兆帕斯卡，从而可将数十克的弹丸驱动到很高的速度。该装置可用于研究材料高压状态方程、冲击相变与熔化、材料在高压下的电磁性能、冲击合成新材料以及高速碰撞现象等。与其他加载设备相比，气体炮可发射各种形状的弹丸，弹丸的质量、材料和尺寸有很大的适应范围，最突出的优点是弹丸在发射过程中加速度历程较长，在获得高速度的同时弹丸所承受的加速度和应力较低，这有利于弹丸材料和外形保持良好的初始状态。

1.4.3 数值仿真

与其他结构力学行为研究方法一样，数值仿真是用以分析蜂窝结构各种力学特性经济、高效、可靠的方法。根据蜂窝规格的不同，可分为胞元法、小规格全尺度法、均匀化方法以及光滑粒子流体动力学方法。这四种方法各有优劣，且分别应用于不同的场合。

(1)胞元法

在开展蜂窝结构的轴向压缩仿真时，需对蜂窝单胞结构的六个规则边等分为细小的单元，才能保障足够的模拟精度，而这就必须要求蜂窝在面外方向选用很小的网格尺度，以真实地模拟胞壁屈曲特性。这将导致蜂窝的数值模型规格成指数次增加，直接采用显式有限元方法开展蜂窝芯块全尺寸模拟因单元规模浩大而遇到巨大挑战，因而需从胞元级模型认知角度入手，开展相应的间接仿真工作。

胞元法主要根据蜂窝的周期性特征，通过建立基础单元的数值模型，实施模拟，这种方法简化了蜂窝胞元间的相互作用关系，在复杂问题的模拟中可能会带来仿真误差，影响仿真的结果。对于胞元法，需重点处理好两个问题：一是选择合理的单元，对于薄壁蜂窝结构的力学行为模拟仿真而言，面外压缩时，多采用薄壁壳单元，面内压缩时，可采用梁单元，亦可采用壳单元；二是要科学准确地确定蜂窝的边界条件，包括对称边界、约束边界等。

(2)小规格全尺度法

小规格全尺度法也是一种简化的应对工程结构设计需求的仿真方法。该方法是采用少量的胞孔建立完全尺度的蜂窝结构数值模型，以达到减小网格规模，获得稳定仿真结果的目的。以边长为2mm 的蜂窝为例，在 W 方向拥有 100 个胞元边长的规则正六边形蜂窝产品，其总宽度仅 346.4mm，而工程用蜂窝产品几何尺寸远远大于此。因而，直接建立整体工程结构完整几何尺寸实施数值模拟是不切实际的。采用一定规格的蜂窝孔格，既能保障精度，又能缩减网格规模，是切实可行的方案。

然而，小规格全尺度法也不能过度地减少蜂窝芯的孔格数目，亦需达到一定的基本要求，否则将带来较大的误差。正如前文所述，根据 GB/T 1453—2005《夹层结构或芯子平压性能试验方法》规定：对于蜂窝、波纹等格子型芯子，试样的边长(L、W)或直径应为60mm，或至少应包括4个完整格子。

(3)均匀化方法

单块蜂窝的全规格全尺寸仿真所遇到的网格规模问题已非常艰巨，对于大尺寸级、多组合式、填充型、串联型蜂窝复合式结构，其网格规模浩大，采用全规格全尺寸的板壳模拟难以实现。

因此可以采用蜂窝的体元等效模型，直接将蜂窝离散为微元体，赋予实验测定的全套实验参数，准确表达蜂窝的各项性能，其本构模型涉及箔片力学性能、蜂窝力学特性曲线及动态的率相关效应曲线等方面，主要包括弹性模量、泊松比、剩余体积应变、屈服强度等基础力学参数，准静态条件测定的强轴硬化曲线、弱轴硬化曲线、三向加载名义应力－应变曲线、三向剪切名义应力－应变曲线，以及应变率加载测试的率相关效应曲线。强弱轴硬化曲线的意义用于表达多孔材料在塑性坍塌过程中出现的硬化现象，主要体现在平台强度的微小提升。通过蜂窝结构的准静态实验结果可知，其平台强度稳定性很好，几乎不存在提升现象。因而，强弱轴的硬化曲线实际为阶梯曲线，在渐进屈曲平台段其硬化量近乎为零，而在密实段其硬化效应等同于基材的硬化量。由于数值算法稳定性的需要，在计算求解过程中，不能简单地将渐进段的硬化量取为零，这将诱发计算结果的数值振荡。硬化曲线的另一作用在于，它通过设置应变点控制了蜂窝结构弹性段、渐进屈曲段和密实段对应的应变点。

(4)光滑粒子流体动力学方法

面对宇航工程的超高速冲击问题，材料在超高速状态下可能呈现流态性质，需借助光滑粒子流体动力学(Smoothed Particle Hydrodynamics，SPH)方法展开研究。该方法是近二十年来发展起来的一种拉格朗日无网格粒子法，最初是为解决三维开放空间中天体物理学问题，尤其是多变性问题而建立和发展起来的一种数值计算方法。其主要优点在于，无需使用任何预先定义提供结点连接信息的网格，而是基于粒子集进行函数近似，并赋予材料属性，如质量、密度等。

综上，前述胞元法、小规格全尺度法、均匀化方法、光滑粒子流体动力学方法，各具特点，各有优劣。通过对比各种数值仿真方法可以发现，胞元模拟主要是研究单个胞元受载后的变形机制，包括胞壁的弹性变形行为、塑性坍塌行为、塑性折弯失稳行为、塑性断裂行为、脆性断裂行为等宏观变形模式的初始分析，但不能较准确地描述单一蜂窝芯块胞间关联作用的相互影响关系，更不能均匀化地考查单一芯块的蜂窝结构的吸能能力。小规格全尺度法显然能高精度地确定蜂窝在各种受载条件下的响应特性与吸能能力，但却受到现有计算机水平的限制。等效体元单元是现有的解决蜂窝大几何尺寸模拟行之有效的方法，但需针对不同规格的蜂窝进行相对应的全套参数获取实验，确定多屈服面本构关联模型的应力更新算法，使得蜂窝结构的三向受载响应特性得以准确表征。光滑粒子流体动力学方法主要用于蜂窝结构的超高速冲击模拟问题。

总而言之，针对蜂窝结构力学问题的分析方法多种多样，各方法间互为补充，为蜂窝结构复杂力学行为的科学认知提供了可靠、高效的研究手段。

参考文献

[1] Gibson L J, Ashby M F. Cellular solids: structure and properties. 2nd ed[M]. Cambridge: Cambridge University Press, 1997.

[2] Gibson L J, Ashby M F, Harley B A. Cellular materials in nature and medicine[M]. Cambridge: Cambridge University Press, 2010.

[3] Wang Z. Recent advances in novel metallic honeycomb structure[J]. Composites Part B: Engineering, 2019, 166: 731 -741.

[4] Zhang Q, Yang X, Li P, et al. Bioinspired engineering of honeycomb structure-Using nature to inspire human innovation[J]. Progress in Materials Science, 2015, 74: 332 -400.

[5] 陈勇军，左孝青，史庆南，宿罡，王茗．金属蜂窝的开发发展及应用[J]．材料导报，2003(12)：32 -35.

[6] 张云，郑化安，苏艳敏，付东升．蜂窝陶瓷蓄热材料的研究现状[J]．广州化工，2014，42(21)：15 -17.

[7] 周健儿．钛酸铝 -堇青石质大规格蜂窝陶瓷[J]．江西省，景德镇陶瓷学院，2001 -12 -01.

[8] 吴建锋，何德芝，徐晓虹，张银凤，周炀，刘溢．堇青石 -莫来石复相储热陶瓷与 PCM 相容性研究[J]．储能科学与技术，2016，5(04)：568 -576.

[9] 胡定军，石红梅．新型蜂窝陶瓷的研制[J]．山东陶瓷，2004(03)：5 -8.

[10] 俞浩，徐欣，周志刚．一种钛酸铝 -莫来石质蜂窝陶瓷及其制备方法：CN101074161B[P]．2010 -06 -02.

[11] Beall D M, Merkel G A. Fabrication of ultralow thermal expansion cordierite structures: U. S. Patent 6, 284, 693[P]. 2001 -9 -4.

[12] Keller T, Haas C, Vallée T. Structural concept, design, and experimental verification of a glass fiber -reinforced polymer sandwich roof structure[J]. Journal of Composites for Construction, 2008, 12(4): 454 -468.

[13] Meynster D, Popov A, Popov I. Model of tunnelling through periodic array of quantum dots[C]//ITM Web of Conferences. EDP Sciences, 2017, 9: 01008.

[14] Wang A J, McDowell D L. In – plane stiffness and yield strength of periodic metal honeycombs [J]. J. Eng. Mater. Technol. , 2004, 126(2): 137 – 156.

[15] Liu Y, Zhang X C. The influence of cell micro – topology on the in – plane dynamic crushing of honeycombs[J]. International Journal of Impact Engineering, 2009, 36(1): 98 – 109.

[16] Wang Z, Liu J, Yao S. On folding mechanics of multi – cell thin – walled square tubes[J]. Composites Part B: Engineering, 2018, 132: 17 – 27.

[17] Ruan D, Lu G, Wang B, et al. In – plane dynamic crushing of honeycombs—a finite element study[J]. International Journal of Impact Engineering, 2003, 28(2): 161 – 182.

[18] Hu L L, Yu T X. Dynamic crushing strength of hexagonal honeycombs[J]. International Journal of Impact Engineering, 2010, 37(5): 467 – 474.

[19] Xu S, Beynon J H, Ruan D, et al. Experimental study of the out – of – plane dynamic compression of hexagonal honeycombs[J]. Composite Structures, 2012, 94(8): 2326 – 2336.

[20] Sun D, Zhang W, Zhao Y, et al. In – plane crushing and energy absorption performance of multi – layer regularly arranged circular honeycombs[J]. Composite Structures, 2013, 96: 726 – 735.

[21] Papka S D, Kyriakides S. In – plane crushing of a polycarbonate honeycomb[J]. International Journal of Solids and Structures, 1998, 35(3 – 4): 239 – 267.

[22] Hu L L, He X L, Wu G P, et al. Dynamic crushing of the circular – celled honeycombs under out – of – plane impact[J]. International Journal of Impact Engineering, 2015, 75: 150 – 161.

2 橡胶蜂窝结构准静态压缩行为

传统意义上的蜂窝结构是将一系列正六边形棱柱的开口朝向同一方向，以无间隙的方式在空间内排列开来所形成的结构。从外观上看，采用正六边形构造的蜂窝结构密合度高、材料用量少、空隙空间大，是一种典型的多孔轻质结构。在自然界中，有许多生物在“自然选择”过程中进化出了以正六边形为基础的类似结构，如蜜蜂窝、昆虫的复眼和乌龟的外壳等。每种生物的类蜂窝结构的使用场景和环境不同，这说明除去几何上的优势以外，蜂窝结构还具有许多非直观的特性。近代研究表明，蜂窝结构还具有优秀的力学性能，如高强度质量比、低质量、高剪切模量和优秀的比吸能性能等，这些都是当代科学飞速发展和资源合理可持续利用大环境下结构/材料的必备特性。

力学性能的研究是蜂窝结构设计和优化的重要基础，更是科学研究内容向工程实践转化的关键。静态力学性能是相对于动态力学性能，即交变载荷和高速载荷来说的，主要包括强度、硬度、塑性等几个指标。准静态力学性能于 1993 年首次提出，准静态实验是对试验样品施加相对缓慢的集中力进行实验的方法。现阶段对蜂窝结构静态/准静态力学性能的研究主要集中于蜂窝压缩实验，探究其破坏机理及变形模式；剪切实验，探究其剪切强度及剪切破坏模式；拉伸试验，探究其抗拉强度；弯曲实验，探究其抗弯性能等。

在理论研究方面，早在 1982 年英国剑桥大学的 Gibson 等[1]就从理论方面对二维蜂窝结构进行了理论研究。运用 Bernoulli – Euler 理论，简化蜂窝模型对其进行力学性能分析，通过理论分析获得蜂窝模型不同方向上的等效参数，并与实验结果进行了比较，证明获得的等效参数的有效性，在后续的研究中被学者们广泛使用。但是此等效方法适用于蜂窝壁的弯曲，蜂窝壁等厚和相对密度较小的情况，忽略了蜂窝壁交接处的变形。

英国埃克塞特大学的 I. G. Masters 等[2]也应用梁理论，将蜂窝壁变形分为弯曲、剪切和拉伸三部分，得到三种变形在平面内的模量和泊松比，并将它们结合起来得到平面内蜂窝的等效弹性参数和泊松比。该方法假设蜂窝壁间无缝隙且厚度均匀。此计算方法是 L. J. Gibson 公式的改进，考虑了胞壁的剪切和拉伸变形；

如果不考虑，可以简化为 L. J. Gibson 的方法模型，但没有得到平面外的模量。德国锡根大学的 J. Hohe 等[3]从能量的角度分析了蜂窝连续体和胞元之间应变能的等效性。将胞壁假设为 Timoshenko 梁，计算边缘节点在三个平面内的总变形位移，再得到应变和总应变能，最终求得蜂窝的有效弹性模量。该方法考虑了剪切变形，每一个蜂窝壁变形都遵循其边缘相同的变形模式。此方法通过能量的角度来计算有效弹性模量，平面内所有分量都可以得到，并不受胞元结构的限制。20世纪末，中山大学的富明慧等[4]展开对 Gibson 公式的研究，重新考虑了蜂窝薄壁变形对刚度的影响，克服了蜂窝结构作为芯层材料的弹性矩阵所表现出的不确定性，最终完成了对 Gibson 公式的修正，该方法可以对蜂窝夹层结构进行更加简便快捷的计算。Kraynik 等[5]通过对二维周期分布的多胞材料建立相应的理论模型，主要研究其线弹性阶段的响应，发现正六边形蜂窝的等效应力方向不依赖于等效主应变的方向，表明了其横观各向同性的性质。Deshpande 和 Fleck 等[6]通过建立理论模型的方式，研究了弯曲主导型和拉伸主导型的点阵结构，指出变形以弯曲为主的弯曲主导型点阵结构更适合用来作为吸能材料，而变形以拉伸为主的拉伸主导型蜂窝在刚度和强度方面相较于弯曲主导型蜂窝具有明显的优势。

实验法是研究各种材料和结构最常用的方法之一，对蜂窝材料进行实验研究和性能分析十分普遍，其中部分科学家致力于研究不同材料性质下蜂窝结构的各种性能变化，对结构赋予各种各样的材料，如木材、金属、树脂、聚合物等，对结构的几何尺寸、材料性质、规则排布、复合组成以及受力变形等进行研究。Koch 等[7]采用高刚度的蜂窝结构来包含颗粒状填料，利用激光扫描振动仪研究了蜂窝结构及其颗粒质量、分布和类型对结构振动和噪声的阻尼效应，发现填充颗粒的蜂窝状结构能够有效抑制噪声和振动，并且重量得到显著降低；Ma 等[8]以 Fe－Cu－Ni 合金为材料，采用无模板法成功制备了金属蜂窝结构，并研究了蜂窝结构的形成机理及受力变化方式，为无模板有序金属多孔结构的制备提供了重要的参考；巴基斯坦的 Khan 等[9]利用数字图像技术，通过实验的方法对铝蜂窝进行了平面内和平面外的压缩实验。实验结果表明：对于有效的轻量结构，在各个方向上的单轴压缩，都表现出弹性阶段、屈服阶段、平台阶段以及致密化阶段；此外，平面外的力学性能明显远远优于平面内的力学性能，因此在变形过程中表现出更强的能量吸收能力。

中南大学的 Wang 和美国新奥尔良大学的 Hui 等[10]着眼于非理想载荷条件下蜂窝结构的力学性能，对铝蜂窝在 $0^\circ \sim 90^\circ$ 倾斜角度下的压缩性能展开了综合分析。对于倾斜的蜂窝结构来说，平台应力随着倾斜角度的增加而明显减小，角度越大，平台应力的减小幅度也就越大；倾斜角度对于蜂窝的变形模式也有显著的影响，随着倾斜角度的增大，变形模式由渐进塑性坍塌逐渐变为平面内压缩模式。

德国汉堡工业大学的 Ralf 等[11] 对 Nomex 蜂窝结构进行了拉伸、压缩、剪切实验。压缩过程中压头速度 1mm/min，可以反映蜂窝压缩过程的经典曲线；研究中主要关注初始刚度、峰值应力、平台力等，没有过多关注致密化阶段。剪切过程中交叉头以 2mm/s 的恒定速度进行，实验结果表明蜂窝在不同方向的剪切模量差异较小，强度差距较大，但应力 - 应变曲线进展大致相似，胞壁撕裂会导致完全失效。拉伸过程与剪切过程类似，应力的散度约为 15%，刚度在实验中基本是一致的。

伊朗 Bu - Ali Sina 大学的 Nia 等[12]对泡沫填充铝蜂窝结构进行了研究。实验过程采用准静态压缩实验，探究胞单元尺寸、胞单元壁厚、夹层面板的厚度等参数对蜂窝结构的能量吸收能力、平均破碎强度以及褶皱长度的影响规律。实验结果表明，泡沫填充结构比原有蜂窝的平均破碎强度和能量吸收能力提高了 300%，蜂窝密度越小，泡沫填充后的效果也就越好。而且，泡沫填充蜂窝结构的平均破碎强度大于裸蜂窝和泡沫的平均破碎强度之和。

Zhang 等[13]进行了大量的实验研究，并讨论了蜂窝结构的几何尺寸和形状对蜂窝的异面压缩性能的影响，结果表明，当蜂窝孔数较少时，蜂窝结构的力学性能与蜂窝孔数和蜂窝边界形状有明显的关联，当蜂窝孔数达到一定程度或者更多时，蜂窝孔数的变化不会对其力学性能有较大的影响。

随着理论知识的完善和科学技术的发展，越来越多科学家尝试用数值方法对蜂窝结构进行研究，在数值方法中主要为有限元法，其中既有采用梁单元、实体单元的有限元法，也有基于均匀化理论的有限元法。最早在 1987 年，国内学者刘夏石[14]便对蜂窝结构运用有限元法进行分析，通过建立等参元体、超参壳元、体 - 壳过渡元及元外节点元的刚度举证，利用增量变刚度法提出一种解决蜂窝结构非线性问题的分析方法；朱明等[15]通过平衡方程、几何方程、物理方程，建立蜂窝夹板的控制微分方程，并用 FORTRAN77 编写计算程序在 IBM - PC 微机上对蜂窝结构进行有限元分析。随着科技的发展和创新，各种有限元软件如雨后春笋般涌现，人们只需要基于软件进行操作，这也使得用有限元对蜂窝结构进行拉伸、压缩、冲击和振动等各种模拟实验已经成为常态。

密歇根大学的 Chung 等[16]利用有限元技术，对聚碳酸酯圆形蜂窝的面内力学性能进行了仿真研究。仿真获得的应力 - 应变曲线同样具有线弹性阶段和平台阶段，与实验获得的应力 - 应变曲线具有较好的吻合性，最大差异在 6% 以内，这是由于仿真模型是几何性质均匀的蜂窝结构，实际样品总会存在微观上的差异。此外，不同方向的压缩，都可以观察到明显的剪切带，需要注意的是，不同方向的压缩，折叠变形模式并不相同。

马来西亚博特拉大学的 Zuhri 等[17]通过对天然纤维蜂窝芯材进行准静态压缩实验和有限元仿真分析，对天然纤维基芯材力学行为进行了准确的预测。为了准确模拟蜂窝芯材的塌陷行为，引入屈曲模态的几何缺陷，导入 Abaqus/Explicit 进行分析，有效地预测了天然纤维基芯材的能量吸收和失效模式。伊朗科技大学的 Mozafari 等[18]利用有限元技术，使用三种不同的聚氨酯泡沫填充三种不同的铝蜂窝并建立模型。分析了泡沫填充铝蜂窝对原有蜂窝的面内力学性能的影响规律，泡沫填充铝蜂窝对其变形形态没有影响，有限元模型结果与实验结果误差不超过 6%，泡沫填充铝蜂窝可使其平均破碎强度提高 200 倍。

中南大学的 Wang 等[19]利用 LS – DYNA 对铝蜂窝结构进行建模，建立正常模型和不规则模型，分别对其进行拉伸实验，结果表明规则蜂窝的峰值力和能量吸收均比不规则蜂窝的要高，蜂窝的力学性能与不规则蜂窝倾斜的角度有关，倾斜角度从 75°降低到 30°，承载能力增加，而倾斜角度从 30°降低到 15°时，承载能力逐渐下降。由此可见胞单元的不规则性降低了蜂窝的强度，相邻胞单元之间的黏结失效显著地降低了胞单元的性能。

Kyriakides 等[20,21]采用实验和数值模拟相结合的方法，研究了正六边形蜂窝在受到面内和面外压缩载荷时的响应，研究结果表明在面内载荷作用下，正六边形蜂窝的位移 – 力曲线同样表现出三个阶段，即弹性段、平台段和密实段；在面内载荷作用下，由于在数值模拟中考虑了蜂窝材料制造过程中存在的残余应力，其屈曲应力相比于不考虑残余应力的理想情形高 10% 左右。邱信明等[22]采用数值模拟和理论分析的方法，对具有正六边形、Kagome 形和正三角形拓扑结构的二维蜂窝结构进行了深入的研究，确定了每种拓扑构型的蜂窝结构发生Ⅰ型和Ⅱ型断裂时断裂韧性与相对密度之间的关系，研究结果表明，具有正三角形构型的蜂窝结构在变形时以拉伸为主，具有正六边形构型的蜂窝结构在变形时以弯曲为主。随后，邱信明等[23,24]采用极限分析和数值模拟相结合的方法分别对具有二维周期结构的蜂窝材料的静动态力学响应进行了分析，根据不同构型蜂窝材料的变形主导模式，将蜂窝材料分成以正六边形蜂窝为代表的弯曲主导型蜂窝和以正三角形蜂窝为代表的膜力主导型蜂窝，研究结果表明弯曲主导型蜂窝的等效应力 – 应变曲线中会出现典型而明显的平台段，这种现象在膜力主导型蜂窝中并不会出现；在单轴动态压缩载荷的作用下，蜂窝结构的平均应力可以表示为静态平均应力与由惯性效应引起的增强项的和，并且不同拓扑构型的蜂窝材料的增强项之间的差别较小。

上述蜂窝结构的研究大多数是铝质、纸蜂窝结构，对于具有更好的耐磨性、弹性的橡胶材质蜂窝结构，较少有研究者对其进行探究。本章将从理论分析和有限元仿真两方面对橡胶蜂窝骨架结构的力学性能进行探究。

2.1 橡胶蜂窝结构理论分析

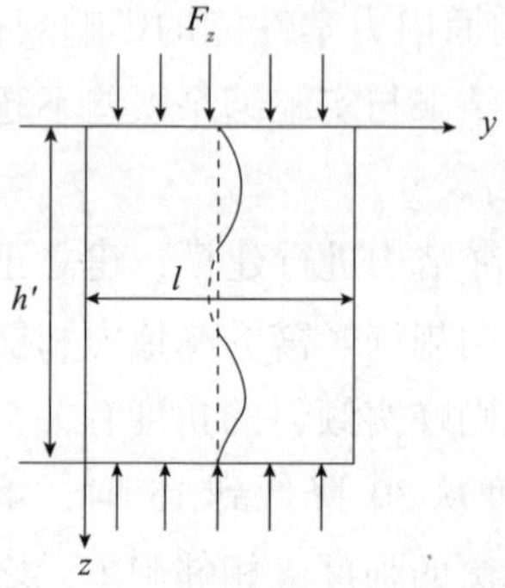

图2－1 蜂窝结构芯层胞元侧壁

橡胶蜂窝结构材料选用氢化丁腈橡胶，材料硬度为90HA，弹性模量 $E_s = 17.33$MPa，泊松比 $\nu_s = 0.5$[25]。当受 z 方向(轴向)载荷 F_z 作用时，橡胶蜂窝结构会产生屈曲，芯层胞元侧壁出现周期性凸胀，如图2－1所示。在这个过程中，橡胶蜂窝结构芯层胞元侧壁主要起支撑作用，可视为橡胶蜂窝结构芯层胞元侧壁受压缩载荷作用发生屈曲，橡胶蜂窝结构的轴向加载便可转化为蜂窝结构芯层胞元侧壁的屈曲问题。

$$h' = h - 2t \tag{2-1}$$

式中 h'——蜂窝结构芯层胞元侧壁高度，mm；

h——蜂窝结构胞元高度，mm。

当橡胶蜂窝结构受到轴向载荷产生屈曲，屈曲载荷由蜂窝结构芯层胞元侧壁的第二惯性矩和边长 l 来确定，且当 $h' > 3l$，对于边长为 l 的橡胶蜂窝结构芯层胞元侧壁，屈曲载荷 F_{zcr} 如式(2－2)所示：

$$F_{zcr} = \frac{KE_s t^3}{(1 - \nu_s^2)l} \tag{2-2}$$

式中 F_{zcr}——橡胶蜂窝结构芯层胞元侧壁屈曲载荷，N；

t——蜂窝结构胞元壁厚，mm；

l——蜂窝结构胞元边长，mm；

E_s——基体材料杨氏模量，MPa；

K——端点约束因子；

ν_s——基体材料泊松比。

常数 K 为端点约束因子，若芯层胞元侧壁简单支撑(即它们可自由旋转)，且当 $h' > 3l$ 时，$K = 2.0$，而若芯层胞元侧壁被夹紧，则 $K = 6.2$。在橡胶蜂窝结构体内，芯层胞元侧壁固定在上下面板上，则芯层胞元侧壁不完全自由，接近于刚性夹紧，作为近似，取值 $K=4.3$。

正六边形橡胶蜂窝结构单胞受面外垂直载荷压缩作用时，由 6 个壁板共同受力屈曲，则正六边形橡胶蜂窝结构单胞的临界屈曲载荷 F_{cr} 为：

$$F_{cr}=6F_{zcr} \tag{2-3}$$

式中 F_{cr}——正六边形橡胶蜂窝结构单胞的临界屈曲载荷，N。

假设正六边形橡胶蜂窝结构单胞的承压面积设为 S，则可以得出：

$$S=\frac{3\sqrt{3}}{2}l^2 \tag{2-4}$$

式中 S——正六边形橡胶蜂窝结构单胞的承压面积，mm^2。

因此，进一步可得正六边形橡胶蜂窝结构单胞的弹性坍塌应力 σ_{cr} 为：

$$\sigma_{cr}=\frac{F_{cr}}{S}=\frac{12KE_s t^3}{3\sqrt{3}(1-\nu_s^2)l^3} \tag{2-5}$$

式中 σ_{cr}——正六边形橡胶蜂窝结构单胞的弹性坍塌应力，MPa。

2.2 橡胶蜂窝结构有限元模型验证

选取胞元边长 $l=1$mm，壁厚 $t=0.2$mm，高度 $h=6$mm 的正六边形橡胶蜂窝结构单胞进行有限元分析。由于在模拟过程中，上刚性板对橡胶蜂窝结构单胞结构上表面施加压力使其坍塌，取橡胶蜂窝结构单胞上表面与刚性板的平均接触应力 $\bar{\sigma}$ 表征承压情况，定义压缩比 ε 为橡胶蜂窝结构单胞轴向压缩量 Δh 与原高度 h 的比值。

图 2-2 为静态压缩载荷作用下橡胶蜂窝结构单胞弹性坍塌时等效应力云图，从图中可以看出，当橡胶蜂窝结构单胞受到上刚性板向下的载荷作用时，橡胶蜂窝结构单胞侧壁板会产生屈曲，胞元侧壁出现“波纹状”周期性凸胀。提取压缩过程中压缩比 ε 和上表面平均接触应力 $\bar{\sigma}$，绘制静态压缩载荷作用下橡胶蜂窝结构单胞上表面平均接触应力与压缩比的关系曲线图，如图 2-3 所示，从图中可以看出橡胶蜂窝结构单胞上表面平均接触应力与压缩比曲线呈线性关系，此时为弹性变形阶段；接着孔壁曲折，橡胶蜂窝结构单胞侧壁中部曲折，整体由中部开始坍塌，此时压缩比为 0.17，橡胶蜂窝结构单胞弹性坍塌应力值为 1.89MPa。

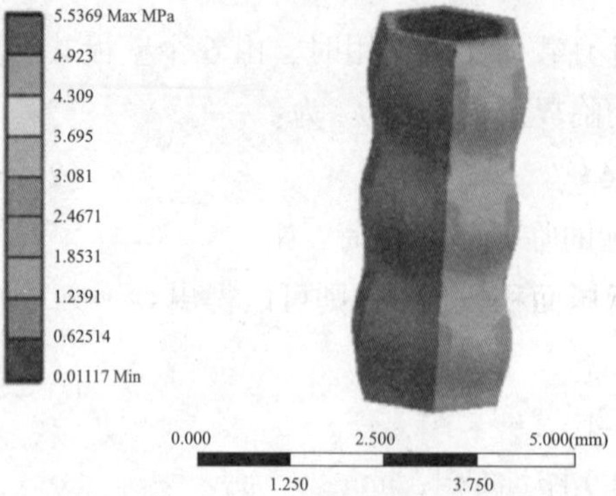

图2-2　静态压缩载荷作用下橡胶蜂窝结构单胞弹性坍塌时等效应力云图

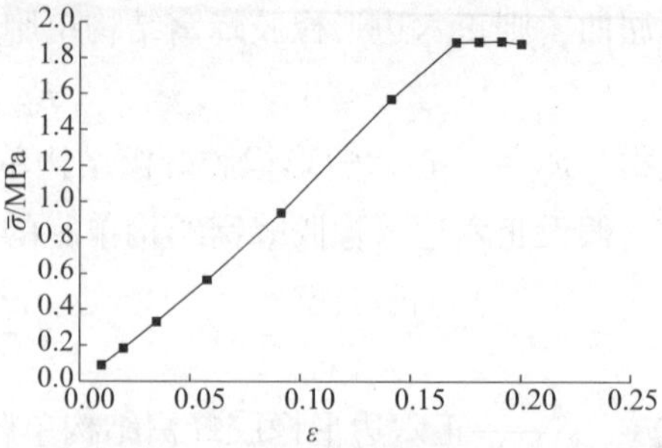

图2-3　橡胶蜂窝结构单胞上表面平均接触应力与压缩比关系曲线图

将正六边形橡胶蜂窝结构单胞相关参数：$l=1\text{mm}$，$t=0.2\text{mm}$，$h=6\text{mm}$ 代入式(2-5)得正六边形橡胶蜂窝结构单胞弹性坍塌应力值为 $\sigma_{cr}=1.84\text{MPa}$。将正六边形橡胶蜂窝结构单胞弹性坍塌应力值有限元模拟结果与理论计算值进行对比可知，模拟值与计算值结果相近，相对误差为3%。

2.3　零级橡胶蜂窝骨架静力学特性研究

2.3.1　橡胶蜂窝结构变形模式

关于纸质、铝质蜂窝结构研究变形模式已有明确研究表明其变形分为线弹性、平台、密实化三个阶段，但目前未有研究者针对橡胶材质的蜂窝结构变形模式进行探究，为了解橡胶蜂窝结构在静态压缩下的变形模式，本节以胞元边长 $l=3\text{mm}$、壁厚 $t=0.2\text{mm}$、高度 $h=6\text{mm}$ 的正六边形橡胶蜂窝结构为例进行压溃模拟分析。

图2-4展示了静态压缩载荷作用下橡胶蜂窝结构从加压初期到压溃的全变形过程。由图2-4(a)可见，在压缩初期，$\varepsilon=0.18$ 时，橡胶蜂窝结构在受到静压后胞元向外膨胀，通过自身形变抵抗所受外力；随着 ε 的增大，橡胶蜂窝结构孔壁中部开始发生曲折，整体由中部开始坍塌，如图2-4(b)所示；当 ε 增大至0.58时，橡胶蜂窝结构曲折由中部扩展到两边整体坍塌，如图2-4(c)所示；当 $\varepsilon=0.84$ 时，橡胶蜂窝结构孔壁开始相互接触，进而被压实为一块“橡胶板”，如

图 2－4(d)所示。

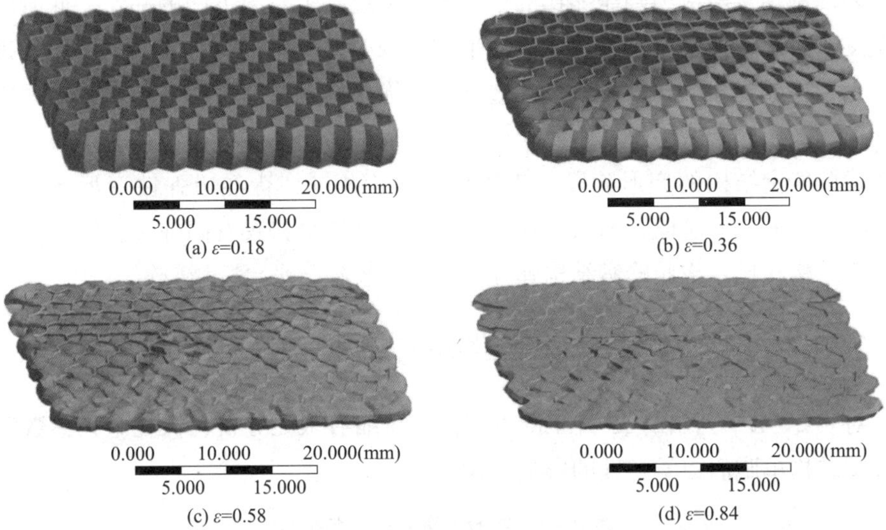

图 2－4 静态压缩载荷作用下橡胶蜂窝结构变形过程

在模拟压缩过程中，是上刚性板对橡胶蜂窝结构上表面施加压力导致其变形至压溃，因此取橡胶蜂窝结构上表面与刚性板的平均接触应力$\bar{\sigma}$表征橡胶蜂窝结构承压情况。提取图 2－4 所示工况计算结果中的橡胶蜂窝结构压缩比 ε 和上表面平均接触应力$\bar{\sigma}$，绘制静态压缩载荷作用下橡胶蜂窝结构上表面平均接触应力与压缩比的关系曲线图，如图 2－5 所示。从图 2－5 中可以看出，橡胶蜂窝结构上表面平均接触应力随压缩比的增大经历弹性变形区、平台区、密实化区三个阶段。在弹性变形区，胞元壁向外膨胀，此时橡胶蜂窝结构上表面平均接触应力与压缩比呈

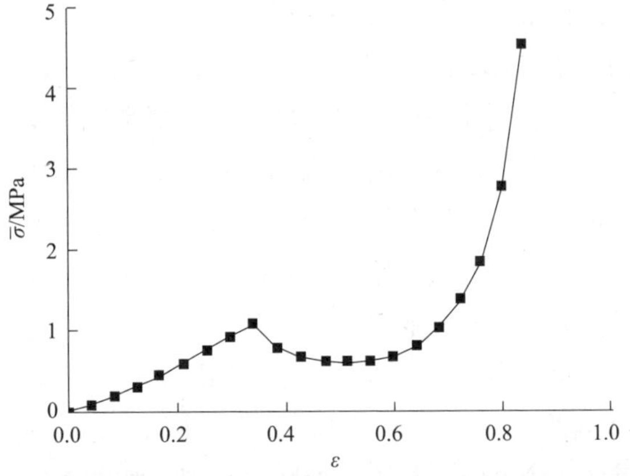

图 2－5 静态压缩载荷作用下橡胶蜂窝结构上表面平均接触应力与压缩比曲线

线性关系；接着进入平台区，随着压缩比的增大，胞元壁产生曲折，橡胶蜂窝结构上表面平均接触应力随压缩比的增大曲线呈现一个略微下凹的平台，此阶段胞元壁逐步折叠，橡胶蜂窝结构上表面平均接触应力变化不大；随着压缩比的进一步增大，橡胶蜂窝结构被压溃，孔壁迅速靠拢并接触，上表面平均接触应力随压缩比的增大急剧上升，进入密实化区。

橡胶蜂窝结构的变形阶段与铝质蜂窝结构相同，皆经历弹性变形区、平台区、密实化区三个阶段，但由于橡胶蜂窝结构基体材料具有高弹性，因此，与铝质蜂窝结构相比，橡胶蜂窝结构弹性变形区域较长，平台区域较短。

2.3.2 橡胶蜂窝结构单胞静力学特性研究

对表 2-1 中列出的 75 种工况进行静态压缩有限元分析，探究胞元参数对橡胶蜂窝结构单胞静力学特性的影响规律。

表 2-1　橡胶蜂窝结构单胞参数

边长/mm	壁厚/mm					高度/mm		
1	0.1	0.2	0.3	0.4	0.5	2	4	6
2	0.1	0.2	0.3	0.4	0.5	2	4	6
3	0.1	0.2	0.3	0.4	0.5	2	4	6
4	0.1	0.2	0.3	0.4	0.5	2	4	6
5	0.1	0.2	0.3	0.4	0.5	2	4	6

选取静态压缩载荷作用下压缩比为 0.2 时橡胶蜂窝结构单胞等效应力云图，筛选其中 9 个有代表性的模型展示，如图 2-6 所示。图 2-6(a)(b)(c)各为一组图，为便于观察比较结果将各组统一标尺。

图 2-6 给出了在压缩比为 0.2 时，橡胶蜂窝结构单胞在不同壁厚 t、边长 l、高度 h 下的等效应力云图，从图中可以看出，橡胶蜂窝结构单胞最大等效应力产生于侧壁曲折处，且最大等效应力随着胞元壁厚的增大而增大，如图 2-6(a)所示；若单一增大胞元边长，橡胶蜂窝结构单胞变形由“波浪状”变为“鼓状”，橡胶蜂窝结构单胞最大等效应力随着胞元边长的变化不大，如图 2-6(b)所示；若单一增大胞元高度，橡胶骨架单胞变形由“鼓状”变为“波浪状”，橡胶骨架单胞最大等效应力随着胞元高度的增大略有减小，如图 2-6(c)所示。

提取图 2-6 中各模型压缩比为 0.2 时的上表面平均接触应力$\bar{\sigma}$，绘制橡胶蜂窝结构单胞上表面平均接触应力与胞元参数关系图，如图 2-7 所示。由图可知，在相同压缩比下，固定胞元高度与边长，胞元壁厚越厚，橡胶蜂窝结构单胞上表

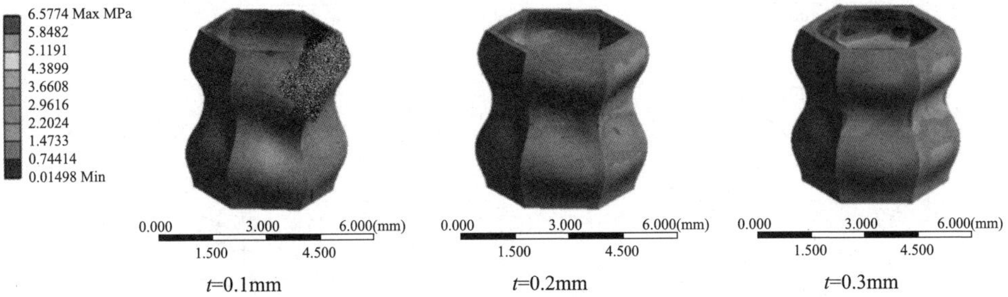

(a)l=2mm, h=6mm

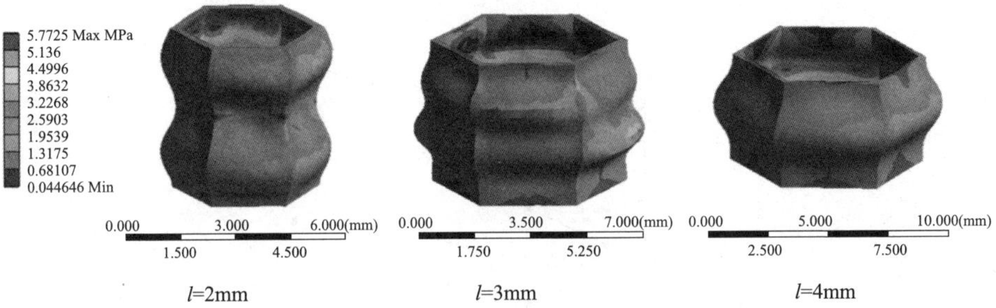

(b)t=0.2mm, h=6mm

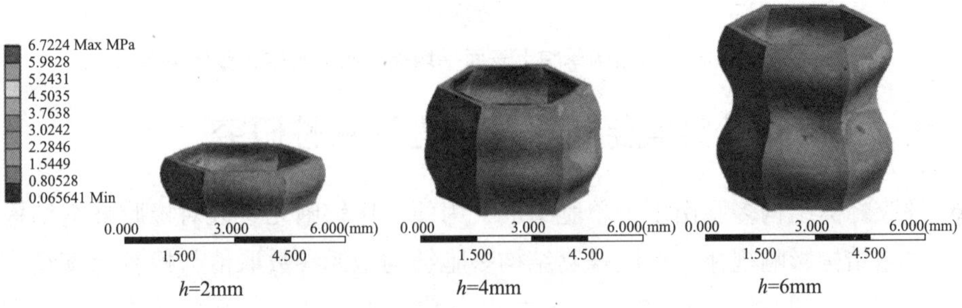

(c)t=0.2mm, l=2mm

图2－6　压缩比为0.2时橡胶蜂窝结构单胞等效应力云图

面平均接触应力越大。增大胞元壁厚增强了胞元侧壁板抗压能力，使橡胶蜂窝结构单胞承压能力增强，且当胞元边长越小这种变化趋势越明显。在相同压缩比下，固定胞元高度与壁厚，橡胶蜂窝结构单胞上表面平均接触应力随着胞元边长的增大而减小。增大边长使橡胶蜂窝结构单胞孔隙度增大，实体占比减小，橡胶蜂窝结构单胞承压能力降低，且胞元壁厚越厚这种变化趋势越明显。在相同压缩比下，固定胞元壁厚与边长，横向对比图2－7(a)(b)(c)可见，橡胶蜂窝结构单胞上表面平均接触应力随胞元高度的增大而减小，橡胶蜂窝结构单胞胞元高度越高，其抗弯能力越差。

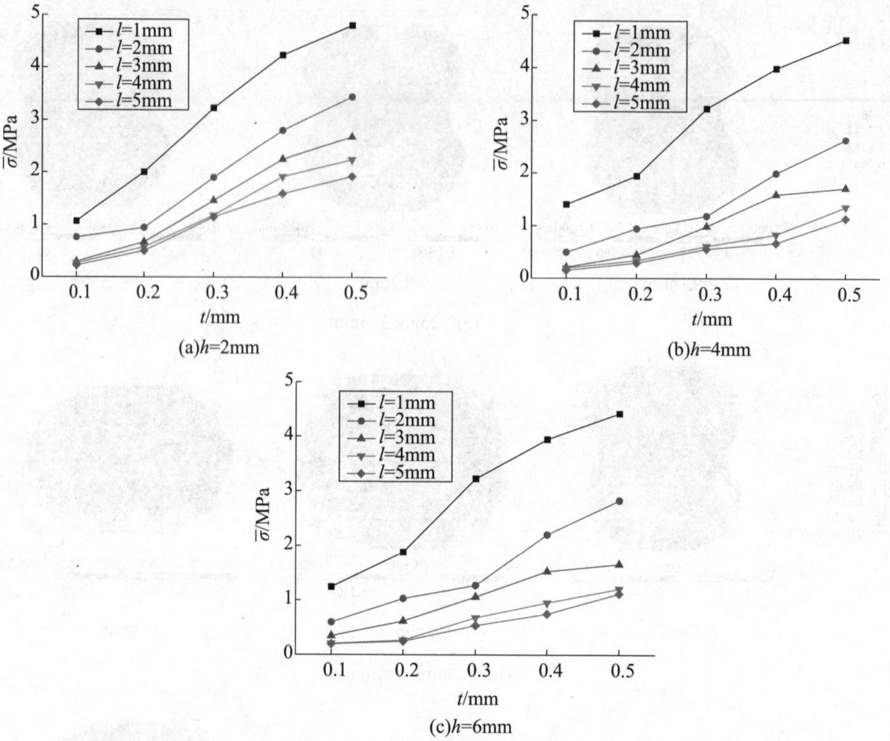

图2-7 橡胶蜂窝结构单胞上表面平均接触应力与胞元参数关系图

2.3.3 橡胶蜂窝结构多胞静力学特性研究

橡胶蜂窝结构多胞由多个单胞组成，为便于比较胞元参数对橡胶蜂窝结构单胞、多胞结构影响规律，橡胶蜂窝结构多胞结构胞元参数取值与橡胶蜂窝结构单胞参数相同。同时增添 $h=3$、$h=5$ 两组参数，便于对后续所得到的橡胶蜂窝结构承压量与胞元参数关联式进行验证。具体取值如表2-2所示。采用有限元模拟对表2-2中列出的125种工况进行静态压缩有限元分析，探究胞元参数对橡胶蜂窝结构多胞静力学特性的影响规律。

表2-2 橡胶蜂窝结构多胞胞元参数

边长/mm	壁厚/mm						高度/mm			
1	0.1	0.2	0.3	0.4	0.5	2	3	4	5	6
2	0.1	0.2	0.3	0.4	0.5	2	3	4	5	6
3	0.1	0.2	0.3	0.4	0.5	2	3	4	5	6
4	0.1	0.2	0.3	0.4	0.5	2	3	4	5	6
5	0.1	0.2	0.3	0.4	0.5	2	3	4	5	6

选取静态压缩载荷作用下压缩比为 0.2 时橡胶蜂窝结构多胞等效应力云图，筛选其中 9 个有代表性的模型展示，如图 2 - 8 所示。图 2 - 8(a)(b)(c)各为一组图，为便于直观比较模拟结果，将云图标尺刻度统一。

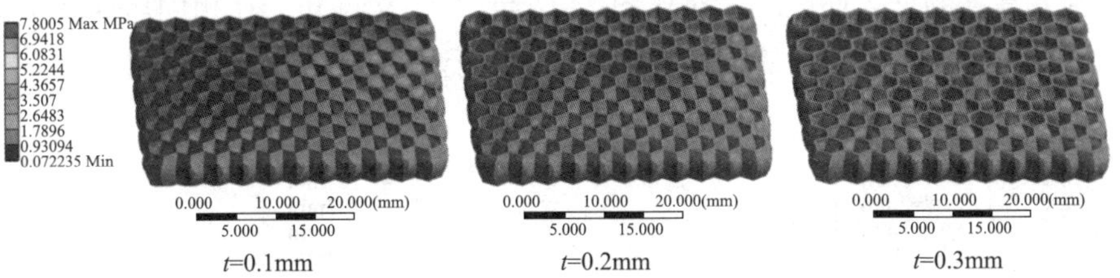

(a)l=2mm,h=6mm

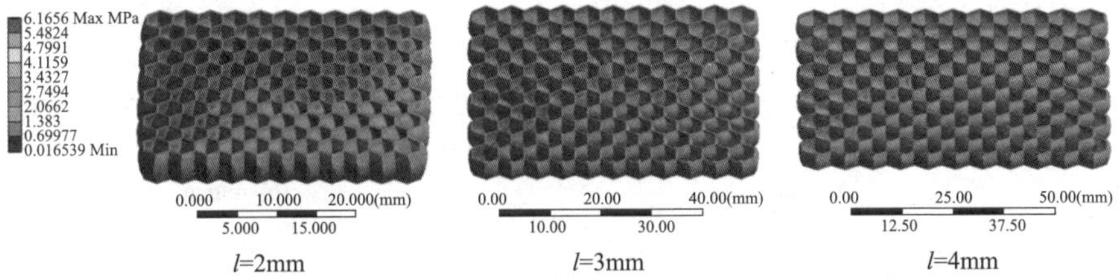

(b)t=0.2mm,h=6mm

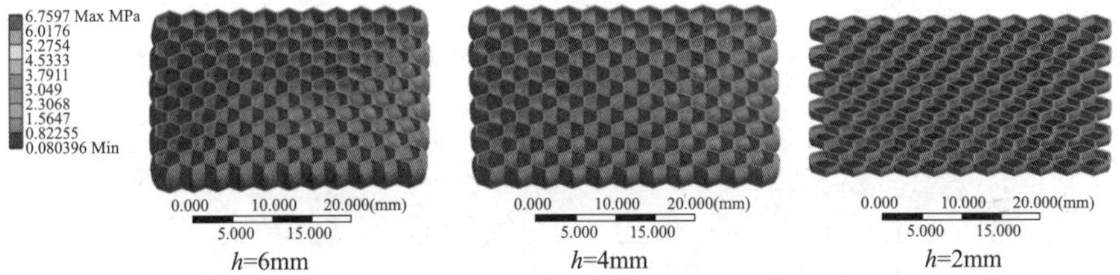

(c)t=0.2mm,l=2mm

图 2 - 8　压缩比为 0.2 时橡胶蜂窝结构多胞等效应力云图

图 2 - 8 给出了在压缩比为 0.2 时，橡胶蜂窝结构多胞在不同胞元壁厚 t、边长 l、高度 h 下的等效应力云图，从图中可以看出，橡胶蜂窝结构多胞最大等效应力产生于骨架内部侧壁曲折处，最外侧等效应力相比于内部较小。若单一增大胞元壁厚，橡胶蜂窝结构多胞最大等效应力随着胞元壁厚的增大而增大，如图 2 - 8(a)所示；若单一增大胞元边长，橡胶蜂窝结构多胞最大等效应力随着胞元边长的变化不大，如图 2 - 8(b)所示；若单一增大胞元高度，橡胶蜂窝结构多胞最大等效应力随着胞元高度的增大略有减小，如图 2 - 8(c)所示。

提取表 2 - 8 中各模型压缩比为 0.2 时的上表面平均接触应力$\bar{\sigma}$，绘制橡胶蜂窝结构多胞上表面平均接触应力与胞元参数关系图，如图 2 - 9 所示。由图可知单一改变胞元厚度时，橡胶蜂窝结构多胞上表面平均接触应力随胞元壁厚的增大而增大；单一改变胞元边长时，橡胶蜂窝结构多胞上表面平均接触应力随着胞元边长的增大而减小；单一改变胞元高度时，橡胶蜂窝结构多胞上表面平均接触应力随胞元高度的增大而减小。对比图2－7与图2－9可知，在相同压缩比下，橡胶蜂窝结构单胞、多胞上表面平均接触应力随胞元参数变化规律相同。

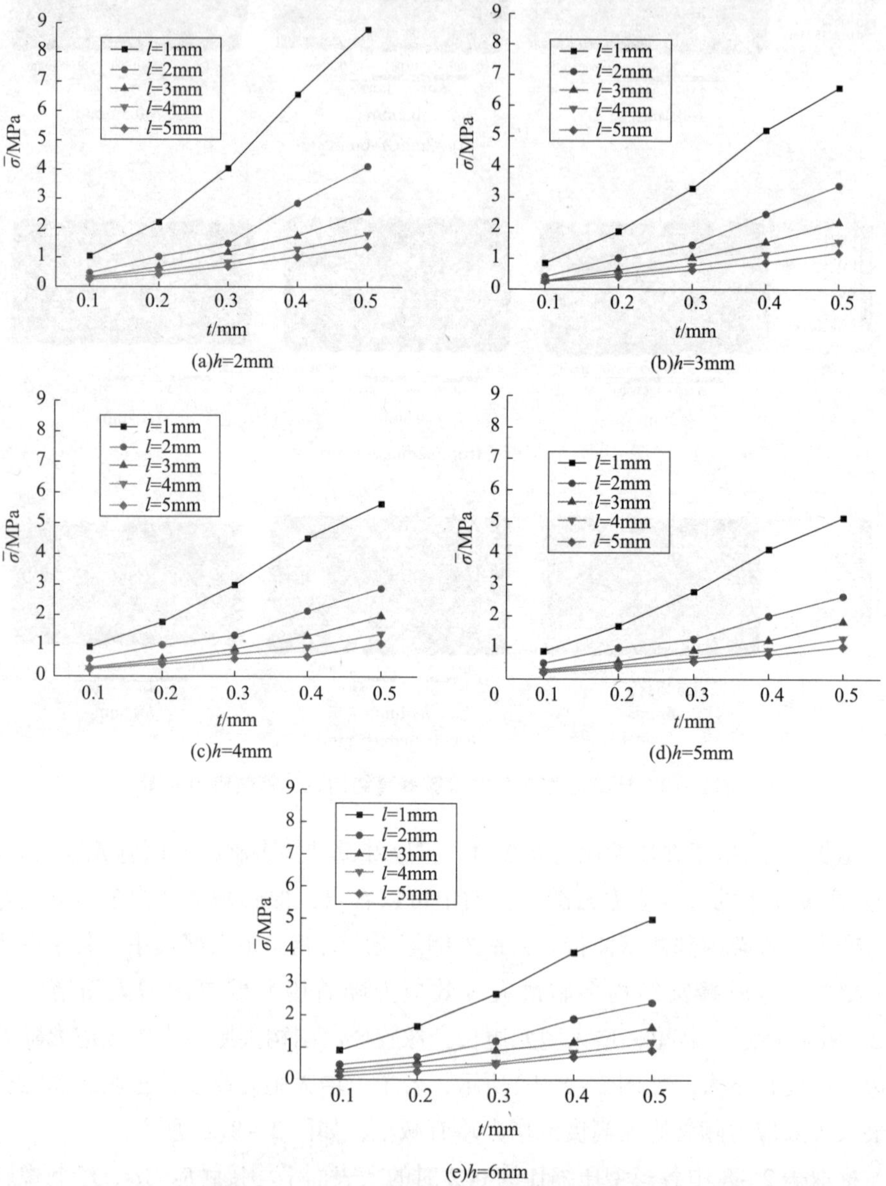

图2－9　橡胶蜂窝结构多胞上表面平均接触应力与胞元参数关系图

2.3.4 橡胶蜂窝结构多胞承压关联式探究

定义无量纲参数壁厚边长比 t/l 为胞元壁厚 t 与边长 l 的比值。提取不同高度的橡胶蜂窝结构多胞在压缩比为0.2时上表面平均接触应力，绘制橡胶蜂窝结构多胞上表面平均接触应力与壁厚边长比关系图，如图2－10所示。由图可知，当胞元壁厚边长比值一定时，橡胶蜂窝结构多胞上表面平均接触应力随着胞元高度的增大而降低。当高度一定时，橡胶蜂窝结构多胞上表面平均接触应力随着胞元壁厚边长比值的增大而增大，基本呈线性关系。将各高度下壁厚边长比 t/l 与上表面平均接触应力 $\bar{\sigma}$ 做线性拟合，得到式(2－6)～式(2－10)，其校正决定系数最低为0.974。

当 $h=2\text{mm}$ 时，$\bar{\sigma}=-0.45747+17.202t/l$　校正决定系数：0.974　(2－6)

当 $h=3\text{mm}$ 时，$\bar{\sigma}=-0.21061+13.137t/l$　校正决定系数：0.982　(2－7)

当 $h=4\text{mm}$ 时，$\bar{\sigma}=-0.12072+11.248t/l$　校正决定系数：0.988　(2－8)

当 $h=5\text{mm}$ 时，$\bar{\sigma}=-0.06928+10.216t/l$　校正决定系数：0.991　(2－9)

当 $h=6\text{mm}$ 时，$\bar{\sigma}=-0.10720+9.926t/l$　校正决定系数：0.993　(2－10)

其中式(2－6)～式(2－10)胞元壁厚 t 适用范围为0.1～0.5mm，胞元边长 l 适用范围为1～5mm。

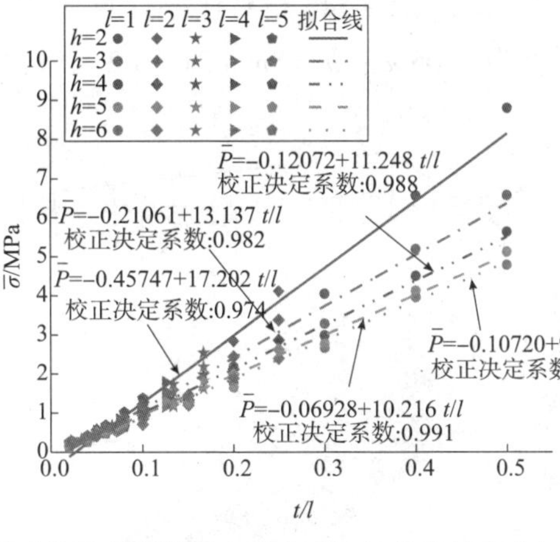

图2－10　不同高度橡胶蜂窝结构多胞上表面平均接触应力与胞元壁厚边长比关系图

选取图2－10中 $h=2\text{mm}$、$h=4\text{mm}$、$h=6\text{mm}$ 三条拟合线计算在压缩比为0.2时橡胶蜂窝结构多胞上表面平均接触应力与胞元参数关联式。

设式(2－6)、式(2－8)、式(2－10)确定的三条直线交于点(0.05，0.41)，则考虑胞元高度 h 后拟合表达式如式(2－11)所示，系数 k 是关于胞元高度 h 的函数：

$$\bar{\sigma}-0.41=k(t/l-0.05) \tag{2-11}$$

根据式(2-6)、式(2-8)、式(2-10)中3条线性拟合表达式的斜率点和对应胞元高度对应关系，选择衰减指数函数表达系数 k，k 的拟合关联式如式(2-12)所示。

$$k=34.47\mathrm{e}^{-\frac{h}{1.33}}+9.55 \tag{2-12}$$

综合式(2-11)、式(2-12)，得到在压缩比为0.2时橡胶蜂窝结构多胞上表面平均接触应力$\bar{\sigma}$与胞元高度 h、厚度 t 及边长 l 三个参数的关联式：

$$\bar{\sigma}=34.47\frac{t}{l}\mathrm{e}^{-\frac{h}{1.33}}-1.7235\mathrm{e}^{-\frac{h}{1.33}}+9.55\frac{t}{l}-0.0675 \tag{2-13}$$

其中，拟合相对误差为2.37%；胞元壁厚 t 适用范围为0.1～0.5mm；胞元边长 l 适用范围为1～5mm；胞元高度 h 适用范围为2～6mm。

定义相对误差 $E_{\bar{\sigma}}$ 为标准误差与模拟结果最大值$\bar{\sigma}_{max}$比值。标准误差为橡胶蜂窝结构上表面平均接触应力模拟值与关联式[式(2-13)]计算值之差的平方和与样本数量比值的算数平方根。

将图2-10中 $h=3$mm、$h=5$mm 模拟结果散点绘制在由式(2-13)绘制而成的曲面图上，如图2-11所示。由图2-11可见，所模拟工况与由式(2-13)绘制而成的曲面图吻合良好。由式(2-14)相对误差计算公式可得 $h=3$mm 时式(2-13)所得结果相对误差为3.05%；$h=5$mm 时式(2-13)所得结果相对误差为2.20%。

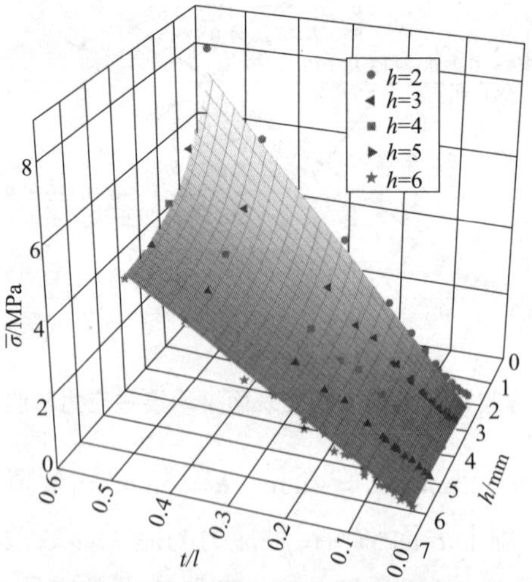

图2-11 橡胶蜂窝结构多胞上表面平均接触应力与胞元参数关系图

$$E_{\bar{\sigma}} = \frac{1}{\bar{\sigma}_{max}} \sqrt{\frac{\Delta \bar{\sigma}_1^2 + \Delta \bar{\sigma}_2^2 + \cdots + \Delta \bar{\sigma}_n^2}{n}} \tag{2-14}$$

式中 $E_{\bar{\sigma}}$——相对误差，MPa；

$\bar{\sigma}_{max}$——橡胶蜂窝结构上表面平均接触应力模拟结果最大值，MPa；

$\Delta\bar{\sigma}_n$——橡胶蜂窝结构上表面平均接触应力模拟值－关联式计算值，MPa；

n——样本数量。

2.4 一级橡胶蜂窝骨架静力学特性研究

更轻、更强、更优的蜂窝结构设计既是前沿热点，亦是科学难点，蜂窝结构的不断创新与发展是本领域从业人员不懈的追求。蜂窝结构的一个显著特点是它灵活多变的可设计性，这很大程度上依赖于蜂窝结构的几何拓扑与空间排列，尤其体现在以新型胞元构型驱动的蜂窝微结构设计带来不同蜂窝结构的力学表现。伴随着相关制造工艺不断推陈出新，蜂窝结构设计策略的演变也具有很强的时代性。本节主要探索层级橡胶蜂窝。

2.4.1 层级橡胶蜂窝研究现状

生物材料结构是自然界通过亿万年间自然选择和不断进化的结果，其在功能表现上呈现出一种有关物理、生理上等的自然适应优越性，对生物结构材料的仿生设计和分析有助于进一步改善当前工程应用中的某些局限性。并且，自然界中的生物材料为实现其功能的适应性或其他属性要求，其在结构分布上呈现一定进化规律——材料和结构的层级组织方式，如人体骨头，作为一种力学承载性结构，骨头在每个尺度上都与上一级尺度相对应，具备多个结构层级特性。层级设计的结构是生物材料一种特殊的属性，可使得该结构在轻质方面表现更加优越，而且具有较好的力学性能。

作为生物材料的一种特殊表现形式，层级结构广泛存在于动植物组织、人体骨骼之中。由于层级多胞材料胞孔尺度跨度范围较广，通过传统的加工制造方法难以获得具有较小尺度的层级多胞材料，但对于尺度较大的结构，在没有加工制造难度的限制下，通过在设计中引入层级结构能够最大化地利用材料从而提升承载力，如典型的埃菲尔铁塔。Lakes[26]采用递归的方法对自相似多级结构的刚度与强度进行了研究，给出了刚度和强度的表达式，研究结果发现在弹性屈曲和塑性屈曲两种破坏模式下，多层级结构的压缩强度存在比单层级结构高的可能性。Fan 等[27]采用夹芯结构作为多胞材料的胞壁形成了二维层级结构，采用建立理论模型进行分析的方式，对该层级结构的刚度、屈服强度、塑性压溃强度和断裂韧性等参数进行了求解，研究结果表明层级蜂窝具有更高的损伤容差，因此与单级蜂窝相比，该二级蜂窝在上述力学参量上具有明显的优势，但是在此处采用了子结构的质量全部集中在胞壁面板上的假设。Taylor 等[28,29]采用理论计算和数值模拟的方法，获得了二级蜂窝面内弹性参数，分别将第一级结构和第二级结构选取为正六边形、正三角形和正四边形等，研究结果表明在通常情况下，引入层级结构之后会降低面内弹性参数，但是通过进行合理的密度梯度设计能够提高二阶层级蜂窝的面内弹性参数，另外，当子结构具有负泊松比时，相较于传统蜂窝材料，二阶层级蜂窝的面内弹性参数也会有显著的提高。Sun 等[30,31]将传统正六边形蜂窝的胞壁用等质量的三角形、六边形、负泊松比蜂窝以及 Kagome 蜂窝替换以得到几种具有不同子结构的二阶层级蜂窝，根据欧拉梁理论将这几种层级蜂窝的面内弹性模量进行求解，研究结果显示，具有不同子结构的层级蜂窝的面内参数具有较大的差异，并且采用三角形蜂窝和 Kagome 蜂窝为子结构的层级蜂窝的弹性模量和剪切模量具有显著的提高。Banerjee[32]对具有层级结构的栅格结构的刚度与强度进行了理论分析，研究结果表明由弯 - 弯组成的层级蜂窝，其面内刚度与弹性屈曲强度随着层级数目的增加而增加，由拉 - 拉组成的层级蜂窝，只有屈曲强度得到了提升，合理地选择层级结构的组成部分能够对层级蜂窝的力学参数进行一定的设计。Pugno 等[33]对具有多层级结构的蜂窝的弹性屈曲行为进行了研究，研究结果表明多层级结构蜂窝具有设计成多尺度能量吸收材料的潜力。Chen 等[34]将一级胞孔固定为正六边形，分别用六边形蜂窝、Kagome 蜂窝以及三角形蜂窝作为其二级结构，提出了一系列的新型层级蜂窝，采用数值模拟、理论分析与实验相结合的方式对上述层级蜂窝进行了系统的研究，结果表明，当二级结构为三角形蜂窝和 Kagome 蜂窝时，其承载能力明显提高，采用增材技术获得二级结构为三角形蜂窝的层级蜂窝，实验结果表明，该种层级蜂窝的面内刚度能量吸收能力具有显著的提高，对该种层级蜂窝的参数分析表明，合理地选择层级蜂窝的几何参数能够使其达到能量吸收的最大化。Mousanezhad 等[35]对具有蜘蛛网几何构型的层级蜂窝的面内弹性响应进行了理论分析、详尽的数值模拟以及力学测试，研究结果显示，在小变形阶段，该层级结构的面内弹性参数由几何构型的参数决定，并且可以实现由膜力主导变形到弯曲主导变形的过渡；在大变形阶段，该种能级蜂窝能够延后结构失稳行为的发生，并表现出了硬化行为。Zhu 等[36]研究了层级蜂窝胞孔厚度所在尺度对其弹性参数的影响，通过理论分析得到封闭形式的结果，研究显示，蜂窝的一级结构的壁厚在微米尺度时，由于应变梯度的效应，其弹性参数是与尺寸无关的。Chen 等[37]将正六边形蜂窝与三角形蜂窝结合，得到一种一阶结构为正六边形，二阶结构为三角形的层级蜂窝，对其在面内载荷下的响应，进行了数值模拟和理论分析，在理论分析过程中提出“双尺度理论分析法”用以计算层级蜂窝的面内塑性压溃应力，得到封闭形式的理论解，研究结果表明，在准静态变形模式下，由于层级结构的效应，其塑性平台应力较相同密度的传统六边形蜂窝和三角形蜂窝高。

众所周知，对生物结构进行仿生设计和分析有助于进一步改善当前工程应用中的某些局限性。随着对自然界层级结构研究的不断深入，学者们基于仿生思想相继提出并发展了层级结构，层级的概念逐渐在工程结构领域被广泛应用。埃菲尔铁塔就是伟大案例，其力学承载结构即为网状钢架层级结构，具备多个结构层级特性，在轻质、高强度两方面突显出鲜明的优势。不难发现，相对于单一尺度结构而言，结构的分级能显著提高结构的比强度和比刚度，使其具有稳定性、可靠性及更小的表观密度。为此，国内外掀起了层级多孔结构研究的热潮。层级蜂窝结构即是在传统蜂窝结构的基础之上，利用蜂窝结构的对称性、周期性、稳定性特征构造的具有层次关系的新颖构型。

多级蜂窝骨架由零级蜂窝骨架变形而成，级数越高结构越复杂。定义图 2－12(a)为零级蜂窝骨架胞元形状；一级橡胶蜂窝骨架在零级蜂窝骨架的基础上，用一个较小的正六边形蜂窝替换零级蜂窝骨架顶点而成，其胞元形状如图 2－12(b)所示；以此类推可得到二级蜂窝骨架，其胞元形状如图 2－12(c)所示。发现如图 2－12(b)所示蜂窝胞元形状的综合力学性能最好，以此为参考，本节对一级橡胶蜂窝骨架力学特性进行探究。

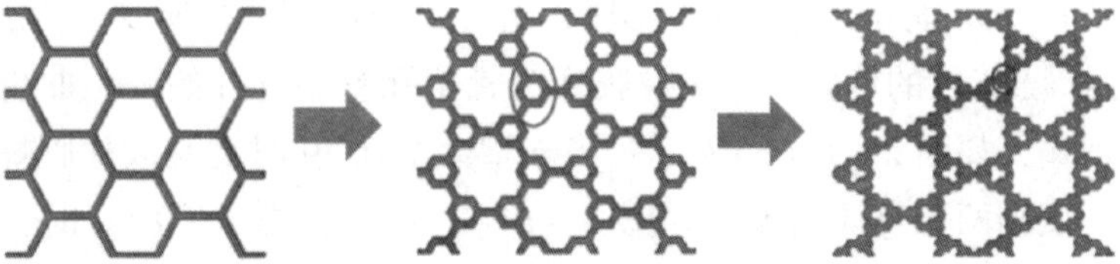

(a)零级蜂窝骨架胞元　(b)一级蜂窝骨架胞元　(c)二级蜂窝骨架胞元

图 2－12　蜂窝骨架胞元形状示意图

2.4.2　一级橡胶蜂窝骨架研究模型的确定

定义一级橡胶蜂窝骨架胞元顶点边长与基元边长比(简称胞元边长比)为l_1/l，其中，零级蜂窝骨架胞元边长 l 为基元边长，一级橡胶蜂窝骨架顶点处橡胶蜂窝

胞元边长 l_1 为顶点边长。一级橡胶蜂窝骨架是用一个较小的正六边形橡胶蜂窝骨架胞元（边长为 l_1）将零级橡胶蜂窝（边长为 l）的顶点替代而成，本文胞元边长比 l_1/l 取值为0、0.1、0.2、0.3、0.4、0.5，其中0.5为 l_1/l 取值上限，图2-13为不同胞元边长比的一级橡胶蜂窝骨架单胞三维模型示意图。

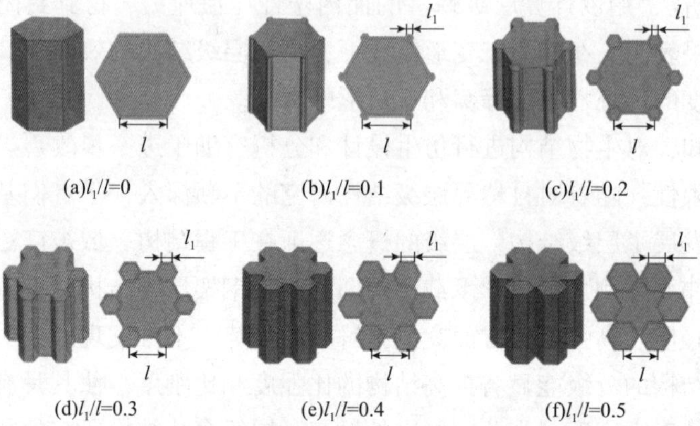

图2-13　一级橡胶蜂窝骨架单胞三维模型示意图

2.4.3　一级橡胶蜂窝骨架变形模式

为了解一级橡胶蜂窝骨架在静态压缩下的变形模式，以胞元边长 $l=3$mm、边长比 $l_1/l=0.3$、壁厚 $t=0.2$mm、高度 $h=6$mm 的正六边形胞元一级橡胶蜂窝骨架为例，进行压溃模拟分析。压缩比 ε 为一级橡胶蜂窝骨架轴向压缩量 Δh 与原高度 h 的比值。图2-14展示了静态压缩载荷作用下一级橡胶蜂窝骨架从加压初期到压溃的全变形过程。由图2-14可知，在压缩初期，$\varepsilon=0.25$ 时，一级橡胶蜂窝骨架在受到静压后胞元向外膨胀，通过自身形变抵抗所受外力，如图2-14(a)所示；随着 ε 的增大，一级橡胶蜂窝骨架孔壁中部开始发生曲折，整体由中部开始坍塌，如图2-14(b)所示；当 ε 增大至0.59时，一级橡胶蜂窝骨架曲折由中部扩展到两边整体坍塌，如图2-14(c)所示；当 $\varepsilon=0.90$ 时，一级橡胶蜂窝骨架结构孔壁相互接触，进而被压实为一块“橡胶板”，如图2-14(d)所示。一级橡胶蜂窝骨架变形模式与零级橡胶蜂窝骨架相同。

提取图2-14所示工况计算结果中的一级橡胶蜂窝骨架压缩比和上表面平均接触应力，得到静态压缩载荷作用下一级橡胶蜂窝骨架上表面平均接触应力与压缩比的关系曲线图，并将其与第2.3节计算得出的零级橡胶蜂窝骨架（胞元边长 $l=3$mm、壁厚 $t=0.2$mm、高度 $h=6$mm）压溃变形过程的曲线进行比较，如图2-15所示。

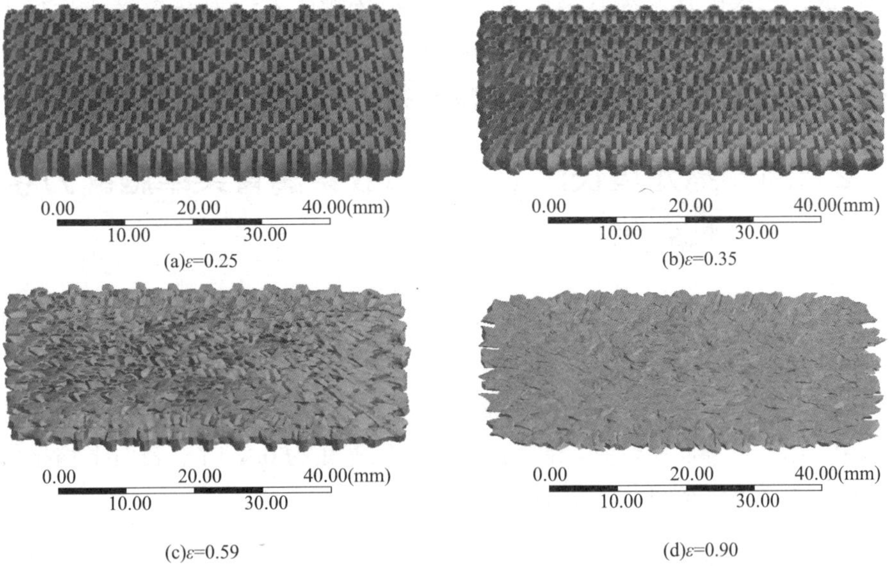

图2-14　静态压缩载荷作用下一级橡胶蜂窝骨架变形过程

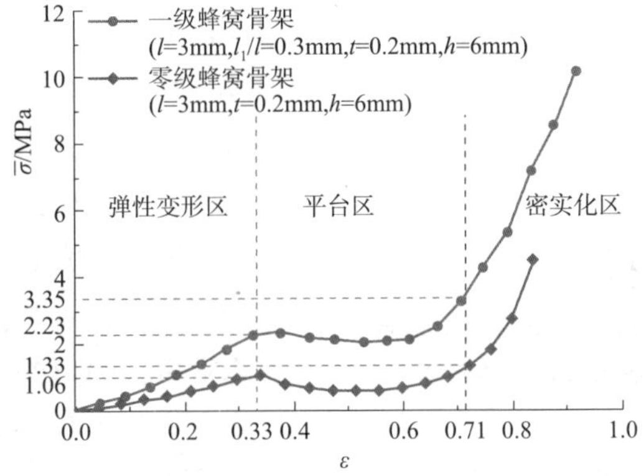

图2-15　静态压缩载荷作用下零级、一级橡胶蜂窝骨架上表面平均接触应力与压缩比曲线

由图2-15可知零级、一级橡胶蜂窝骨架上表面平均接触应力随压缩比的增大同样经历弹性变形区、平台区、密实化区三个阶段。一级橡胶蜂窝骨架与其零级蜂窝骨架几乎在相同压缩比下进入平台区以及密实化区，且在平台区，一级蜂窝骨架与其零级蜂窝骨架的上表面平均接触应力随压缩比的增长趋势基本一致。然而，一级橡胶蜂窝骨架进入平台区时上表面平均接触应力远大于其零级蜂窝骨架。零级橡胶蜂窝骨架进入平台区时上表面平均接触应力为1.06MPa，一级橡胶蜂窝骨架进入平台区时上表面平均接触应力为2.23MPa，

在平台区，一级橡胶蜂窝骨架的上表面平均接触应力约为其零级蜂窝骨架的 2.1 倍。在密实化区，零级橡胶蜂窝骨架的密实化速率显著大于一级橡胶蜂窝骨架。以上区别均说明一级橡胶蜂窝骨架的承压能力优于其零级蜂窝骨架。

2.4.4 胞元边长比对一级橡胶蜂窝骨架单胞静力学特性影响

为探究胞元边长比对一级橡胶蜂窝骨架单胞静力学特性的影响规律，分别对 $l=3\text{mm}$、4mm、5mm，$t=0.1\text{mm}$，$h=6\text{mm}$ 的零级橡胶蜂窝骨架单胞进行一级变换。提取压缩比为 0.2 时各一级橡胶蜂窝骨架单胞上表面与刚性板接触处的平均接触应力$\bar{\sigma}$，得到一级橡胶蜂窝骨架单胞压缩比为 0.2 时上表面平均接触应力与胞元边长比关系图，绘制于图 2 - 16。

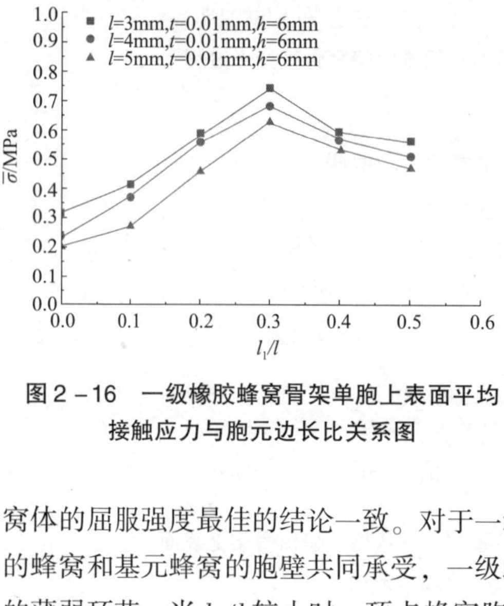

图 2 - 16　一级橡胶蜂窝骨架单胞上表面平均接触应力与胞元边长比关系图

由图 2 - 16 可知，随着胞元边长比 l_1/l 的增大，一级橡胶蜂窝骨架单胞上表面平均接触应力呈现先增大后减小的趋势。当 l_1/l 为 0.3 时，一级橡胶蜂窝骨架单胞上表面平均接触应力最大，此胞元边长比的一级橡胶蜂窝骨架单胞承压最佳，这与 Chen Qiang 等[38]研究发现的将正六边形蜂窝的每一个顶点替换为一个较小的圆形蜂窝后，圆形蜂窝的半径与正六边形蜂窝边长的比值在 0.3 时，整个蜂窝体的屈服强度最佳的结论一致。对于一级蜂窝骨架，所施加的压力由各顶点处的蜂窝和基元蜂窝的胞壁共同承受，一级蜂窝骨架的承压能力决定于结构中承力的薄弱环节。当 l_1/l 较小时，顶点蜂窝胞壁边长 l_1 远小于其基元蜂窝胞壁剩余长度 $l-2l_1$，此时一级蜂窝骨架的基元蜂窝胞壁是承力的薄弱环节。随着l_1/l的增大，顶点蜂窝胞壁边长 l_1增长，而其基元蜂窝胞壁剩余长度 $l-2l_1$ 变短，顶点蜂窝胞壁逐渐转换为承力的薄弱环节。因此，当顶点蜂窝胞壁边长 l_1接近其基元蜂窝胞壁剩余长度 $l-2l_1$ 时，即 l_1/l 为 0.3 时，一级蜂窝骨架的承压能力最强。

2.4.5 一级橡胶蜂窝结构单胞静力学特性研究

通过上一节的讨论可知，一级橡胶蜂窝骨架单胞最佳承压边长比为0.3。本节以边长比为0.3的一级橡胶蜂窝骨架单胞为例，通过改变单胞的边长 l、壁厚 t、高度 h，探究胞元参数变化对一级橡胶蜂窝单胞静力学特性的影响规律。一级橡胶蜂窝骨架单胞胞元参数设置如表2－3所示。对表2－3中列出的45种工况进行静态压缩有限元分析，探究胞元参数对一级橡胶蜂窝骨架单胞静力学特性的影响规律。

表2－3　一级橡胶蜂窝单胞胞元参数表

边长/mm	壁厚/mm					高度/mm		
3	0.1	0.2	0.3	0.4	0.5	2	4	6
4	0.1	0.2	0.3	0.4	0.5	2	4	6
5	0.1	0.2	0.3	0.4	0.5	2	4	6

选取静态压缩载荷作用下压缩比为0.2时一级橡胶蜂窝骨架单胞等效应力云图，筛选其中9个有代表性的模型展示，如图2－17所示。图2－17(a)(b)(c)各为一组图，为便于观察比较结果，将各组统一标尺。

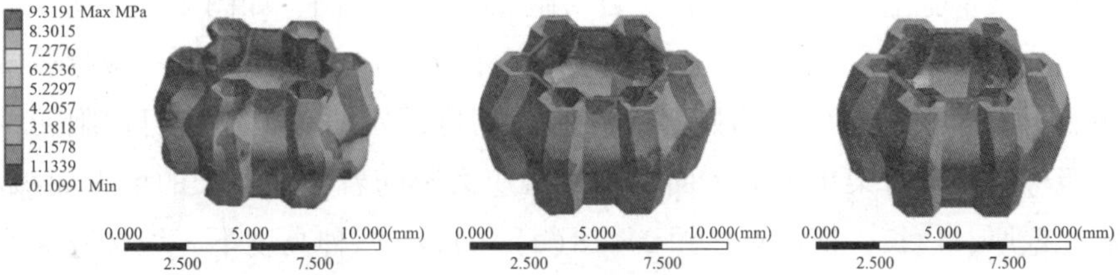

t=0.1mm　t=0.2mm　t=0.3mm

(a)l=3mm,l_1/l=0.3mm,h=6mm

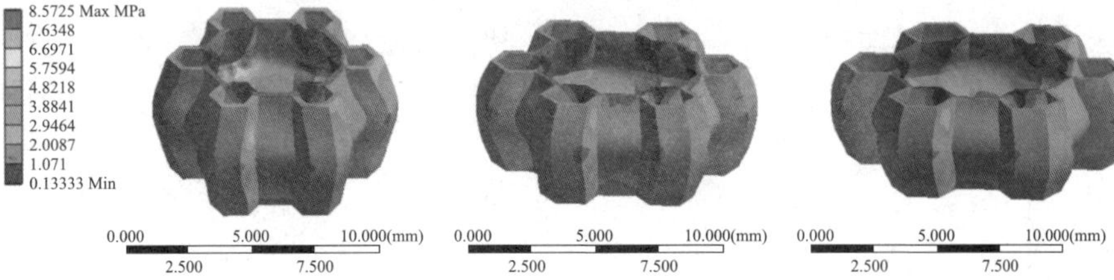

l=3mm　l=4mm　l=5mm

(b)t=0.2mm,l_1/l=0.3mm,h=6mm

图2－17　一级橡胶蜂窝骨架单胞结构等效应力云图

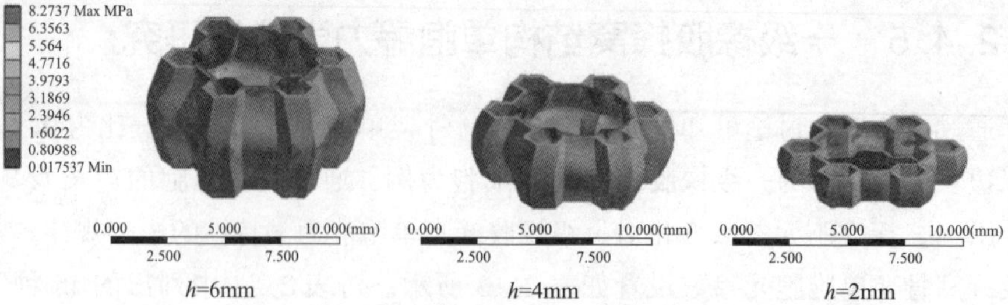

(c)t=0.2mm,l_1/l=0.3mm,l=3mm

图 2－17　一级橡胶蜂窝骨架单胞结构等效应力云图(续)

图 2－17 给出了在压缩比为 0.2 时，一级橡胶蜂窝骨架单胞在不同壁厚 t、边长 l、高度 h 下的等效应力云图，从图中可以看出，一级橡胶蜂窝骨架单胞最大等效应力产生于结构内部侧壁曲折处，且最大等效应力随着胞元壁厚的增大而增大，如图 2－17(a) 所示；若单一增大胞元边长，一级橡胶蜂窝骨架单胞最大等效应力随着胞元边长的增大而减小，如图 2－17(b) 所示；若单一增大胞元高度，一级橡胶蜂窝骨架单胞最大等效应力随着胞元高度的增大而略有减小，如图 2－17(c) 所示。

提取表 2－3 中各模型压缩比为 0.2 时的上表面平均接触应力$\overline{\sigma}$，绘制出一级橡胶蜂窝骨架单胞上表面平均接触应力与胞元参数关系图，如图 2－18 所示。由图可知在胞元高度固定时，无论在何种胞元边长下，胞元壁厚越厚一级橡胶蜂窝骨架单胞上表面平均接触应力越大；在胞元高度固定时，无论在何种胞元壁厚下，一级橡胶蜂窝骨架单胞上表面平均接触应力都随着胞元边长的增大而减小；固定胞元壁厚、边长，横向对比图 2－18(a)(b)(c) 三种高度下一级橡胶蜂窝骨架单胞上表面平均接触应力值可知，一级橡胶蜂窝骨架单胞上表面平均接触应力随胞元高度的增大而减小。

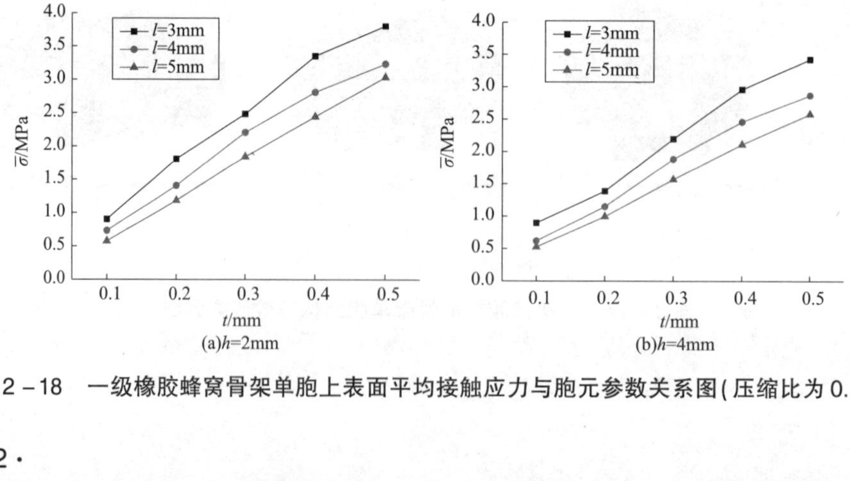

(a)h=2mm　(b)h=4mm

图 2－18　一级橡胶蜂窝骨架单胞上表面平均接触应力与胞元参数关系图(压缩比为 0.2)

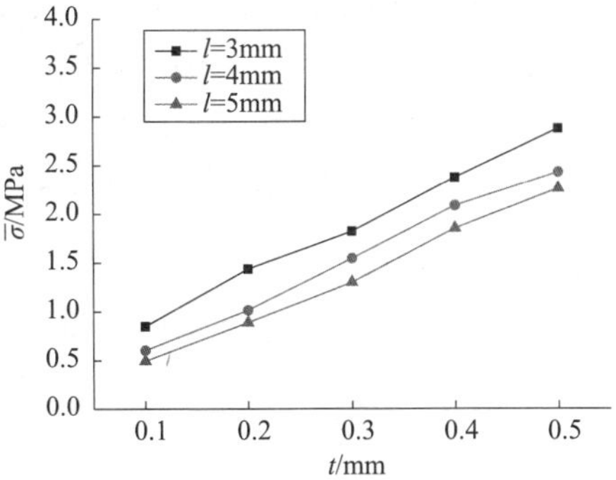

(c)h=6mm

图2－18 一级橡胶蜂窝骨架单胞上表面平均接触应力与胞元参数关系图(压缩比为0.2)(续)

2.4.6 一级橡胶蜂窝结构多胞静力学特性研究

前文就胞元边长比对一级橡胶蜂窝骨架多胞静力学特性进行了讨论，发现压缩比为0.2时一级橡胶蜂窝骨架多胞最佳承压边长比为0.3。本节基于此胞元边长比，通过改变一级橡胶蜂窝骨架多胞胞元边长 l、壁厚 t、高度 h，探究一级橡胶蜂窝骨架多胞静力学特性与边长 l、壁厚 t、高度 h 的关系。为便于比较边长 l、壁厚 t、高度 h 三种胞元参数对一级橡胶蜂窝骨架单胞、多胞影响规律，一级橡胶蜂窝骨架多胞胞元参数取值方式沿用了单胞的方法，且在一级橡胶蜂窝骨架单胞参数的基础上增添了 $h=3$mm、$h=5$mm 两组参数，便于对后续所得到的一级橡胶蜂窝骨架承压量与胞元参数关联式进行验证。一级橡胶蜂窝骨架胞元参数具体取值如表2－4所示。对表2－4中列出的75种工况进行静态压缩有限元分析，探究边长 l、壁厚 t、高度 h 三种胞元参数对一级橡胶蜂窝骨架多胞静力学特性的影响规律。

表2－4 一级橡胶蜂窝骨架多胞胞元参数表

边长/mm	壁厚/mm					高度/mm				
3	0.1	0.2	0.3	0.4	0.5	2	3	4	5	6
4	0.1	0.2	0.3	0.4	0.5	2	3	4	5	6
5	0.1	0.2	0.3	0.4	0.5	2	3	4	5	6

选取静态压缩载荷作用下压缩比为0.2时一级橡胶蜂窝骨架多胞等效应力云图，为便于观察到蜂窝骨架内部等效应力，对一级橡胶蜂窝骨架模型进行隐藏上盖处理，筛选其中9个有代表性的模型展示，如图2－19～图2－21所示。图2－19、图2－20、图2－21各为一组图，为便于观察比较结果将各组统一标尺。

图 2－19～图 2－21 给出了在压缩比为 0.2 时，一级橡胶蜂窝骨架多胞在不同胞元壁厚 t、边长 l、高度 h 下的等效应力云图，从图中可以看出，一级橡胶蜂窝骨架多胞最大等效应力产生于骨架内部侧壁曲折处，最外层蜂窝等效应力相比于内部较小。若单一改变胞元壁厚，一级橡胶蜂窝骨架多胞最大等效应力随着胞元壁厚的增大而增大，如图 2－19 所示；若单一改变胞元边长，一级橡胶蜂窝骨架多胞最大等效应力随着胞元边长的增大略有减小，如图 2－20 所示；若单一改变胞元高度，一级橡胶蜂窝骨架多胞最大等效应力随着胞元高度的增大略有减小，如图 2－21 所示。

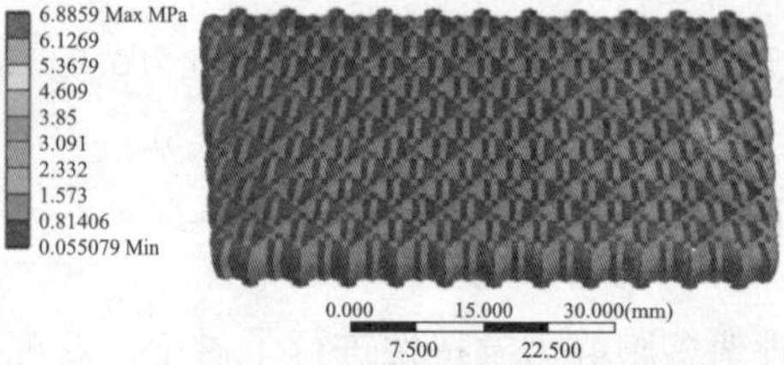

(a)t=0.1mm

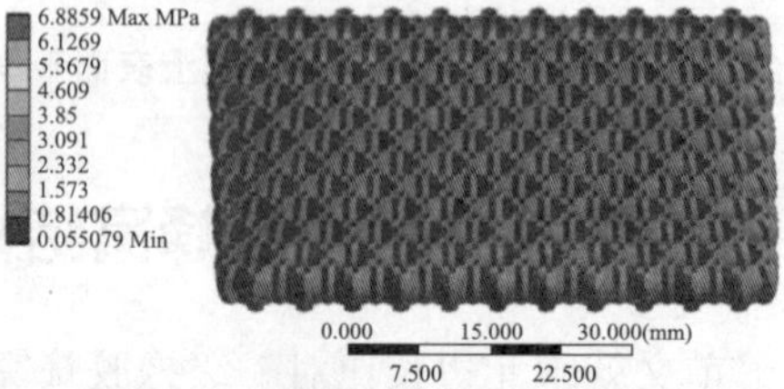

(b)t=0.2mm

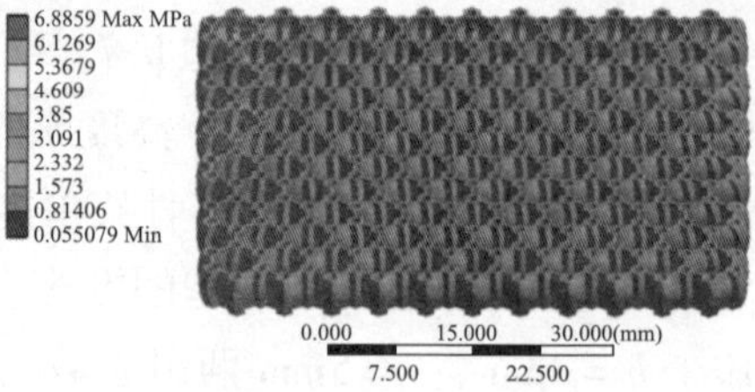

(c)t=0.3mm

图 2－19　一级橡胶蜂窝骨架多胞等效应力云图（压缩比为 0.2，l=3mm，l_1/l=0.3，h=6mm）

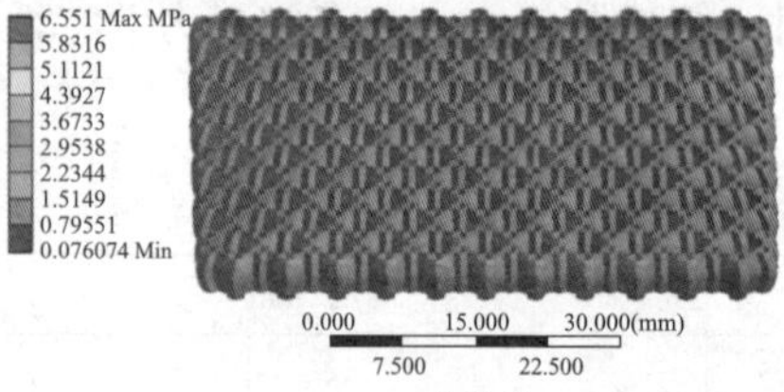

(a)l=3mm

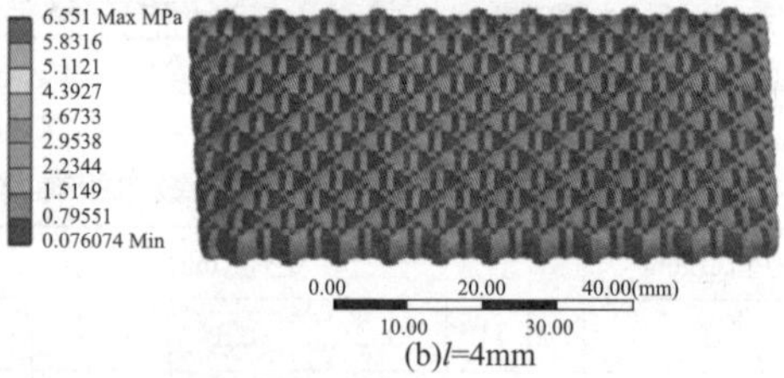

(b)l=4mm

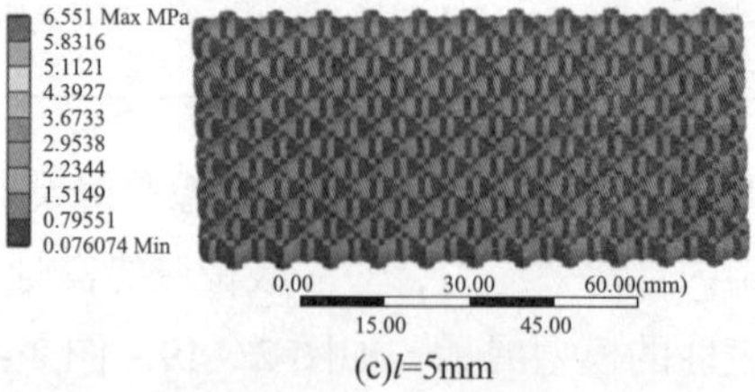

(c)l=5mm

图 2－20　一级橡胶蜂窝骨架多胞等效应力云图（压缩比为 0.2，t=0.2mm，l_1/l=0.3，h=6mm）

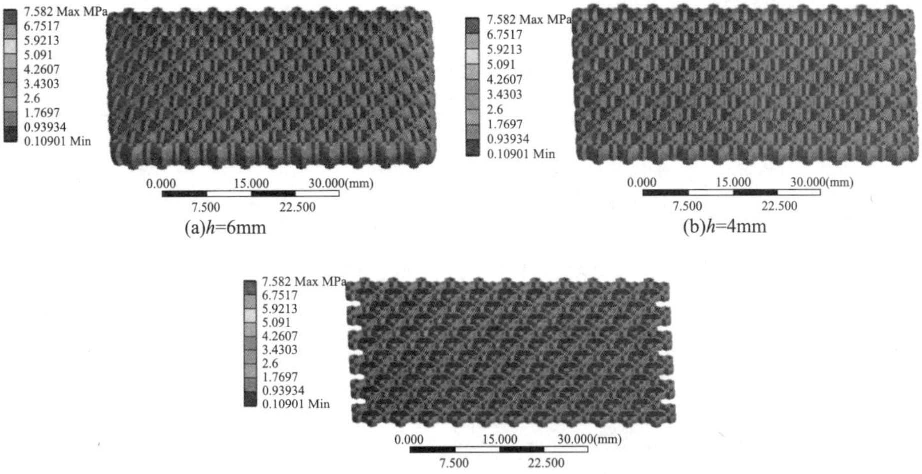

(a)h=6mm (b)h=4mm (c)h=2mm

图 2-21　一级橡胶蜂窝骨架多胞等效应力云图
(压缩比为 0.2，t=0.5mm，l_1/l=0.3，l=3mm)

提取表 2-4 中各模型压缩比为 0.2 时的上表面平均接触应力$\overline{\sigma}$，绘制一级橡胶蜂窝骨架多胞上表面平均接触应力与胞元参数关系图，如图 2-22 所示。在胞元高度、边长一定时，胞元壁厚越厚，一级橡胶蜂窝骨架多胞上表面平均接触应力越大；在胞元高度、壁厚一定时，一级橡胶蜂窝骨架多胞结构上表面平均接触应力随着胞元边长的增大而减小；在胞元壁厚、边长一定时，一级橡胶蜂窝骨架多胞结构上表面平均接触应力随胞元高度的增大而减小。对比图 2-22 与图 2-18 可知，在相同压缩比下，一级橡胶蜂窝骨架单胞、多胞上表面平均接触应力随胞元参数变化规律相同。

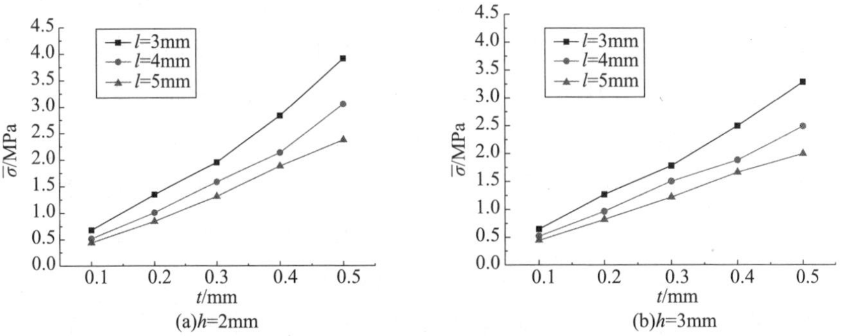

(a)h=2mm (b)h=3mm

图 2-22　一级橡胶蜂窝骨架多胞上表面平均接触应力与胞元参数关系图(压缩比为 0.2)

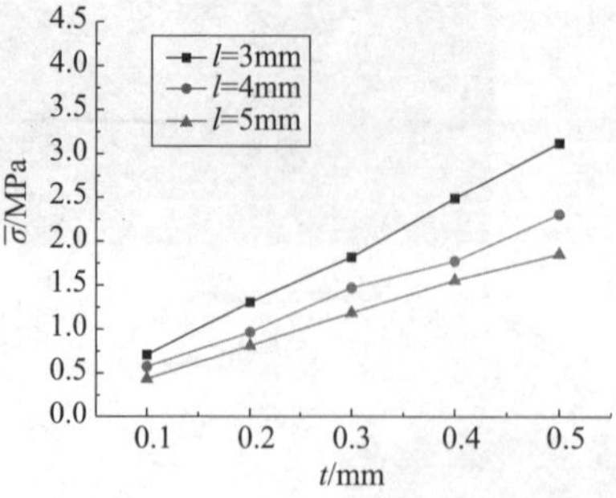

(c)h=4mm

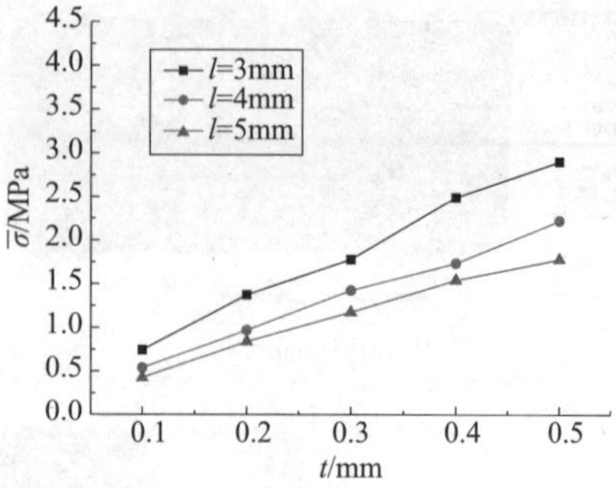

(d)h=5mm

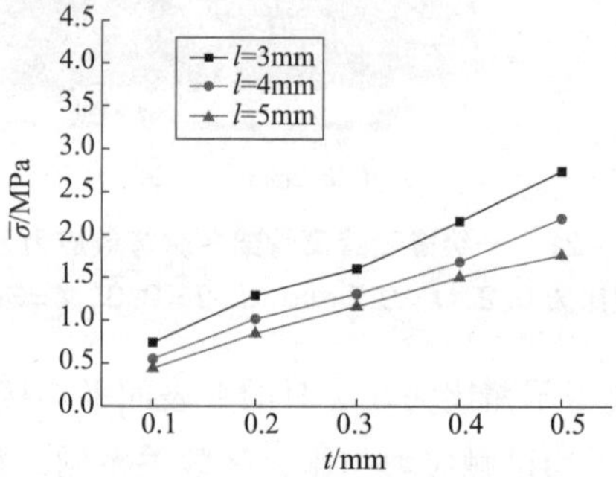

(e)h=6mm

图2-22 一级橡胶蜂窝骨架多胞上表面平均接触应力与胞元参数关系图(压缩比为0.2)(续)

2.4.7 一级橡胶蜂窝骨架多胞承压关联式探究

定义无量纲参数壁厚边长比 t/l 为胞元壁厚 t 与边长 l 的比值。提取不同高度的一级橡胶蜂窝骨架多胞(胞元边长比为0.3)在压缩比为0.2时上表面平均接触应力，绘制一级橡胶蜂窝骨架多胞上表面平均接触应力与壁厚边长比关系图，如图2-23所示。由图2-23可知，当胞元壁厚边长比值一定时，一级橡胶蜂窝骨架多胞上表面平均接触应力随着胞元高度的增大而降低。当高度一定时，一级橡胶蜂窝骨架多胞上表面平均接触应力随着胞元壁厚边长比值的增大而增大，基本呈线性关系。将各高度下壁厚边长比 t/l 与上表面平均接触应力做线性拟合，得到式(2-15)~式(2-19)，其校正决定系数最低为0.9825。

当 h=2mm 时，$\bar{\sigma}=-0.11148+23.4495t/l$ 校正决定系数：0.9825 (2-15)

当 h=3mm 时，$\bar{\sigma}=0.03821+19.057t/l$ 校正决定系数：0.9928 (2-16)

当 h=4mm 时，$\bar{\sigma}=0.09732+17.80277t/l$ 校正决定系数：0.9956 (2-17)

当 h=5mm 时，$\bar{\sigma}=0.15573+16.672t/l$ 校正决定系数：0.9934 (2-18)

当 $h=6\text{mm}$ 时，$\bar{\sigma}=0.21451+15.1287t/l$　校正决定系数：0.9904　(2-19)

其中式(2-15)~式(2-19)胞元壁厚 t 适用范围为0.1~0.5mm，胞元边长 l 适用范围为3~5mm。

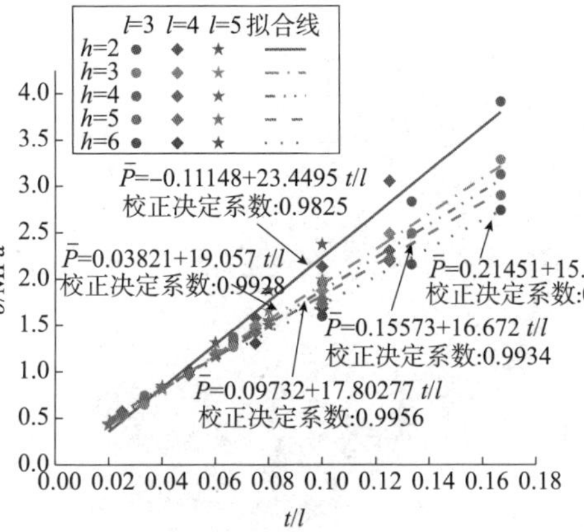

图2-23　不同高度的一级橡胶蜂窝骨架多胞上表面平均接触应力与胞元壁厚边长比关系图(压缩比为0.2)

取图2-23中 $h=2\text{mm}$、$h=4\text{mm}$、$h=6\text{mm}$ 三条拟合线计算在压缩比为0.2时一级橡胶蜂窝骨架多胞上表面平均接触应力与胞元参数关联式。

设式(2-15)、式(2-17)、式(2-19)确定的三条直线交于点(0.04, 0.82)，则考虑胞元高度 h 后拟合表达式如式(2-20)所示，系数 k 是关于胞元高度 h 的函数：

$$\bar{\sigma}-0.82=k(t/l-0.04) \tag{2-20}$$

根据式(2-15)、式(2-17)、式(2-19)中3条线性拟合表达式的斜率点和对应胞元高度对应关系，选择衰减指数函数表达系数 k，k 的拟合关联式如式(2-21)所示。

$$k=22.65e^{-\frac{h}{2.68}}+12.72 \tag{2-21}$$

综合式(2-20)、式(2-21)，得到在压缩比为0.2时一级橡胶蜂窝骨架多胞上表面平均接触应力与胞元高度 h、厚度 t 及边长 l 三个参数的关联式：

$$\bar{\sigma}=22.65\frac{t}{l}e^{-\frac{h}{2.68}}-0.906e^{-\frac{h}{2.68}}+12.72\frac{t}{l}+0.3112 \tag{2-22}$$

其中，拟合相对误差为1.73%；胞元壁厚 t 适用范围为0.1~0.5mm；胞元边长 l 适用范围为3~5mm；胞元高度 h 适用范围为2~6mm。

将图2-23中 $h=3\text{mm}$、$h=5\text{mm}$ 模拟结果散点绘制在由式(2-22)绘制而成的曲面图上，如图2-24所示。由图2-24可见，所模拟工况与由式(2-22)绘制而成的曲面图吻合良好。由式(2－14)相对误差计算公式可得 $h=3\text{mm}$ 时式(2－22)所得结果相对误差为 3.04%；$h=5\text{mm}$ 时式(2－22)所得结果相对误差为 2.14%。

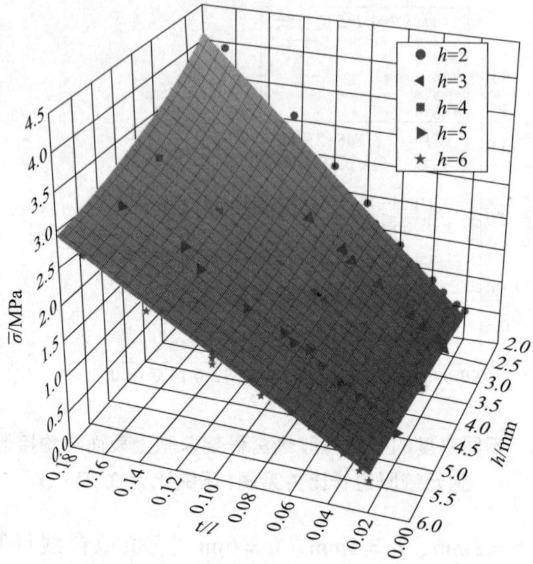

图 2－24　一级橡胶蜂窝骨架多胞上表面平均接触应力与胞元参数关系图(压缩比为 0.2)

2.5　本章小结

本章利用 ANSYS Workbench 有限元分析软件探究了零级和一级橡胶蜂窝骨架在静态压缩载荷作用下变形模式、胞元参数对零级和一级橡胶蜂窝骨架单胞、多胞静力学特性的影响规律，并得到零级和一级橡胶蜂窝骨架承压量与胞元参数关联式。具体结论如下：

(1)零级与一级橡胶蜂窝骨架上表面平均接触应力随压缩比的增大经历弹性变形区、平台区、密实化区三个阶段，但一级橡胶蜂窝骨架进入平台区时表面平均接触应力是零级橡胶蜂窝骨架的 2.4 倍。在 0.2 的压缩比下，胞元边长比为 0.1～0.5 范围内的一级橡胶蜂窝骨架上表面平均接触应力随胞元边长比的增大呈现先增大后减小的趋势，在胞元边长比为 0.3 时上表面平均接触应力达到最大值。

(2)在 0.2 的压缩比下，零级橡胶蜂窝骨架承压能力随胞元壁厚边长比增大呈线性增强、随胞元高度增加呈指数下降。将胞元高度在 $h=2\text{mm}$、4mm、6mm 下的模拟结果拟合，得到零级橡胶蜂窝骨架多胞在压缩比为 0.2 时，上表面平均接触应力与胞元参数关联式：$\bar{\sigma}=34.47\frac{t}{l}e^{-\frac{h}{1.33}}-1.7235e^{-\frac{h}{1.33}}+9.55\frac{t}{l}-0.0675$，其中，拟合相对误差为 2.37%；胞元壁厚 t 适用范围为 0.1 ~ 0.5mm；胞元边长 l 适用范围为 1 ~ 5mm；胞元高度 h 适用范围为 2 ~ 6mm。将胞元高度 $h=3\text{mm}$、5mm 下的模拟结果代入该式，吻合良好，$h=3\text{mm}$ 工况的相对误差为 3.05%；$h=5\text{mm}$工况的相对误差为 2.20%。

(3) 以胞元边长比为 0.3 的一级单层橡胶蜂窝骨架为基础探究单胞、多胞以及多层一级橡胶蜂窝骨架静力学特性。研究发现：在 0.2 的压缩比下，一级单层橡胶蜂窝骨架承压能力随胞元壁厚边长比增大呈线性增强、随胞元高度增加呈指数下降。将胞元高度 $h=2\text{mm}$、4mm、6mm 下的模拟结果拟合，得到一级橡胶蜂窝骨架多胞上表面平均接触压力与胞元参数拟合关联式：$\bar{\sigma}=22.65\frac{t}{l}e^{-\frac{h}{2.68}}-0.906e^{-\frac{h}{2.68}}+12.72\frac{t}{l}+0.3112$，其中，拟合相对误差为 1.73%；$t$ 为 0.1 ~ 0.5mm；l 为 3 ~ 5mm；h 为 2 ~ 6mm；胞元边长比为 0.3；压缩比为 0.2。将胞元高度 $h=3\text{mm}$、5mm 下的模拟结果代入该式，吻合良好，$h=3\text{mm}$ 工况的相对误差为 3.04%；$h=5\text{mm}$ 工况的相对误差为 2.14%。

参考文献

[1] Gibson L J, Ashby M F, Schajer G S, et al. The mechanics of two - dimensional cellular materials [J]. Proceedings of the Royal Society of London. A. Mathematical and Physical Sciences, 1982, 382(1782): 25 - 42.

[2] Masters I G, Evans K E. Models for the elastic deformation of honeycombs [J]. Composite structures, 1996, 35(4): 403 - 422.

[3] Hohe J, Becker W. An energetic homogenisation procedure for the elastic properties of general cellular sandwich cores [J]. Composites Part B: Engineering, 2001, 32(3): 185 - 197.

[4] 富明慧，尹久仁. 蜂窝芯层的等效弹性参数[J]. 力学学报，1999(01): 113 - 118.

[5] Warren W E, Kraynik A M. Foam mechanics: the linear elastic response of two - dimensional spatially periodic cellular materials [J]. Mechanics of Materials, 1987, 6(1): 27 - 37.

[6] Deshpande V S, Ashby M F, Fleck N A. Foam topology: bending versus stretching dominated architectures [J]. Acta Materialia, 2001, 49(6): 1035 - 1040.

[7] Koch S, Duvigneau F, Orszulik R, et al. Partial filling of a honeycomb structure by granular materials for vibration and noise reduction[J]. Journal of Sound and Vibration, 2017, 393: 30 - 40.

[8] Ma B, Liu X, Li J, et al. Template - free preparation and morphology evolution of (Cu, Ni) honeycomb structure via etching additive manufactured Fe - Cu - Ni alloy [J]. Materials Characterization, 2018, 143: 206 - 210.

[9] Khan M K, Baig T, Mirza S. Experimental investigation of in - plane and out - of - plane crushing of aluminum honeycomb[J]. Materials Science and Engineering: A, 2012, 539: 135 - 142.

[10] Wang Z, Liu J, Hui D. Mechanical behaviors of inclined cell honeycomb structure subjected to compression[J]. Composites Part B: Engineering, 2017, 110: 307 - 314.

[11] Seemann R, Krause D. Numerical modelling of Nomex honeycomb sandwich cores at meso - scale level[J]. Composite Structures, 2017, 159: 702 - 718.

[12] Nia A A, Sadeghi M Z. The effects of foam filling on compressive response of hexagonal cell aluminum honeycombs under axial loading - experimental study[J]. Materials & Design, 2010, 31(3): 1216 - 1230.

[13] Zhang X, Zhang H, Wen Z. Experimental and numerical studies on the crush resistance of aluminum honeycombs with various cell configurations [J]. International Journal of Impact Engineering, 2014, 66: 48 - 59.

[14] 刘夏石. 复合材料、蜂窝夹层和/或金属结构有限元分析[J]. 航空学报, 1987(04): 147 - 156.

[15] 朱明, 赵步云, 曹大卫. 复合材料叠层面板蜂窝夹芯的变厚平面结构有限元分析[J]. 航空学报, 1987(10): 530 - 534.

[16] Chung J, Waas A M. Compressive response of honeycombs under in - plane uniaxial static and dynamic loading, Part 2: Simulations[J]. AIAA Journal, 2002, 40(5): 974 - 980.

[17] Zuhri M Y M, Guan Z W, Cantwell W J. The mechanical properties of natural fibre based honeycomb core materials[J]. Composites Part B: Engineering, 2014, 58: 1 - 9.

[18] Mozafari H, Molatefi H, Crupi V, et al. In plane compressive response and crushing of foam filled aluminum honeycombs[J]. Journal of Composite Materials, 2015, 49(26): 3215 - 3228.

[19] Wang Z, Li Z, Zhou W, et al. On the influence of structural defects for honeycomb structure [J]. Composites Part B: Engineering, 2018, 142: 183 - 192.

[20] Jang W Y, Kyriakides S. On the buckling and crushing of expanded honeycomb [J]. International Journal of Mechanical Sciences, 2015, 91: 81 - 90.

[21] Papka S D, Kyriakides S. Experiments and full - scale numerical simulations of in - plane crushing of a honeycomb[J]. Acta Materialia, 1998, 46(8): 2765 - 2776.

[22] Fleck N A, Qiu X M. The damage tolerance of elastic - brittle, two - dimensional isotropic lattices[J]. Journal of the Mechanics and Physics of Solids, 2007, 55(3): 562 - 588.

[23] Qiu X M, Zhang J, Yu T X. Collapse of periodic planar lattices under uniaxial compression, part II: dynamic crushing based on finite element simulation[J]. International Journal of Impact Engineering, 2009, 36(10-11): 1231-1241.

[24] Qiu X M, Zhang J, Yu T X. Collapse of periodic planar lattices under uniaxial compression, part I: quasi-static strength predicted by limit analysis[J]. International Journal of Impact Engineering, 2009, 36(10-11): 1223-1230.

[25] 刘永辉. 封隔器胶筒性能有限元分析及结构改进[D]. 西南石油大学, 2006.

[26] Lakes R. Materials with structural hierarchy[J]. Nature, 1993, 361(6412): 511-515.

[27] Fan H L, Jin F N, Fang D N. Mechanical properties of hierarchical cellular materials. Part I: Analysis[J]. Composites Science and Technology, 2008, 68(15-16): 3380-3387.

[28] Taylor C M, Smith C W, Miller W, et al. The effects of hierarchy on the in-plane elastic properties of honeycombs[J]. International Journal of Solids and Structures, 2011, 48(9): 1330-1339.

[29] Taylor C M, Smith C W, Miller W, et al. Functional grading in hierarchical honeycombs: density specific elastic performance[J]. Composite Structures, 2012, 94(8): 2296-2305.

[30] Sun Y, Chen Q, Pugno N. Elastic and transport properties of the tailorable multifunctional hierarchical honeycombs[J]. Composite Structures, 2014, 107: 698-710.

[31] Sun Y, Pugno N M. In plane stiffness of multifunctional hierarchical honeycombs with negative Poisson's ratio sub-structures[J]. Composite Structures, 2013, 106: 681-689.

[32] Banerjee S. On the mechanical properties of hierarchical lattices[J]. Mechanics of Materials, 2014, 72: 19-32.

[33] Chen Q, Pugno N M. In-plane elastic buckling of hierarchical honeycomb materials[J]. European Journal of Mechanics-A/Solids, 2012, 34: 120-129.

[34] Chen Y, Jia Z, Wang L. Hierarchical honeycomb lattice metamaterials with improved thermal resistance and mechanical properties[J]. Composite Structures, 2016, 152: 395-402.

[35] Mousanezhad D, Ebrahimi H, Haghpanah B, et al. Spiderweb honeycombs[J]. International Journal of Solids and Structures, 2015, 66: 218-227.

[36] Zhu H X, Yan L B, Zhang R, et al. Size-dependent and tunable elastic properties of hierarchical honeycombs with regular square and equilateral triangular cells[J]. Acta Materialia, 2012, 60(12): 4927-4939.

[37] Qiao J, Chen C. In-plane crushing of a hierarchical honeycomb[J]. International Journal of Solids and Structures, 2016, 85: 57-66.

[38] Chen Q, Shi Q, Signetti S, et al. Plastic collapse of cylindrical shell-plate periodic honeycombs. under uniaxial compression: experimental and numerical analyses[J]. International Journal of Mechanical Sciences, 2016, 111/112: 125-133.

3 橡胶蜂窝结构动态压缩性能研究

蜂窝骨架目前被广泛应用于各个工程领域，其相对密度较小，是理想的轻质结构材料，常被用作蜂窝夹层结构的芯层材料；其抗压强度较低，是理想的缓冲减震材料，常被用于防撞的包装材料；其压缩变形能力大，是很好的能量吸收材料，常被用于防爆材料。随着应用需求的增加及技术的发展，对蜂窝骨架动态压缩力学性能进行理论分析、数值模拟及实验研究已成为一个热点方向。

张新春、刘颖、韩会龙等对蜂窝骨架动力学性能展开了大量研究。在2008年[1]研究了面内冲击载荷作用下胞元微拓扑结构对蜂窝材料动态冲击性能的影响。讨论了不同胞元形状以及胞元形状相同但排列方式不同的蜂窝材料的动态冲击性能，以及胞元微观排列方式对蜂窝材料的能量吸收能力的影响。结果表明，胞元形状及排布方式也是影响蜂窝材料动态性能的重要因素；三角形填充蜂窝材料相比四边形填充蜂窝材料具有更强的能量吸收能力；交错排布蜂窝结构具有更加均匀的变形和稳定的平台区。在2011年[2]提出了一种分层递变梯度蜂窝材料模型，通过改变胞元半径来改变蜂窝材料的面内特征参数，以实现蜂窝材料面内动态响应特性的多目标优化设计。结果表明，此模型可以在减小初始峰值应力水平的前提下，同时实现材料能量吸收过程的控制，并可以有效控制进入被保护结构的应力水平。同年[3]研究了三角形和四边形蜂窝材料中集中缺陷对其面内冲击性能的影响。结果表明，随着缺陷率的增加，蜂窝材料的平台应力和能量吸收能力迅速降低，但随着冲击速度的增加，缺陷的影响逐渐减弱。缺陷集中区域的位置对蜂窝材料的动力学响应有较大影响，而三角形蜂窝表现出更强的敏感性。在2012年[4]讨论了密度梯度和冲击速度对六边形蜂窝材料变形模式和能量吸收性能的影响。结果表明，通过恰当地选择蜂窝材料的密度梯度，初始应力峰值明显减小，材料的能量吸收能力能够有效得到控制。同年[5]研究了胞元扩张角和冲击速度对具有负泊松比效应的蜂窝材料面内冲击变形和能量吸收能力的影响。结果表明，在冲击载荷作用下，内凹蜂窝材料的面内冲击性能依赖于胞元扩张角。胞元扩张角的绝对值越大，冲击端的平台应力越高。随着冲击速度的提高，蜂窝材料表现出更强的能量吸收能力。同年[6]基于数值模拟研究了缺陷(胞元缺失)的分布位置及其尺寸以及冲击速度对金属蜂窝材料面内冲击变形模式和能量吸收性能的影响。结果表明，蜂窝材料的面内冲击性能依赖于缺陷的分布位置和缺陷尺寸，且在中低速时表现出较高的敏感性，但冲击速度的增加将弱化缺陷分布不均匀性的影响。由于缺陷的存在，蜂窝材料的能量吸收能力明显降低，但与缺陷分布位置相比，蜂窝材料单位体积所吸收的能量更敏感于缺陷尺寸。在2013 年[7]研究了相对密度、冲击速度以及冲击方向对蜂窝材料变形模式、平台应力和能量吸收能力的影响。结果表明，在相对密度和冲击速度不变的前提下，试件沿 y 方向冲击时表现为更高的平台应力和更强的能量吸收能力。随着冲击速度的增加，惯性效应明显，蜂窝材料的平台应力和能量吸收能力对冲击方向更敏感。在 2016 年[8]研究了冲击速度和胞元微结构参数(韧带长度和胞元厚度)对手性蜂窝材料的面内宏/微观变形行为、密实应变、动态平台应力和能量吸收能力的影响。结果表明，随着冲击速度的增加，六韧带手性蜂窝结构表现为3 种宏观变形模态：“ >< ”型模式、“过渡”模式和“I”型模式。在中、低速冲击载荷下，能够明显观察到拉胀材料在轴向压缩时独特的“颈缩”现象，其主要与韧带绕着圆环中心节点的旋转变形有关。在 2018 年[9]研究了冲击荷载作用下节点层级负泊松比蜂窝结构的动力学响应及能量吸收特性。结果表明，与正方形蜂窝相比，该负泊松比层级蜂窝材料的动态承载能力和能量吸收能力明显增强；在中低速冲击下，试件表现为拉胀材料明显的“颈缩”现象，并展示出负泊松比材料独特的平台应力增强效应；并给出了负泊松比蜂窝材料的密实应变和动态平台应力的经验公式。

胡玲玲等在 2011 年[10]研究了规则排布和交错排布的三角形铝蜂窝在面内冲击荷载下的变形模式、承载能力以及能量吸收特性。结果表明，两种蜂窝的变形均随着冲击速度的增加或胞壁厚度的减小而向冲击端集中；铝蜂窝能量吸收以变形所需的内能为主，动能所占比重较小；随着冲击速度的提高，两种排布方式的蜂窝均表现出更强的承载能力和能量吸收能力；规则排布的蜂窝比交错排布的蜂窝具有更高的承载力和能量吸收能力。在 2012 年[11]研究了具有不同胞元结构的六角形铝蜂窝在冲击荷载下的变形模式和动态承载力。结果表明，在准静态变形模式下，胞元的几何因素对铝蜂窝的承载力起主导作用；一旦蜂窝的变形呈现动态模式后，惯性效应显著，对蜂窝承载力起决定作用，胞元几何因素的影响不再明显；在过渡模式下，惯性效应与几何因素共同主导蜂窝的动态承载力，并且冲击速度越高，惯性效应的影响越大。

孙德强等对蜂窝骨架动态压缩行为展开了大量研究。在 2013 年[12]采用有限元方法研究了结构参数和冲击速度对三角形蜂窝共面冲击力学性能的影响。结果表明，三角形蜂窝在不同冲击速度下呈现不同的变形模式，各变形模式间的转换速度随着壁厚边长比和扩展角的增加而增加。当所有结构参数保持恒定时，共面动态峰应力与冲击速度的平方呈线性关系。对于给定的冲击速度，共面动态峰应力与壁厚边长比成幂指数关系，得到了共面动态峰应力关于各结构参数和冲击速度的经验关系式。在2016年[13]研究了冲击速度和壁厚边长比对斜方形蜂窝芯材的动态性能影响规律。结果表明，在不同壁厚边长比下，当其余结构参数固定时，动态峰应力与冲击速度的平方呈线性关系；在不同冲击速度下，其余参数固定时，动态峰应力与壁厚边长比成幂指数关系；提出了关于冲击速度与动态峰应力关系的经验公式。在2020年[14]研究了三角形蜂窝材料结构参数和压缩速度对其异面压缩性能的影响。结果表明，对于三角形蜂窝，动态峰应力与压缩速度或扩展角呈二次曲线关系；动态峰应力与壁厚边长比呈幂函数关系；当相对密度一致时，正三角形蜂窝比正六边形蜂窝异面比吸能值更大。在2021年[15]研究了正多边形外接填充圆形蜂窝在异面方向不同冲击速度下的力学性能、变形模式和能量吸收特性。结果表明，正多边形与圆形蜂窝组合结构的接触载荷和总能量吸收值均大于两者单独冲击数值之和；正六边形外接蜂窝结构在冲击载荷下存在3种变形模式，随冲击速度的变化而变化，蜂窝壁厚对其影响较小；随着冲击速度和壁厚的增大，动态峰应力、密实化总能量吸收和比吸能均有一定程度的提升。在2021年[16]研究了不同排列方式(规则和交错)下壁厚和冲击速度对圆形蜂窝异面冲击性能的影响规律。结果表明，圆形蜂窝的异面平均平台应力随着冲击速度和壁厚的增加而增加。在给定冲击速度下，圆形蜂窝异面能量吸收能力与壁厚和排列方式有关。在单元结构参数一定的情况下，交错排列的圆形蜂窝能量吸收能力大于规则排列的圆形蜂窝；随着壁厚的增加，圆形蜂窝异面能量吸收能力会逐步增加。

卢文浩等[17]在2005年便基于理论分析与有限元数值模拟对六边形蜂窝骨架单个胞元在动态压缩作用下的变形情况进行研究，基于有限元数值模拟分析了多个胞元在动态压缩作用下的变形情况及能量吸收特性，结果表明：对于规则蜂窝材料，其面内弹性性质将只取决于胞壁的厚度和边长的比率；六边形蜂窝材料在动态压缩载荷作用下的变形破坏模式较稳定，反力值上下波动不太大，能够吸收大量能量，起到很好的缓冲吸能作用。

欧阳昊等[18]研究了双壁厚蜂窝铝的面内动态冲击力学行为。结果表明，变形模式对平台应力有很大的影响，不同的变形模式下呈现不同的规律：准静态模式时，平台应力与冲击速度无关；过渡模式和冲击模式时，平台应力随着冲击速度 v 的增大而增大，分别与 $v^{1.5}$ 和 v^2 呈线性关系。得到了不同的变形模式下平台应力与冲击速度的经验公式。

何强等[19-20]研究了分层屈服强度梯度和冲击速度对圆形蜂窝材料变形模式及能量吸收性能的影响。结果表明，中低速冲击下，分层梯度蜂窝材料冲击端的动力响应表现出分段平台特性；递变梯度值对蜂窝结构的变形模式有较大影响。合理地调节屈服强度梯度的变化可以减小初始峰值应力，有效地控制进入被保护结构的应力值，实现蜂窝材料单位质量能量吸收率的控制。

何彬、李响等在2015年[21]提出一种新型组合蜂窝结构并展开数值模拟研究，与正六边形、正方形、三角形、Kagome蜂窝结构的中高速冲击仿真结果进行了类比。研究结果表明，新型组合蜂窝在受到冲击时整体刚性较好，具有较强能量吸收能力，是进行轻量化设计的理想结构。在2016年[22]以类蜂窝结构为研究对象，讨论了不同冲击速度作用下该结构的面内冲击力学性能及能量吸收能力，并与传统的六边形蜂窝结构在不同方向冲击作用下的变形模式、比吸收能量进行了对比。研究结果表明，在低速冲击下，类蜂窝结构先后表现出V形、X形、K形及I形等局部变形特征；在中高速冲击下，类蜂窝结构中的六边形与四边形胞元交替压溃，并从冲击端的I形局部变形逐步扩展到固定端；随着冲击速度增大，类蜂窝表现出更强的能量吸收能力，且与六边形蜂窝相比，其能量吸收过程不受冲击方向的影响，更加稳定可靠。

邓小林等[23]研究了分层梯变负泊松比蜂窝结构在不同冲击速度下的变形模式、动力学响应以及能量吸收情况。结果表明，所提出的分层梯变蜂窝结构相对于传统的负泊松比蜂窝结构，具有更低的初始峰值应力；改变分层梯变蜂窝结构的冲击端，其变形模式具有明显的不同，能量吸收能力也发生了较为明显的变化。

尹冠生、侯秀慧等在2016年[24]对一种新型负泊松比多凹角蜂窝结构及面内抗冲击性能进行了系统分析。揭示了凹角蜂窝结构特有的负泊松比效应对提高其抗冲击强度的作用机制；得到凹角蜂窝结构动力学强度的经验公式；凹角蜂窝较传统正六边形蜂窝结构有更高的动力学强度，具有更优的吸能效果。在2017年[25]研究了均匀负泊松比蜂窝材料和梯度负泊松比蜂窝材料在不同面内冲击速度下的变形模式、动态响应和能量吸收特性。结果表明，梯度负泊松比蜂窝材料的动态响应和能量吸收能力受梯度、胞元内凹角度和冲击速度的影响较大；适当选取各项参数，可使材料在降低初始应力峰值的同时保持良好的能量吸收能力。

邓小林等在2017年[26]研究了不同振幅、不同胞壁厚度的正弦曲线蜂窝结构在不同冲击速度下的面内动力学响应。结果表明，正弦曲线蜂窝结构的轻微拉胀效应可增强其平面内能量吸收能力，相较于普通的常规正六边形蜂窝结构，具有更好的能量吸收效果。在2021年[27]研究了连续梯变拉胀蜂窝结构在不同冲击速度下的变形模式，在对不同厚度、速度下的动力学响应和能量吸收情况。结果表明，蜂窝结构变形模式主要分为准静态模式、转换模式和动态模式，正梯度变化(PGV)蜂窝结构相比负梯度变化(NGV)蜂窝结构的转换模式区域覆盖范围更大，在冲击的初始阶段，PGV蜂窝结构的初始峰值应力相比NGV蜂窝结构更高，蜂窝结构的能量吸收则随着壁厚的增加和冲击速度的提高而增加，NGV蜂窝结构相比PGV蜂窝结构具有更好的能量吸收能力，并且随着冲击速度的增加，优势更为明显。

尹艺峰等[28]研究了凹角蜂窝结构在低速冲击载荷下的吸能特性和应力－应变关系。结果表明，胞元凹角的增大和胞元壁厚的减小会增大凹角蜂窝结构的负泊松比，胞元横纵比的改变不会改变凹角蜂窝结构的负泊松比；胞元凹角的减小和胞元壁厚的增加会同时增加凹角蜂窝结构的总能量吸收效果和相对能量吸收效果；而胞元纵横比的增加对凹角蜂窝结构总能量的吸收改变不大，横纵比向加载力方向增加时，会增加相对能量吸收效果；胞元凹角、胞元纵横比以及胞元壁厚与凹角蜂窝结构的平均应变－应力关系没有明显关联；凹角蜂窝结构的负泊松比与能量吸收以及平均应力－应变关系没有明显的关联。

胡俊等在2019年[29]探究了不同梯度和随机缺陷下蜂窝材料的动态力学性能。结果表明，无随机缺陷时，低速($v=20$m/s)冲击下，单层蜂窝材料的变形模式呈X形，多层蜂窝材料呈V形，高速($v=60$m/s)冲击下，蜂窝材料的冲击端出现惯性坍塌带，相对密度较小处出现V形变形带；有随机缺陷时，蜂窝材料的坍塌变形带呈弥散分布；适当的随机缺陷和蜂窝梯度有利于改善整体材料变形，使材料的变形均匀系数降低；低速冲击下蜂窝材料的平台应力随梯度增加而降低，高速冲击下则随梯度增加而增加；同时，蜂窝材料的平台应力随缺陷率增大而降低，当随机缺陷率超过15%时，平台应力急剧降低，此时，随机缺陷率是影响材料动力学性能的主要因素。在2019年[30]研究了梯度分布规律对蜂窝材料动态力学性能的影响。结果表明，非线性梯度蜂窝材料的初始密实区域呈弥散分布，而非连贯型密实带；其密实过程相较于传统蜂窝材料更为均匀。胞元非线性梯度分布使蜂窝材料具有“骨架”效应，导致蜂窝材料的密实应变和平台区应力等提升10%～30%。框架梯度分布使蜂窝材料整体的应变率效应敏感度降低约50%，显著提高材料动力学性能的稳定性。在2021年[31]研究了不同排列组合形式、冲击速度菱形类蜂窝结构的动态压缩性能和吸能特性。结果表明，低速($v=$15m/s)冲击荷载作用下的菱形类蜂窝胞元先后呈现X形、K形及“一”形破坏，高速($v = 70\text{m/s}$)冲击荷载作用下的菱形类蜂窝结构首先从冲击端开始破坏，随着冲击荷载持续施加而呈现“一”形，且随着惯性作用逐步扩展到固定端；随着冲击荷载的增大，类蜂窝结构的缓冲变形和能量吸收能力明显弱于菱形蜂窝结构。

马芳武等[32]研究了内凹形式与冲击速度对内凹三角形负泊松比材料面内冲击变形和能量吸收能力的影响。结果表明，冲击载荷作用下，在冲击端，相对于三边内凹的情况，单边内凹的平台应力更大；在固定端，侧边内凹程度越小，输出应力滞后时间越长。相比于内凹六边形负泊松比材料，内凹三角形负泊松比材料吸能更平稳，压缩量也更大，并随着冲击速度的提高，内凹三角形负泊松比材料表现出更强的能量吸收能力。

沈建邦等[33]研究了具有负泊松比效应的可变弧角曲边内凹蜂窝结构的面内冲击动力学性能。结果表明，冲击速度和弧角的大小会影响曲边内凹蜂窝结构的变形失效模式；当冲击速度较高时，蜂窝结构内的应力波动范围较大，结构的体能量吸收值随弧角的增大逐渐增大；当冲击速度较低时则不存在上述现象。当弧角大于120°时，曲边内凹蜂窝结构具有负泊松比效应，该结构的吸能能力高于其他弧角所对应的正泊松比蜂窝结构的吸能能力，该现象与冲击速度无关。

杨家伦等[34]研究了不同冲击速度和不同冲击方向下正六边形蜂窝结构的变形机制和吸能特性。结果表明，中低速下，x_2方向下整个变形整体以塑性弯曲和堆叠为主较为复杂无序，x_1方向下变形模式相对稳定，高速情况下两者变形都主要体现为惯性；相同速度下，x_2方向的吸能特性要优于x_1方向，不同速度下，无论哪个方向的能量吸收都伴随速度的提高而增大。

魏思瑶等[35]研究了不同孔壁厚、冲击速度和压板重量对六边形铝蜂窝共面力学行为及缓冲性能的影响。结果表明，不同参数下六边形铝蜂窝材料在不同冲击速度下的动态冲击行为中的力学特性曲线趋势和走向基本一致；类比3种不同孔壁厚、同应力下其缓冲性能，得出$C-\sigma_{\mathrm{m}}$曲线。

魏路路等[36]研究了不同冲击速度和相对密度下内凹－反手性蜂窝的变形模式、抗冲击性能及拉胀性能。结果表明，引入内凹结构可以显著增强中低速冲击时反手性蜂窝的局部“颈缩”现象，且在靠近内凹－反手性蜂窝的冲击端呈现出明显的V形变形带。与三边反手性蜂窝及传统蜂窝相比，内凹－反手性蜂窝的能量吸收性能更强，负泊松比效应更明显。

虞科炯等[37]研究了冲击速度和微结构几何参数对正弦曲线蜂窝结构面内冲击变形模式、动态响应和吸能特性的影响。结果表明，中低速冲击时，振幅越大，胞壁越厚，结构面内变形越均匀。随着冲击速度的提高，增大振幅、壁厚均可一定程度增加冲击端的平台应力；振幅较小的正弦曲线负泊松比蜂窝结构具有更强的能量吸收能力，相对于内凹六边形蜂窝结构，能够显著降低峰值冲击力。

尤泽华等[38]提出一种可变弧边内凹多胞蜂窝负泊松比结构。基于有限元方法分析了蜂窝结构受冲击时的变形失效模式，讨论了冲击速度、结构应变和曲边弧角对动应力－应变曲线、能量吸收率和平台应力的影响规律。

朱春晓等[39]构造了一种曲边内凹蜂窝结构，设计了双同心及三同心蜂窝结构。在不同冲击速度载荷下对各种蜂窝结构的变形模式和吸能特性进行了比对分析，研究发现：相比于单胞数蜂窝结构，多胞数同心蜂窝结构的变形模式存在差异，在低、中、高冲击速度下均具有更高的平台应力和比吸能，且随着同心胞数增加，抗压溃能力和吸能能力越强；同心梯度的分布顺序对蜂窝结构的变形模式和吸能特性影响较大，单向逆同心梯度设计的蜂窝结构表现出较好的能量吸收特性。

杨泽水等[40]提出了一种新型三维负泊松比星型结构。通过冲击试验和有限元模拟，对其在不同冲击速度下的变形行为模式和力学响应及在不同设计角度下的吸能特性和抗冲击性能进行了深入的研究。结果表明：三维负泊松比星型结构在冲击过程中的力学响应可大致分为应力上升阶段、应力平台阶段、平台应力增强阶段和密实阶段，并且随着冲击速度和设计角度的增大，模型的平台应力和单位质量吸能随之增大，其中40°模型在冲击过程中具有“米”字形效应，能够较大提高结构的抗冲击性。

刘勇等[41]对内凹六边形蜂窝结构在不同冲击倾角（0°～10°）与不同冲击速度（6～100m/s）下的面内动态力学响应进行了系统研究。结果表明，内凹六边形蜂窝结构在斜冲击与正冲击时的变形模式不同，在低速斜冲击下为局部变形，在中高速斜冲击下为整体变形，而在正冲击下均为整体变形。蜂窝结构为在斜冲击下的承载和稳定性研究提供依据。

3.1 橡胶蜂窝结构有限元模型可靠性验证

关于蜂窝结构研究主要从理论分析、实验及数值模拟等方面进行，对于橡胶蜂窝结构，准确预测其在不同压缩速度下的变形模式、吸能特性、承压性能是研究的关键所在，相比于理论分析和实验研究，数值模拟能够省时省力地展开不同工况下的分析，能够较为直观地得到橡胶蜂窝结构在压缩过程中的变形情况、应力分布情况、能量吸收情况。

3.1.1 橡胶蜂窝结构理论分析

对于橡胶蜂窝结构，压缩应力－应变曲线的平台应力阶段是由弹性屈曲引起的。

(1)当蜂窝结构面内压缩发生弹性坍塌时，弹性坍塌应力 σ_{el} 为：

$$\sigma_{el}=\frac{n^2\pi^2}{24}\frac{t^3}{lb^2}\frac{I}{\cos\theta}E_s \tag{3-1}$$

式中 σ_{el}——橡胶蜂窝结构面内压缩弹性坍塌应力，MPa；

n——端点约束因子，其值取决于相邻两胞壁对结点所造成的旋转的抑制程度，对于正六边形，$n=0.69$；

t——橡胶蜂窝结构胞元壁厚，mm；

l——橡胶蜂窝结构胞元倾斜边边长，mm；

b——橡胶蜂窝结构胞元垂直边边长，mm；

θ——橡胶蜂窝结构胞元扩展角，(°)；

E_s——橡胶材料杨氏模量，MPa；

I——橡胶蜂窝结构胞元胞壁的第二惯性矩。

对于 I 值的计算，当胞壁为均匀厚度 t 时：

$$I=\frac{ht^3}{12} \tag{3-2}$$

式中 h——橡胶蜂窝结构胞元高度，mm。

对于正六边形蜂窝胞元，$b=l$，综上可得面内压缩时橡胶蜂窝结构弹性坍塌应力 σ_{el} 为：

$$\sigma_{el}=\frac{n^2\pi^2}{24}\frac{t^3}{l^3}\frac{ht^3}{12\cos\theta}E_s \tag{3-3}$$

(2)当蜂窝结构承受面外压缩时，胞元胞壁会出现周期性凸胀。在压缩过程中，橡胶蜂窝结构胞元胞壁起支撑作用，受上下刚性板压缩而发生屈曲。屈曲载荷由胞壁的第二惯性矩 I 和胞元边长 l 来确定，而非胞元高度 h，对于胞元边长为 l 的胞壁，其屈曲载荷为：

$$F_{crit}=\frac{KE_s}{(1-\nu_s^2)}\frac{t^3}{l} \tag{3-4}$$

式中 F_{crit}——橡胶蜂窝结构胞元胞壁屈曲载荷，N；

K——端点约束因子；

E_s——橡胶材料杨氏模量，MPa；

ν_s——橡胶材料泊松比；

t——蜂窝结构胞元壁厚，mm；

l——蜂窝结构胞元边长，mm。

对于常数 K，其类似于公式(3-1)中的 n 端点约束因子。若蜂窝结构胞元胞壁为简单支撑(它们可自由旋转)，且胞元高度 h 大于胞元边长 l 的 3 倍，则有 $K=2.0$；若蜂窝结构胞元胞壁被夹紧，则 $K=6.2$。在橡胶蜂窝结构体内，胞元胞壁既不是被简单支撑也不是被刚性加紧的，而是固定在上下刚性板之间，作为近似，取值 $K=4.0$。

前文说到，橡胶蜂窝结构胞元胞壁起支撑作用，因此，弹性屈曲载荷是各个孔壁所承受载荷的总和，得到橡胶蜂窝结构面外压缩时弹性坍塌应力 σ_{er}：

$$\sigma_{er} \approx \frac{2}{(1-\nu_s^2)} \frac{(l/b+2)}{(b/l+\sin\theta)} \left(\frac{t}{l}\right)^3 E_s \tag{3-5}$$

式中 σ_{er}——橡胶蜂窝结构面外压缩弹性坍塌应力，MPa；

ν_s——橡胶材料泊松比；

l——橡胶蜂窝结构胞元倾斜边边长，mm；

b——橡胶蜂窝结构胞元垂直边边长，mm；

θ——橡胶蜂窝结构胞元扩展角，(°)；

t——蜂窝结构胞元壁厚，mm；

E_s——橡胶材料杨氏模量，MPa。

对于正六边形蜂窝胞元，$b=l$，上式可写为：

$$\sigma_{er} \approx \frac{2}{(1-\nu_s^2)} \frac{3}{(1+\sin\theta)} \left(\frac{t}{l}\right)^3 E_s \tag{3-6}$$

3.1.2 胞元数量无关性验证

胞元数量是决定蜂窝骨架有限元模型尺寸的因素之一，也是影响有限元仿真结果准确性和可靠性的因素之一。过少的胞元数量使得蜂窝骨架有限元模型尺寸偏小，在压缩过程中不能有效反应蜂窝胞元的变形模式及蜂窝骨架整体变形规律，在能量吸收和蜂窝骨架受力分析方面结果缺乏准确性；过多的胞元数量将使蜂窝骨架有限元模型尺寸偏大，在有限元仿真中，这将导致网格数量增多，使得计算量增大，计算时间增长，引起不必要的资源浪费。因此，选择合适的胞元数量可在获得可靠的有限元仿真结果的基础上提高计算效率。

基于胞元边长 $l=2$mm、壁厚边长比 $t/l=0.225$、扩展角 $\theta=120^\circ$ 的橡胶蜂窝

骨架建立胞元数量 $N\times N=7\times7$，9×9，11×11，13×13，15×15 的橡胶蜂窝骨架有限元模型，进行面内方向压缩，得到不同胞元数量下橡胶蜂窝骨架上表面平均接触应力－压缩比关系图，以及比吸能－压缩比关系图，如图 3－1 所示。

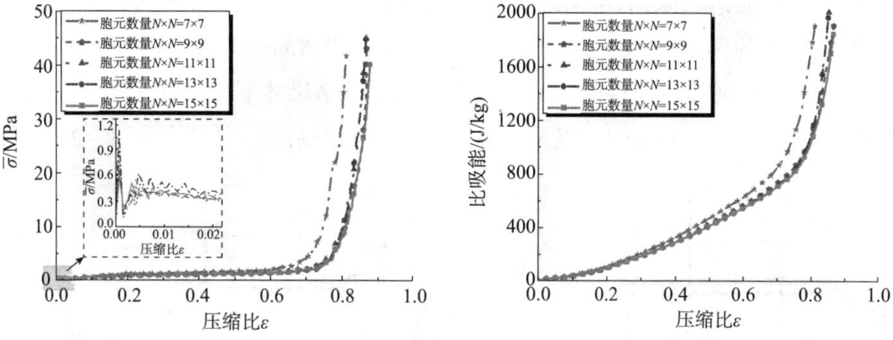

(a)平均接触应力－压缩比关系图　　(b)比吸能－压缩比关系图

图 3－1　不同胞元数量下橡胶蜂窝骨架压缩性能曲线

由图 3－1(a)可见，胞元数量 $N\times N$ 为 7×7 至 15×15 橡胶蜂窝结构压缩时，胞元数量越少，初始峰应力值越大；胞元数量 $N\times N$ 为 7×7 相较于胞元数量 $N\times N$ 为 9×9 至 15×15 率先进入密实化阶段，而胞元数量为 $N\times N$ 为 9×9 至 15×15 的橡胶蜂窝骨架在密实化阶段上表面平均接触应力值增长趋势相近，在进入密实化阶段后，同一压缩比下，胞元数量 $N\times N$ 为 11×11 至 13×13 的橡胶蜂窝骨架平均接触应力值相对于 $N\times N$ 为 9×9 及 $N\times N$ 为 15×15 的橡胶蜂窝骨架平均接触应力值略大。由图 3－1(b)可见，胞元数量 $N\times N$ 为 7×7 的橡胶蜂窝骨架能量吸收增长速率相对于胞元数量 $N\times N$ 为 9×9 至 15×15 的橡胶蜂窝骨架能量吸收增长速率更快，而胞元数量为 $N\times N$ 为 9×9 至 15×15 的橡胶蜂窝骨架能量吸收增长趋势相近，在进入密实化阶段后，胞元数量 $N\times N$ 为 11×11 至 13×13 的橡胶蜂窝骨架能量吸收相对于 $N\times N$ 为 9×9 及 $N\times N$ 为 15×15 的橡胶蜂窝骨架能量吸收加快。

综上所述，综合考虑有限元仿真结果的可靠性以及计算效率，本文选择胞元数量 $N\times N$ 为 9×9 的橡胶蜂窝结构进行有限元仿真。

3.1.3　网格尺寸无关性验证

划分网格是前处理不可或缺的一个环节，需要根据模型尺寸、求解精度、计算设备性能等条件选择合适的网格尺寸。网格尺寸过大，会导致有限元仿真计算结果缺乏准确性，不能可靠模拟橡胶蜂窝骨架变形规律和力学行为；网格尺寸过小，会增加有限元仿真计算时间，降低计算效率。因此，选取合适的网格尺寸可以在保证有限元仿真计算结果准确性的基础上提高计算效率。六边形蜂窝骨架结构是一种较为规则的拓扑结构，因此选用映射网格划分策略来进行网格划分，通过指定网格单元边长来对网格质量进行严格控制。对同一橡胶蜂窝骨架模型划分不同单元尺寸的网格（0.2mm、0.4mm、0.6mm、0.8mm、1mm）并进行面内压缩有限元仿真，控制其他变量保持一致，得到不同网格尺寸下橡胶蜂窝骨架上表面平均接触应力－压缩比关系图，以及比吸能－压缩比关系图，结果如图3－2所示。

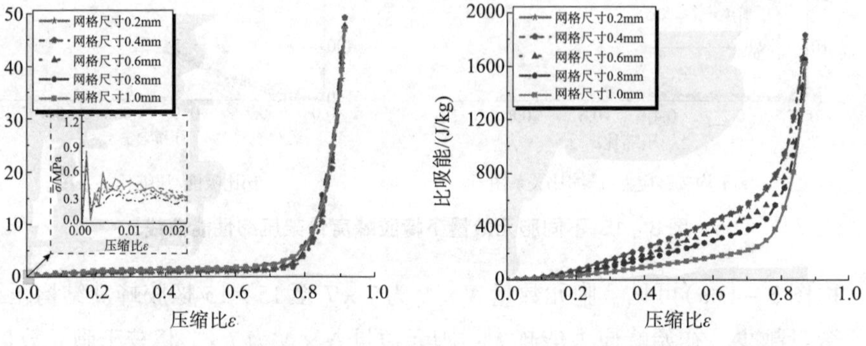

(a)平均接触应力－压缩比关系图　(b)比吸能－压缩比关系图

图3－2　不同网格尺寸下橡胶蜂窝骨架压缩性能曲线

由图3－2(a)可见，不同网格尺寸橡胶蜂窝骨架有限元模型上表面平均接触应力曲线近乎重合，网格尺寸对橡胶蜂窝骨架上表面平均接触应力影响较小。由图3－2(b)可见，网格尺寸为0.2mm和0.4mm的橡胶蜂窝骨架有限元模型能量吸收曲线相近，与网格尺寸为0.6～1.0mm的橡胶蜂窝骨架有限元模型均存在明显差距。

综上所述，综合考虑有限元仿真计算结果准确性和计算效率，选取有限元模型划分网格单元尺寸不大于0.4mm。

3.1.4　有限元仿真验证

橡胶蜂窝结构基体材料为氢化丁腈橡胶，材料硬度选用80HA，杨氏模量$E_s=10.98$MPa，泊松比$\nu_s=0.5$。正六边形橡胶蜂窝结构胞元参数为：边长$l=4$mm，壁厚$t=0.9$mm，高度$h=10$mm，代入式(3－3)和式(3－6)，得正六边形橡胶蜂窝结构单胞面内压缩弹性坍塌应力值为$\sigma_{el}=0.017$MPa，面外压缩弹性坍塌应力值为$\sigma_{er}=0.667$MPa。

为验证橡胶蜂窝结构有限元模型可靠性，基于上述正六边形橡胶蜂窝结构进行有限元仿真计算，得到橡胶蜂窝结构单胞面内压缩弹性坍塌应力值为 0.018MPa；面外压缩弹性坍塌应力值为 0.691MPa。将有限元仿真结果与理论计算结果对比，可见仿真结果与计算结果相近，相对误差分别为：6%、4%。证明橡胶蜂窝结构有限元模型是可靠的。

3.2 橡胶蜂窝骨架面内压缩

3.2.1 变形模式

本节以高度 $h=10\text{mm}$、边长 $l=4\text{mm}$、壁厚 $t=0.9\text{mm}$、扩展角 $\theta=110^\circ$ 的橡胶蜂窝骨架为例，讨论橡胶蜂窝骨架在不同压缩速度下的变形模式。定义压缩比 ε 为面内压缩方向上蜂窝骨架被压缩量 u 与蜂窝骨架高度 h 的比值。$\bar{\sigma}$ 为面内压缩方向上刚性压板与橡胶蜂窝骨架上表面的平均接触应力。将数值模拟结果处理后得到平均接触应力－压缩比关系图。

图 3－3 展示了不同压缩速度下橡胶蜂窝骨架从开始变形到被压溃的全过程。由图 3－3(a)可见，当压缩速度为 $v=5\text{m/s}$ 时，变形初始阶段 $\varepsilon=0.15$ 时蜂窝骨架胞元变形较为规律，随着压缩比的增大，蜂窝骨架上部和下部胞元变形幅度增大开始坍塌，并逐步向中部蜂窝胞元扩散，到 $\varepsilon=0.6$ 时蜂窝胞元变形幅度又趋于相似，在 $\varepsilon=0.7$ 时蜂窝胞壁相互接触，直至蜂窝骨架被压实。由图 3－3(b)可见，当压缩速度增大到 $v=20\text{m/s}$ 时，变形初始阶段 $\varepsilon=0.15$ 时蜂窝骨架上部胞元开始坍塌，而此时骨架下部蜂窝几乎未发生变形，随着压缩比的增大，$\varepsilon=0.4$ 时上部蜂窝变形加剧，蜂窝骨架下部两端胞元开始发生变形，到 $\varepsilon=0.5$ 时，胞元变形加剧，但蜂窝骨架下部中间蜂窝胞元形态相对较为完整，在 $\varepsilon=0.7$ 时，蜂窝骨架下部胞元内壁相互接触，而上部胞元却未完全坍塌。由图 3－3(c)可见，当压缩速度为 $v=40\text{m/s}$ 时，橡胶蜂窝骨架胞元变形从上部蜂窝开始，此时上部蜂窝胞元胞壁已经发生相互接触，而此时蜂窝骨架下部胞元并未发生可见的变形，这一现象一直持续到 $\varepsilon=0.6$，此时蜂窝骨架下部胞元才出现可见的变化，随着压缩比增大，蜂窝骨架下部胞元胞壁开始相互接触，相对于压缩速度为 $v=5\text{m/s}$、$\varepsilon=0.85$ 时的完全压缩状态，压缩速度为 $v=40\text{m/s}$、$\varepsilon=0.85$ 时的蜂窝骨架更多地集中在下部，上部蜂窝胞壁之间有可见的缝隙。可见，不同的压缩速度下橡胶蜂窝骨架变形特征存在明显差异。

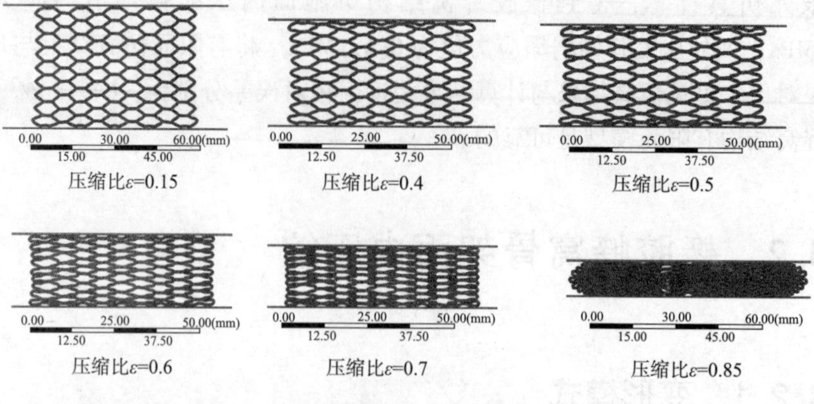

(a)压缩速度v=5m/s

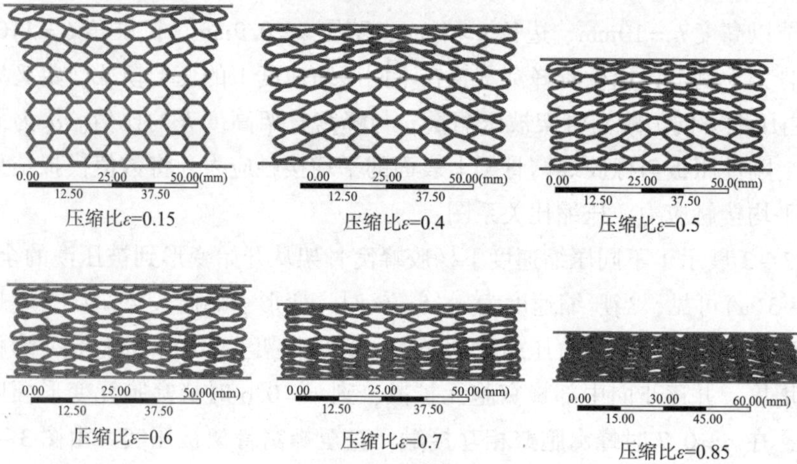

(b)压缩速度v=20m/s

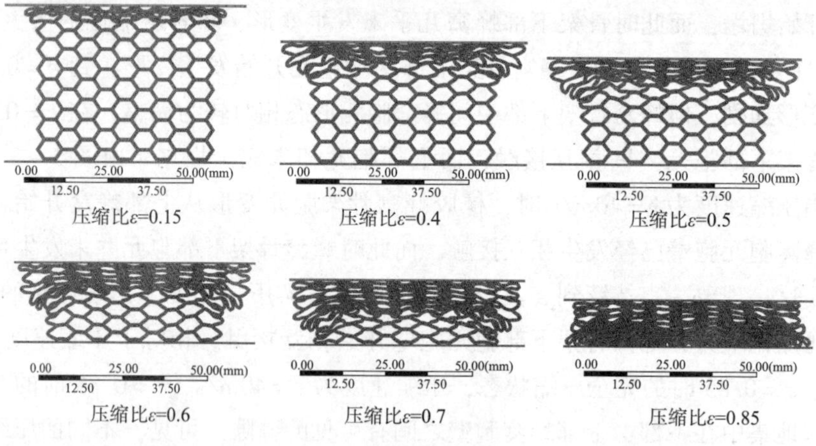

(c)压缩速度v=40m/s

图 3－3　不同面内压缩速度下橡胶蜂窝骨架变形过程

图 3－4 为面内压缩作用下橡胶蜂窝骨架平均接触应力－压缩比关系图，由图可见，橡胶蜂窝骨架在面内压缩作用下的压缩变形过程分为 3 个阶段。初始阶段是线弹性阶段，橡胶蜂窝骨架不产生形变，平均接触应力随压缩比的增加迅速增大。达到局部峰值时的平均接触应力和压缩比分别称为初始峰应力$\bar{\sigma}_0$ 和初始压缩比 ε_0。线弹性阶段后的平台区域是平台应力阶段，该阶段橡胶蜂窝骨架产生形变。在平台应力阶段初期，平均接触应力由线弹性阶段的局部峰值急剧降低至一个较低水平；随着压缩比的增大，蜂窝骨架胞元变形加剧，平台区平均接触应力缓慢增大，逐渐接近初始峰应力。最后一个阶段为密实化阶段，橡胶蜂窝骨架胞元孔壁相互接触并逐渐被压实，在这一阶段平均接触应力急剧增加。压缩进入密实化阶段的拐点[7]对应的压缩比为密实化压缩比 ε_d。

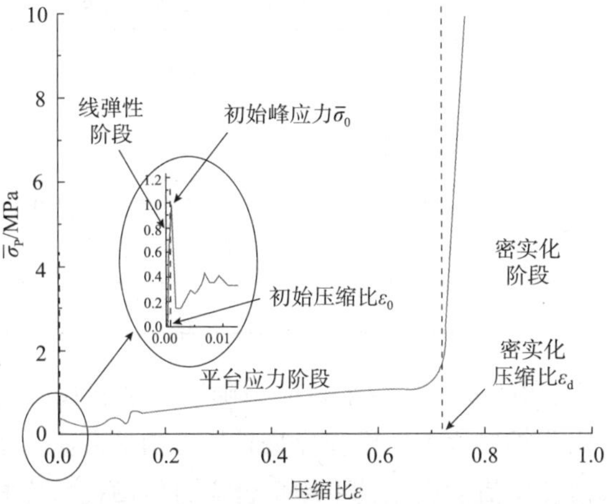

图 3－4　面内压缩作用下橡胶蜂窝骨架平均接触应力－压缩比关系图

综上所述，橡胶蜂窝骨架的变形模式与金属材料蜂窝结构和纸质材料蜂窝类似，皆经历线弹性、平台应力、密实化三个变形阶段。而金属材料蜂窝和纸质材料蜂窝基体材料本身特性决定了其在经历平台应力阶段后无法恢复原貌，相比之下橡胶材料作为一种超弹性材料，橡胶蜂窝骨架在经历平台应力阶段变形后可恢复原貌，这使得橡胶蜂窝骨架在可重复使用性上优于金属和纸质两种材料的蜂窝骨架。

3.2.2　橡胶蜂窝骨架面内压缩承压特性研究

为了解橡胶蜂窝骨架的承压性能，本节通过改变胞元边长、壁厚边长比和扩展角，以及压缩速度，探究胞元参数和压缩速度对橡胶蜂窝骨架压缩过程中平均平台应力的影响规律。

平均平台应力是衡量蜂窝骨架承压能力的重要指标$\bar{\sigma}_P$，其计算公式为：

$$\overline{\sigma}_{\mathrm{P}}=\frac{\int_{\varepsilon_0}^{\varepsilon_{\mathrm{d}}}\overline{\sigma}(\varepsilon)\mathrm{d}\varepsilon}{\varepsilon_{\mathrm{d}}-\varepsilon_0} \tag{3-7}$$

式中，$\bar{\sigma}$为平均接触应力；ε_0 为初始压缩比；ε_{d} 为密实化压缩比。

1)胞元参数对橡胶蜂窝骨架平均平台应力影响分析

胞元参数是影响橡胶蜂窝骨架力学性能的重要因素，为探究胞元边长、壁厚边长比和扩展角对橡胶蜂窝骨架面内压缩平均平台应力的影响规律，选择如表 3-1 所示的橡胶蜂窝骨架胞元参数。对表 3-1 中所列出的 75 种工况进行面内压缩有限元仿真，设定压缩速度 $v=5\mathrm{m/s}$，探究橡胶蜂窝骨架在不同壁厚边长比、边长和扩展角时的平均平台应力。

表 3-1　橡胶蜂窝骨架面内压缩工况表

扩展角 θ/(°)	边长 l/mm	壁厚边长比 t/l				
100						
110	2					
120	3	0.025	0.075	0.125	0.175	0.225
130	4					
140						

图 3-5 为不同胞元参数下平均平台应力随壁厚边长比变化关系图。由图可见，同一壁厚边长比和扩展角下，橡胶蜂窝骨架平均平台应力值随胞元边长的增加而增大；且壁厚边长比值越大，其平均平台应力值增长幅度越大。同一壁厚边长比下，胞元边长的增大意味着胞元壁厚的增大，橡胶蜂窝骨架整体承压能力增强。虽然在同样的壁厚下，边长的增加意味着较低的结构稳定性，但是在边长为 2~4mm 的计算范围内，显然壁厚的增加对橡胶蜂窝骨架整体承压能力的补强起了主导作用。因此，随着橡胶蜂窝的壁厚边长比值的增大，其平均平台应力值增长幅度变大。

对比同一边长、不同扩展角下平均平台应力值，可见平均平台应力随胞元扩展角的减小而增大。由扩展角 θ 的定义可知，橡胶蜂窝骨架胞元扩展角越大，蜂窝胞元面内方向高度越高，其支撑性能越差，胞元在面内方向更容易发生变形，使橡胶蜂窝骨架产生形变所需平均接触应力越小。当胞元壁厚、边长相同时，初始压缩比 ε_0 和密实化压缩比 ε_{d} 相近，根据公式(3-7)，此时平均平台应力值主要取决于平均接触应力，因此当平均接触应力越小，平均平台应力越小，由此可得平均平台应力随胞元扩展角的减小而增大。

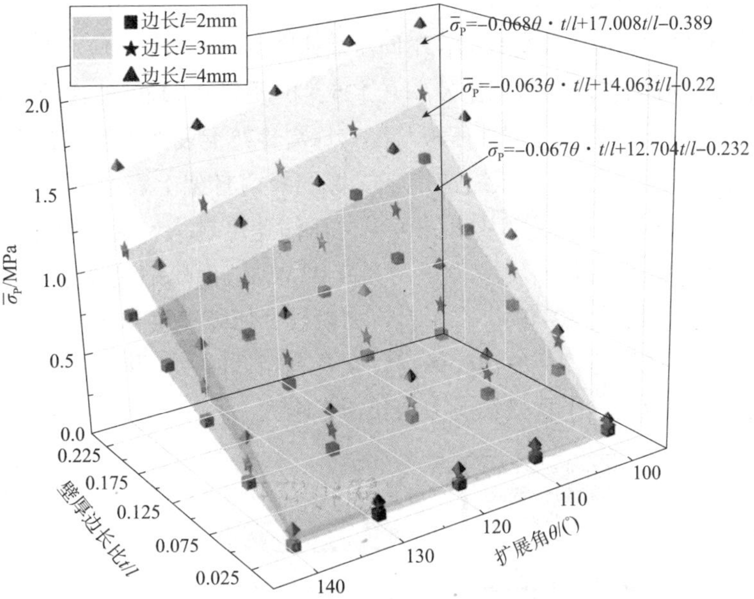

图3－5　不同胞元参数下橡胶蜂窝骨架平均平台应力随壁厚边长比变化关系图

将图3－5中不同边长下橡胶蜂窝骨架平均平台应力$\bar{\sigma}_P$与壁厚边长比t/l及扩展角θ关系进行拟合，得到式(3－8)～式(3－10)：

当边长$l=2$mm时，$$\bar{\sigma}_P=-0.067\theta\cdot\frac{t}{l}+12.704\frac{t}{l}-0.232 \tag{3-8}$$

当边长$l=3$mm时，$$\bar{\sigma}_P=-0.063\theta\cdot\frac{t}{l}+14.063\frac{t}{l}-0.22 \tag{3-9}$$

当边长$l=4$mm时，$$\bar{\sigma}_P=-0.068\theta\cdot\frac{t}{l}+17.008\frac{t}{l}-0.389 \tag{3-10}$$

计算得到橡胶蜂窝骨架平均平台应力$\bar{\sigma}_P$与壁厚边长比t/l及扩展角θ拟合关联式：

$$\bar{\sigma}_P=(5.945-0.062\theta)\cdot\frac{t}{l}+2.749t-0.044l-0.034 \tag{3-11}$$

式中，扩展角θ为100°～140°；边长l为2～4mm；壁厚边长比t/l为0.025～0.225。该拟合式的计算误差为4.34%。

2）压缩速度对橡胶蜂窝骨架平均平台应力影响分析

由前文橡胶蜂窝骨架在压缩速度为$v=40$m/s时的变形模式可知，当上刚性压板下压速度超过橡胶蜂窝骨架传递压缩力的速度时，会导致上部蜂窝胞壁已经相互接触而下部蜂窝骨架还未发生变形，与压缩速度为$v=5$m/s时的橡胶蜂窝骨架较为均匀变形模式出现了明显差异，为了解橡胶蜂窝骨架在不同压缩速度下的承压性能，通过改变压缩速度（$v=1\text{m/s}$、$v=5\text{m/s}$、$v=10\text{m/s}$、$v=20\text{m/s}$、$v=40\text{m/s}$），讨论不同胞元参数的橡胶蜂窝骨架在不同压缩速度下的平均平台应力变化规律。

以边长 $l=4\text{mm}$、壁厚边长比 $t/l=0.125$、扩展角 $\theta=120^\circ$ 的橡胶蜂窝骨架为例，提取面内压缩过程中上刚性压板与橡胶蜂窝骨架上表面平均接触应力，绘制成图 3-6。由图可见，不同压缩速度下，橡胶蜂窝骨架上表面平均接触应力-压缩比曲线较为相似，由局部放大图可见，压缩速度越大，初始峰应力值越大，压缩速度为 $v=1\text{m/s}$ 时初始峰应力值约为 0.03MPa，而压缩速度为 $v=40\text{m/s}$ 时初始峰应力值达到了约 12MPa。在平台应力阶段，压缩速度越大，平均接触应力相应增大。不同压缩速度下的橡胶蜂窝骨架具有相近的密实化压缩比，在密实化阶段，压缩速度越大，平均接触应力增长速率越大。

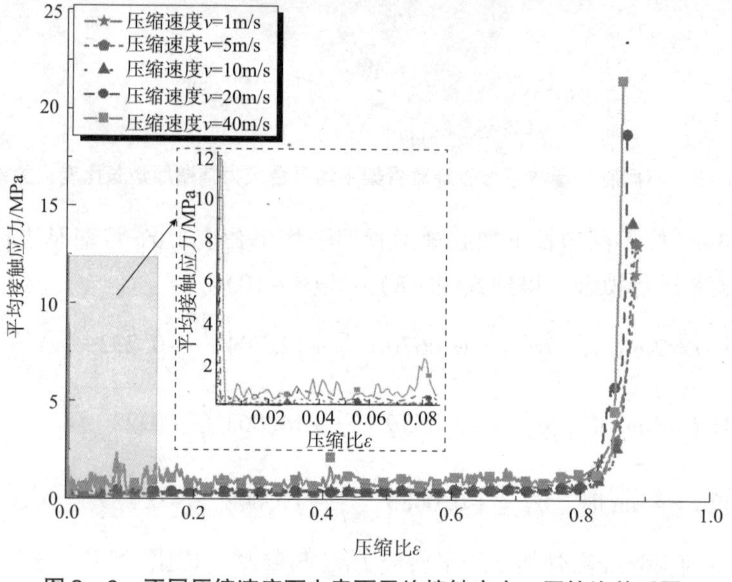

图 3-6　不同压缩速度下上表面平均接触应力-压缩比关系图

图 3-7 为不同胞元参数的橡胶蜂窝骨架在不同压缩速度下平均平台应力随胞元参数变化关系图。由图可见，对于同一壁厚边长比，压缩速度越大，平均平台应力值越大。对于不同壁厚边长比，当壁厚边长比越大，平均平台应力随压缩速度增长而增长的幅度越大，例如当壁厚边长比为 0.025 时，从压缩速度 $v=1\text{m/s}$ 时平均平台应力为 0.02MPa 到压缩速度 $v=40\text{m/s}$ 时平均平台应力为 0.18MPa，增长幅度为 0.16MPa；当壁厚边长比为 0.225 时，从压缩速度 $v=1\text{m/s}$ 时平均平台应力为 0.55MPa 到压缩速度 $v=40\text{m/s}$ 时平均平台应力为 1.83MPa，增长幅度为 1.28MPa。对于同一扩展角，平均平台应力随压缩速度的增大而增大，但不同扩

展角之间，平均平台应力随压缩速度增长而增长的幅度基本一致。

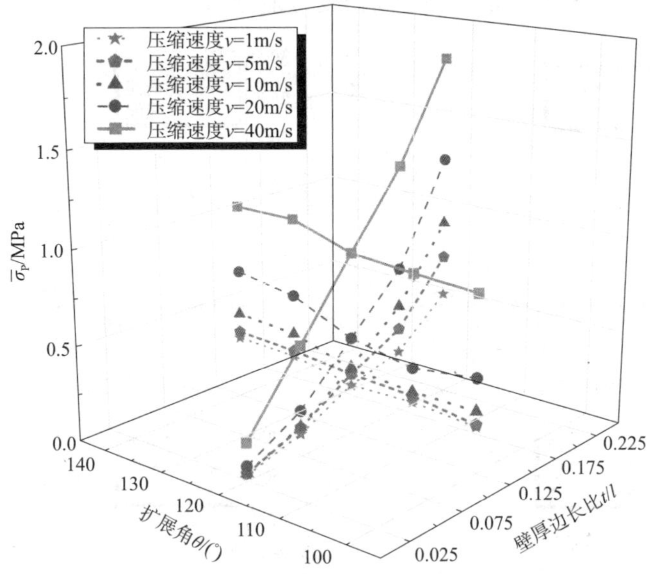

图 3－7　不同压缩速度下平均平台应力－胞元参数关系图

3.2.3　橡胶蜂窝骨架面内压缩吸能特性研究

蜂窝骨架作为良好的缓冲吸能结构，在面内压缩过程中能够吸收大量的能量。在工程应用中，单位质量蜂窝骨架的能量吸收量即比吸能，是表征不同结构尺寸的蜂窝骨架能量吸收能力的重要参数。相应地有比动能和比内能：比动能是蜂窝骨架在压缩过程中吸收的动能与质量的比值；比内能是分子无规则运动能量总和与质量的比值，弹性变形时，比内能等于比变形能。

为了解橡胶蜂窝骨架的吸能特性，本节通过改变胞元壁厚边长比、扩展角，以及压缩速度，探究胞元参数和压缩速度对橡胶蜂窝骨架面内压缩能量吸收能力的影响规律。

1）胞元参数对橡胶蜂窝骨架吸能特性影响分析

选取扩展角 $\theta = 100^{\circ} \sim 140^{\circ}$、边长 $l = 2 \sim 4$ mm、壁厚边长比 $t/l = 0.025 \sim 0.225$ 的橡胶蜂窝骨架进行面内压缩有限元仿真，压缩速度 $v = 5$m/s，得到橡胶蜂窝骨架在不同壁厚边长比、边长、扩展角时的能量吸收特性。

图 3－8 是壁厚边长比 t/l 分别为 0.025、0.075、0.125、0.175、0.225，边长 $l = 2$mm，扩展角 $\theta = 120^{\circ}$ 时橡胶蜂窝骨架面内压缩过程能量分配关系图。由图 3－8 可以看出，不同壁厚边长比下橡胶蜂窝骨架能量吸收曲线趋势相似：比动

能所占比例很小，甚至可以忽略不计，比吸能和比内能(即比变形能)曲线基本重合，橡胶蜂窝骨架的能量吸收主要由变形能分担。

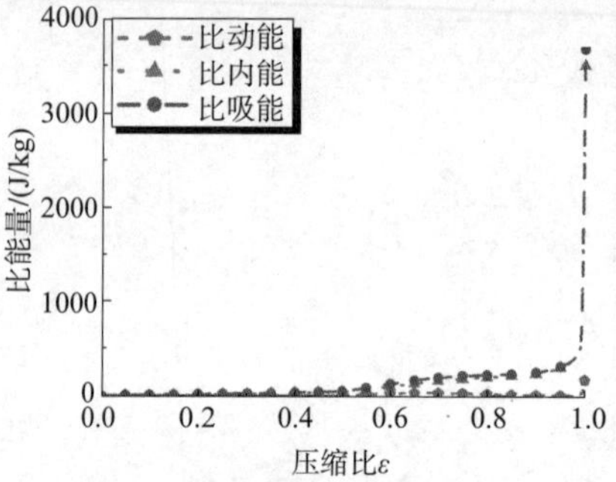

(a)壁厚边长比t/l=0.025

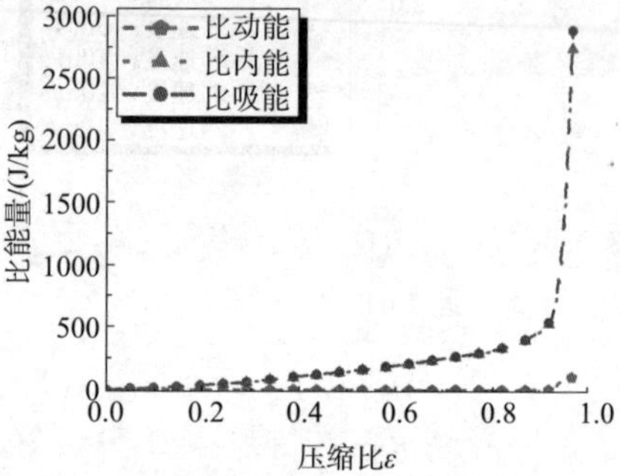

(b)壁厚边长比t/l=0.075

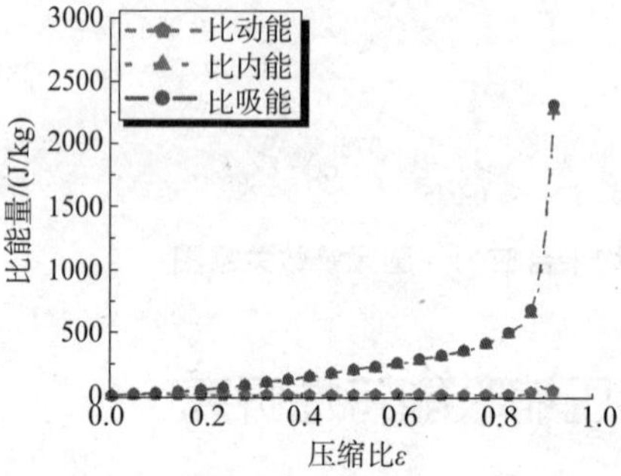

(c)壁厚边长比t/l=0.125

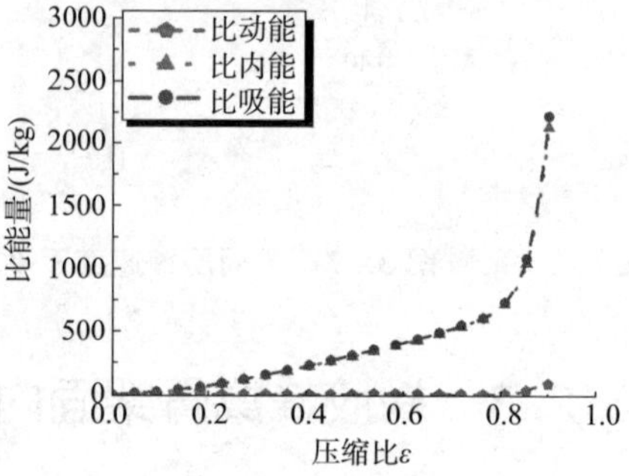

(d)壁厚边长比t/l=0.175

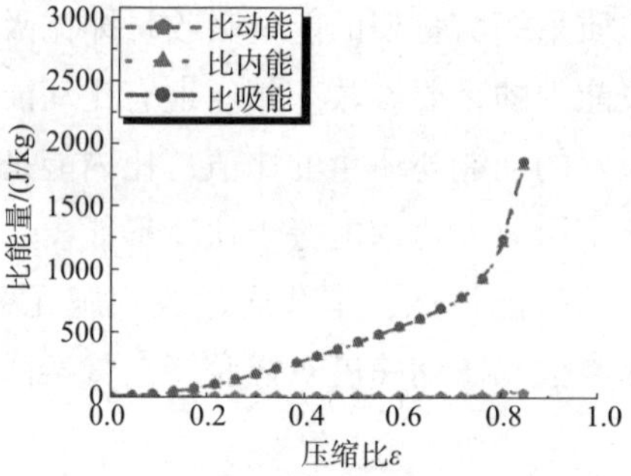

(e)壁厚边长比t/l=0.225

图3-8　不同壁厚边长比下橡胶蜂窝骨架能量分配关系图

将上述五种壁厚边长比条件下的比吸能数值提取并绘制成图3-9。由图可见，在橡胶蜂窝骨架进入密实化阶段前，胞元壁厚边长比越大，蜂窝骨架能量吸收速率越大，平台区越短。当橡胶蜂窝骨架进入密实化阶段后，由于此阶段橡胶蜂窝骨架的变形空间已经很小了，能量吸收速率快速增加，橡胶蜂窝骨架通过橡胶胞元孔壁相互挤压产生的形变来吸收能量。壁厚边长比越小，密实化压缩比越大，在密实化区能量吸收速率越大，密实化区越短。这是由于同一边长下，壁厚边长比越小，蜂窝胞元壁厚越薄，胞元孔壁被压缩至相互接触时需要的压缩距离越大，蜂窝孔壁被挤压时变形能力越小。

在图 3-9 中可以看到，壁厚边长比 $t/l=0.025$ 的橡胶蜂窝骨架能量吸收速率在 $\varepsilon=0.5$ 附近出现增快的趋势，后又趋于平缓。对比图 3-8(a)可见，$t/l=0.025$ 的蜂窝骨架比动能值在 $\varepsilon=0.5$ 附近也出现增快的趋势，后又趋于平缓。当 $t/l=0.025$ 时，蜂窝骨架结构壁厚很薄，相较于其他参数的蜂窝胞元结构更易失稳。自 $\varepsilon=0.5$ 开始，部分蜂窝胞元结构出现失稳现象，导致比动能值增加，随着压缩比的增大，胞元结构逐渐恢复稳定，比动能开始减小直至趋于平缓。

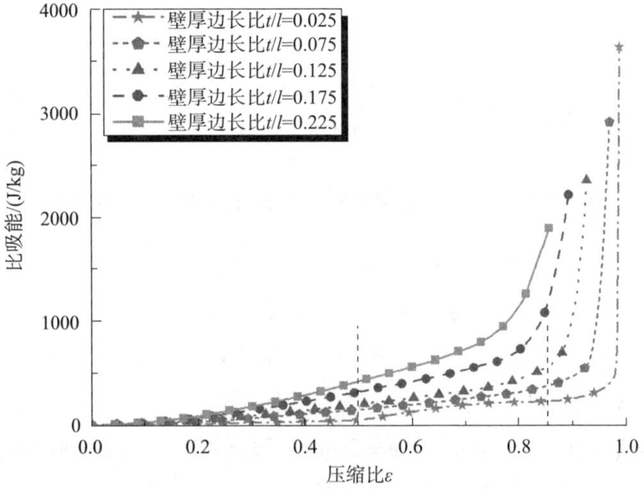

图 3-9　不同壁厚边长比下橡胶蜂窝骨架比吸能值关系图

图 3-10 对比了扩展角 $\theta=100^\circ \sim 140^\circ$ 时橡胶蜂窝骨架面内压缩比吸能值($t/l=0.225$、$l=4\text{mm}$)。由图可见，扩展角 $\theta<130^\circ$ 时，橡胶蜂窝结构比吸能值随着扩展角的增大而增大。这是由于扩展角越大，胞元面内方向高度越高，相对于小扩展角胞元，同一压缩比下，胞元面内方向压缩距离越大，可吸收更多的能量，因此比吸能值越大。$\theta=140^\circ$ 时，橡胶蜂窝骨架能量吸收速率在 $\varepsilon=0.35$ 附近开始变缓并逐步低于 $\theta=130^\circ$ 的橡胶蜂窝骨架比吸能值。这是由于扩展角过大会导致橡胶蜂窝骨架面内方向高度过高，结构稳定性降低，此时橡胶蜂窝骨架中部发生整体弯曲，蜂窝骨架能量吸收速率减缓，比吸能值增长速率降低。当 $\varepsilon>0.7$时，橡胶蜂窝骨架压缩逐步进入密实化阶段。扩展角越小的橡胶蜂窝骨架越先进入密实化阶段，这是由于扩展角越小，蜂窝胞元面内方向高度越低，胞元

孔壁越早相互接触产生挤压。此时结构能量吸收以橡胶胞元孔壁相互挤压产生的形变所吸收的能量为主。不同扩展角的橡胶蜂窝骨架在密实化阶段比吸能值曲线增长趋势相近。

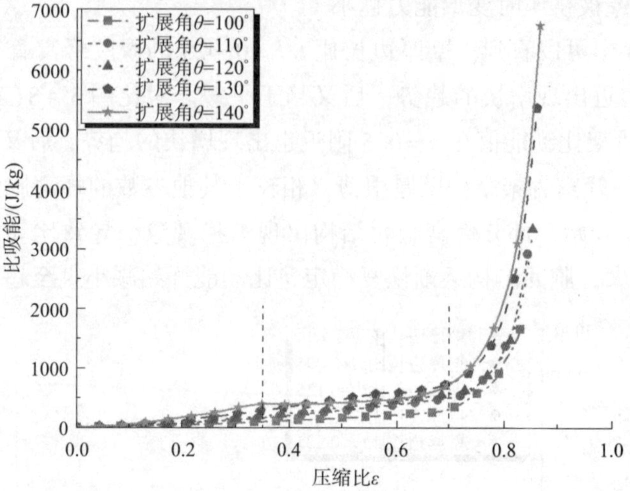

图 3－10　不同扩展角下橡胶蜂窝骨架比吸能值关系图

2)压缩速度对橡胶蜂窝骨架吸能特性影响分析

平台应力阶段是蜂窝结构吸收能量最重要的阶段，由前文可知，不同压缩速度下，橡胶蜂窝骨架上表面平均接触应力－压缩比曲线较为相似，具有相近的平台应力阶段长度，且平均平台应力值最大差值不超过 1.83MPa，为探究压缩速度($v=1$m/s、$v=5$m/s、$v=10$m/s、$v=20$m/s、$v=40$m/s)对橡胶蜂窝骨架面内压缩能量吸收能力的影响规律，以胞元边长 $l=4$mm、壁厚 $t=0.5$mm、扩展角 $\theta=120^\circ$ 的橡胶蜂窝骨架为例，在面内方向采用不同速度进行压缩，并对结果进行分析。

图 3－11 展示了压缩速度分别为 $v=1$m/s 和 $v=40$m/s 时橡胶蜂窝骨架能量吸收分配关系。当压缩速度为 $v=1$m/s 时，比吸能曲线和比内能曲线近乎重合，动能占比很小甚至忽略不计，可见橡胶蜂窝结构能量吸收以变形能(即内能)为主，这一规律持续到橡胶蜂窝骨架被压溃；但当压缩速度增大至 $v=40$m/s 时，比动能在整个橡胶蜂窝骨架能量吸收中占比明显增大，从开始压缩到压缩比 $\varepsilon=0.55$ 范围内，比动能值一度超过了比内能值，随着蜂窝胞元变形逐步扩散以及加剧，比内能值逐步增大直至压缩比 $\varepsilon=0.55$ 时超过比动能值，在进入密实化阶段后，比动能值再次迅速增大，这是由于进入密实化阶段后，蜂窝胞壁相互接触，随着上刚性压板的继续压缩，蜂窝胞元被进一步挤压，开始在两刚性板之间

迅速向两边运动，使得比动能值迅速增大。可见压缩速度对橡胶蜂窝骨架能量吸收分配有明显的影响，压缩速度越大，比动能在比吸能中所占比例越大。

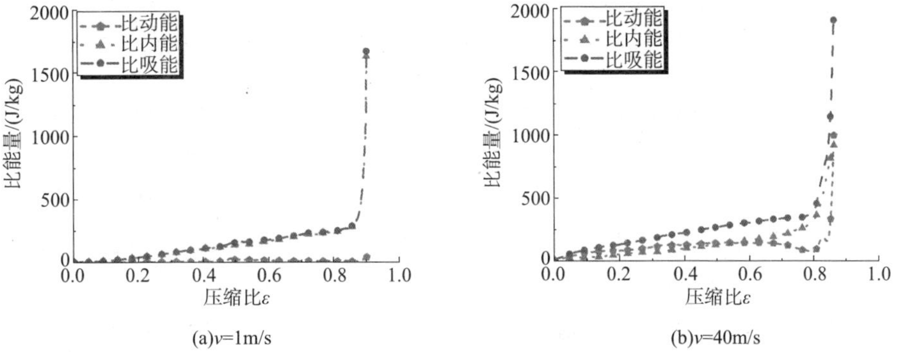

图 3－11　不同压缩速度下橡胶蜂窝骨架比能量分配关系图

将上述五种压缩速度下的比吸能数值提取并绘制成图 3－12。由图可见，在橡胶蜂窝骨架进入密实化阶段前，压缩速度越大，橡胶蜂窝骨架能量值越大，其中压缩速度 $v=1\text{m/s}$、$v=5\text{m/s}$、$v=10\text{m/s}$ 时比吸能值接近，而压缩速度 $v=20\text{m/s}$、$v=40\text{m/s}$ 时比吸能值有较为明显的增长。压缩速度越大，橡胶蜂窝骨架密实化压缩比越大。当橡胶蜂窝骨架进入密实化阶段后，压缩速度越大，橡胶蜂窝骨架能量吸收速率越大，这是由于越大的压缩速度具有越大的密实化压缩比，相应地在密实化阶段越短，蜂窝胞元在密实化阶段变形速率更快。结果表明橡胶蜂窝骨架在不同的压缩速度下具有不同的能量吸收能力，压缩速度越大，橡胶蜂窝骨架比吸能值越大。

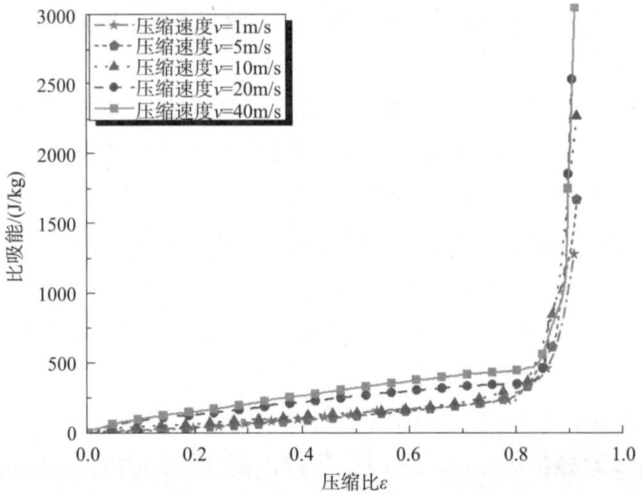

图 3－12　不同压缩速度下橡胶蜂窝骨架比吸能值关系图

3.3 橡胶蜂窝骨架面外压缩

3.3.1 无蒙皮橡胶蜂窝骨架面外动态压缩性能研究

为探究胞元壁厚边长比、扩展角，以及压缩速度对无蒙皮橡胶蜂窝骨架面外压缩特性的影响规律，选择如表 3－2 所示的无蒙皮橡胶蜂窝骨架胞元参数及压缩速度。其中，当扩展角 $\theta=120^{\circ}$ 时，改变五种壁厚边长比；当壁厚边长比 $t/l=0.125$ 时，改变五种扩展角。对表 3－2 中所列出的 $5\times9=45$ 种工况进行面外压缩有限元仿真，探究无蒙皮橡胶蜂窝骨架在不同胞元参数和压缩速度下的变形模式、承压性能和能量吸收特性。

表 3－2　无蒙皮橡胶蜂窝骨架面外压缩工况表

压缩速度/(m/s)	扩展角 θ/(°)	壁厚边长比 t/l				
1	100					
5	110					
10	120	0.025	0.075	0.125	0.175	0.225
20	130					
40	140					

1）无蒙皮橡胶蜂窝骨架面外压缩变形模式

本节以边长 $l=4\text{mm}$、壁厚 $t=0.5\text{mm}$、扩展角 $\theta=120^{\circ}$ 的无蒙皮橡胶蜂窝骨架为例，讨论无蒙皮橡胶蜂窝骨架在不同速度下的变形模式。

图 3－13 展示了不同压缩速度作用下橡胶蜂窝骨架从开始变形到被压溃的全过程，为便于观察，将上刚性压板和下刚性固定板进行隐藏处理。由图 3－13(a) 可见，当压缩速度为 $v=1\text{m/s}$ 时，变形初始阶段 $\varepsilon=0.2$ 时蜂窝骨架胞元薄壁呈圆弧状向外均匀弯曲；随着压缩比的增大，胞壁向外膨胀程度增大，圆弧弯曲幅度增大；当 $\varepsilon=0.45$ 时，变形进一步加剧，胞元中部开始发生明显曲折，蜂窝骨架四周胞壁开始坍塌；当 $\varepsilon=0.55$ 时，蜂窝骨架胞壁开始相互接触；至 $\varepsilon=0.95$ 时，无蒙皮橡胶蜂窝骨架已被完全压实。由图 3－13(b) 可见，当压缩速度为 $v=40\text{m/s}$ 时，在变形初始阶段，蜂窝胞壁出现内凹现象，与 $v=1\text{m/s}$ 时胞壁呈圆弧状外凸存在明显差异；当 $\varepsilon=0.25$ 时，胞壁内凹加剧的同时出现外凸现象；随着压缩比增大，当 $\varepsilon=0.55$ 时，蜂窝骨架外围胞壁相互接触，且主要是单个蜂窝胞

元胞壁自接触，蜂窝骨架整体并未有明显外扩现象，与之对比，压缩速度为 $v=1\text{m/s}$、$\varepsilon=0.55$ 时，主要以每一圈蜂窝胞元胞壁与其内圈蜂窝骨架胞元相互接触；当 $\varepsilon=0.75$ 时，蜂窝骨架近乎被压实，此时内侧蜂窝胞元胞壁较为杂乱，与 $v=1\text{m/s}$ 时胞元胞壁较为规律地由外向内堆叠不同；随着压缩比进一步增大，无蒙皮橡胶蜂窝骨架被完全压实。可见，不同的压缩速度下无蒙皮橡胶蜂窝骨架面内变形特征存在较大差异。

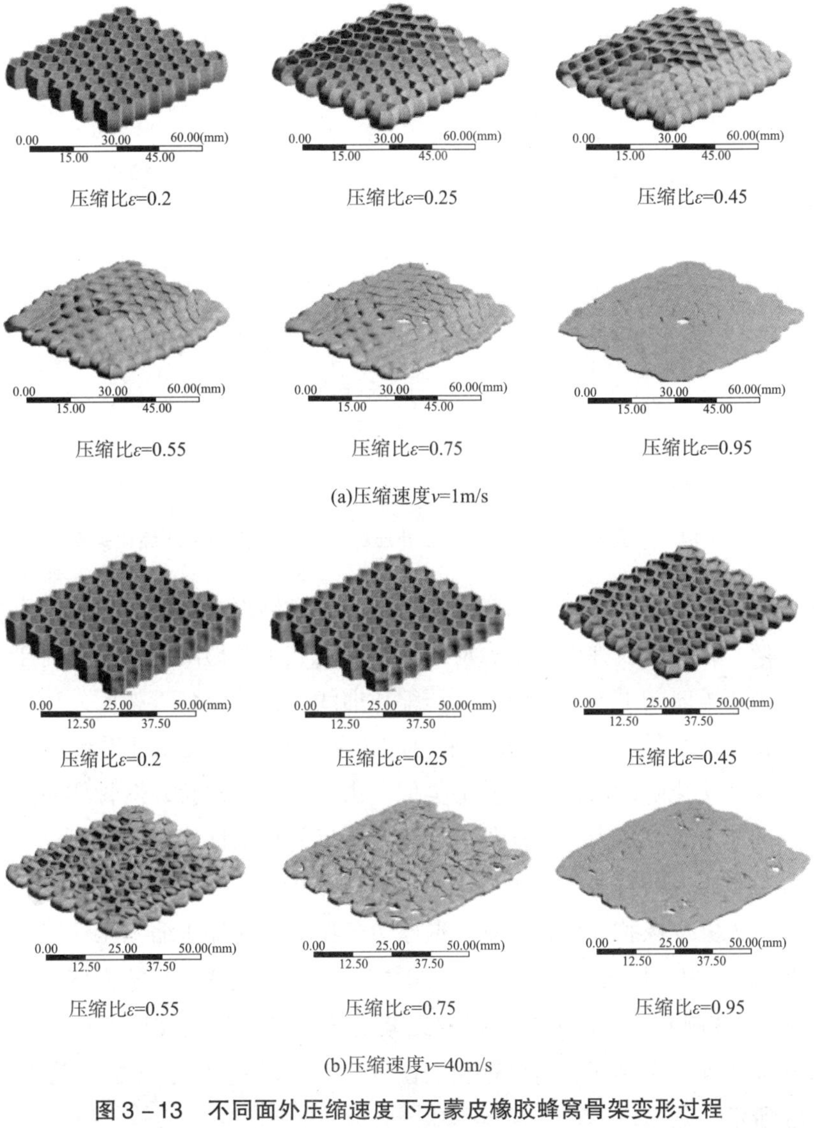

图 3-13 不同面外压缩速度下无蒙皮橡胶蜂窝骨架变形过程

图 3-14 为无蒙皮橡胶蜂窝骨架面外压缩平均接触应力-压缩比关系图，由图可见，无蒙皮橡胶蜂窝骨架在面外压缩方向下的变形过程分为 3 个阶段。初始阶段是线弹性阶段，平均接触应力随压缩比的增加近乎线性增大。在达到初始峰应力$\bar{\sigma}_0$值后，开始进入平台应力阶段，在平台应力阶段初期，平均接触应力会迅速降低至一个较低水平；随着压缩比的增大，平均接触应力变化逐渐趋于平缓。最后一个阶段为密实化阶段，橡胶蜂窝骨架胞元孔壁相互接触并逐渐被压实，平均接触应力急剧增加。

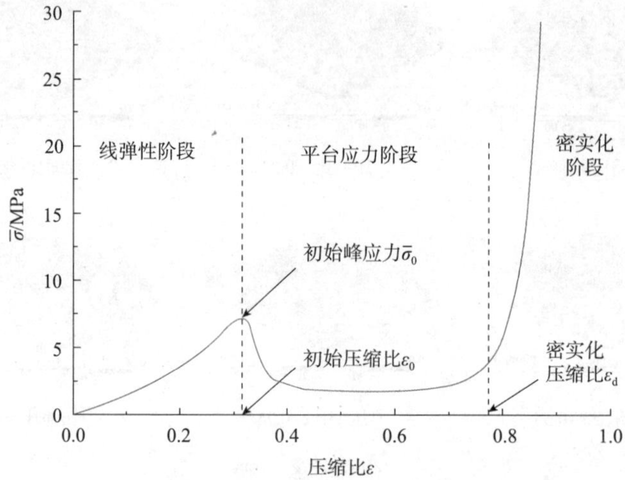

图 3-14　无蒙皮橡胶蜂窝骨架面外压缩平均接触应力-压缩比关系图

综上所述，无蒙皮橡胶蜂窝骨架面外压缩的变形模式虽然与橡胶蜂窝骨架面内压缩类似，皆经历线弹性、平台应力、密实化三个变形阶段，但相对于橡胶蜂窝骨架面内压缩时的平均接触应力-压缩比曲线，橡胶蜂窝骨架面外压缩时线弹性阶段更长，从初始峰应力值进入平台应力阶段更加平缓，且平台应力阶段更短，在进入密实化阶段后，增长趋势类似。由此可见，橡胶蜂窝骨架在面内方向具有更好的能量吸收能力，在面外方向具有更好的承压性能。

2）无蒙皮橡胶蜂窝骨架面外压缩承压特性分析

为分析无蒙皮橡胶蜂窝骨架胞元壁厚边长比对其面外压缩承压性能的影响规律，以胞元边长 $l=4\text{mm}$、扩展角 $\theta=120^\circ$ 的无蒙皮橡胶蜂窝骨架为例，压缩速度 $v=5\text{m/s}$，改变胞元壁厚边长比，提取无蒙皮橡胶蜂窝骨架在压缩过程中上表面平均接触应力$\bar{\sigma}$，绘制不同壁厚边长比下平均接触应力与压缩比关系图，如图 3-15 所示。

由图可见，壁厚边长比越大，线弹性阶段越长；壁厚边长比 $t/l=0.025$ ~

0.075 时，初始压缩比相近，壁厚边长比 $t/l=0.125\sim0.175$ 时，初始压缩比相差较小，壁厚边长比 $t/l=0.225$ 时的初始压缩比远大于壁厚边长比 $t/l=0.025\sim0.175$ 时的初始压缩比，且壁厚边长比为 0.225 时的初始峰应力值达到了 26.34MPa；表明壁厚 $t=0.9$，边长 $l=4$mm 的无蒙皮橡胶蜂窝骨架相对于壁厚 $t=0.1\sim0.7$，边长 $l=4$mm 的无蒙皮橡胶蜂窝骨架具有更好的承压性能。由前文可知，越长的线弹性阶段意味着越短的平台应力阶段，因此壁厚边长比 $t/l=0.225$ 时平台应力阶段长度远小于壁厚边长比 $t/l=0.025\sim0.175$ 时平台应力阶段长度；当壁厚边长比 $t/l=0.025\sim0.175$ 范围内时，平台应力长度随壁厚边长比增大而减小；当壁厚边长比 $t/l=0.025\sim0.075$ 范围内时，平台应力阶段平均接触应力值相近。在密实化阶段，壁厚边长比越大，密实化压缩比越小，在进入密实化阶段后，不同壁厚边长比的无蒙皮橡胶蜂窝骨架平均接触应力增长趋势相近。

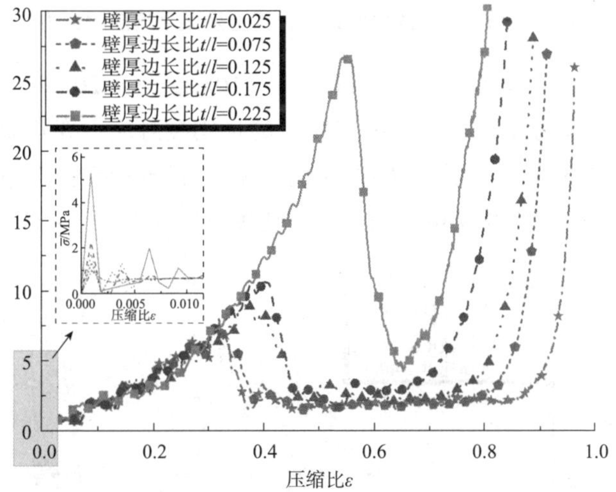

图 3-15 不同壁厚边长比下无蒙皮橡胶蜂窝骨架上表面平均接触应力-压缩比关系图

以胞元边长 $l=4$mm、壁厚边长比 $t/l=0.125$ 的无蒙皮橡胶蜂窝骨架为例，压缩速度 $v=1$m/s，分析胞元扩展角对橡胶蜂窝骨架面外承压性能的影响规律，提取计算数据绘制不同扩展角下无蒙皮橡胶蜂窝骨架与压缩比关系图，如图 3-16 所示。由图可见，不同胞元扩展角的无蒙皮橡胶蜂窝骨架平均接触应力曲线差别很小，在开始进入平台应力阶段以及密实化阶段时，平均接触应力曲线出现了可见的不同。因此，胞元扩展角对无蒙皮橡胶蜂窝骨架面外压缩时承压能力影响很小。

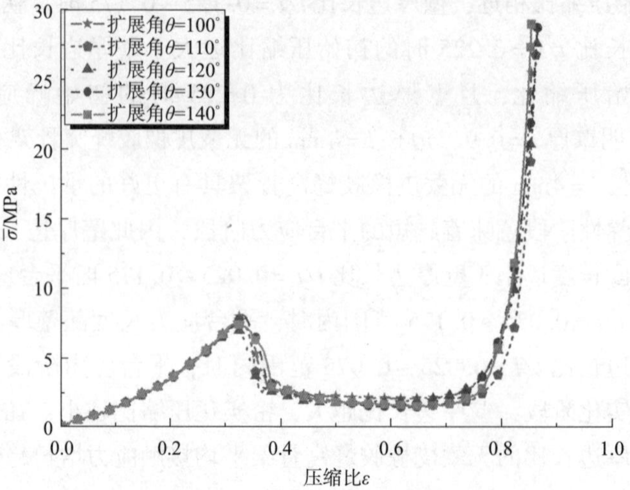

图3-16　不同扩展角下无蒙皮橡胶蜂窝骨架上表面平均接触应力-压缩比关系图

改变压缩速度（$v=1\text{m/s}$、$v=5\text{m/s}$、$v=10\text{m/s}$、$v=20\text{m/s}$、$v=40\text{m/s}$），探究无蒙皮橡胶蜂窝骨架在不同压缩速度下的平均接触应力变化规律。以边长 $l=4\text{mm}$、壁厚 $t=0.5\text{mm}$、扩展角 $\theta=120^{\circ}$ 的无蒙皮橡胶蜂窝骨架为例，绘制无蒙皮橡胶蜂窝骨架上表面平均接触应力-压缩比关系图，如图3-17所示。

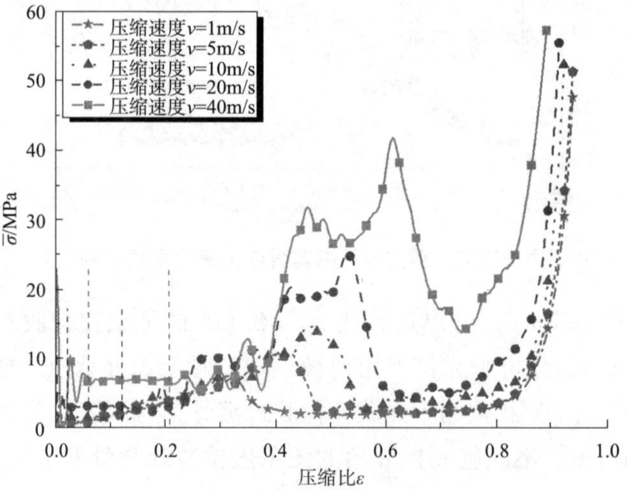

图3-17　不同压缩速度下无蒙皮橡胶蜂窝骨架上表面平均接触应力-压缩比关系图

由图可见，压缩速度越大，线弹性阶段越长；当压缩速度增大至 $v=20\text{m/s}$ 时，压缩比在 $\varepsilon=0.02\sim0.12$ 范围内时，平均接触应力出现小平台；随着压缩比增大，线弹性阶段后期平均接触应力开始出现波动，这是由于速度的增大使蜂窝骨架胞壁在压缩变形过程中出现波动现象。当压缩速度增大至 $v=40\text{m/s}$ 时，线弹性阶段小平台区出现在压缩比 $\varepsilon=0.05\sim0.21$ 范围内；在线弹性阶段后期平均接触应力波动加剧。压缩速度越大，初始峰应力值越大，当压缩速度为 $v=40\text{m/s}$ 时初始峰应力值达到最大为 41.12MPa。在进入线弹性阶段初期，压缩速度越大，平均接触应力减小幅度及减小速率越大。越长的线弹性阶段意味着越短的平台应力阶段，因此压缩速度越大，平台应力阶段越短，且越早进入密实化阶段，但在密实化阶段，不同压缩速度下无蒙皮橡胶蜂窝骨架平均接触应力增长趋势类似。

图 3－18 为不同胞元参数的无蒙皮橡胶蜂窝骨架在不同压缩速度下平均平台应力随胞元参数变化关系图。其中，图 3－18(a) 中胞元边长 $l=4$ mm、扩展角 $\theta=120^{\circ}$；图 3－18(b) 中胞元边长 $l=4\text{mm}$、壁厚边长比 $t/l=0.125$。由图 3－18(a) 可见，同一壁厚边长比下，平均平台应力值随压缩速度增大而增大，但壁厚边长比 $t/l=0.025$ 时平均平台应力增长幅度大于壁厚边长比 $t/l=0.075$ 时平均平台应力增长幅度，表明壁厚 $t=0.1$，边长 $l=4\text{mm}$ 的无蒙皮橡胶蜂窝骨架相对于壁厚 $t=0.3$，边长 $l=4\text{mm}$ 的无蒙皮橡胶蜂窝骨架具有更好的承压能力；壁厚边长比 $t/l=0.225$ 时平均平台应力增长幅度明显，表明此时蜂窝胞元壁厚对无蒙皮橡胶蜂窝骨架承压能力影响占比增大；对于压缩速度 $v=5\sim20\text{m/s}$，平均平台应力与壁厚边长比关系曲线规律性较强；在同一压缩速度下，平均平台应力随壁厚边长比有先减小后增大的趋势。由图 3－18 (b) 可见，同一扩展角下，平均平台应力值随压缩速度增大而等比增大，且不同扩展角下这一规律相似；同一压缩速度下，不同扩展角之间平均平台应力变化较小。综上所述，胞元壁厚边长比与压缩速度对无蒙皮橡胶蜂窝骨架平均平台应力值有较大影响，而胞元扩展角对无蒙皮橡胶蜂窝骨架平均平台应力值影响较小。

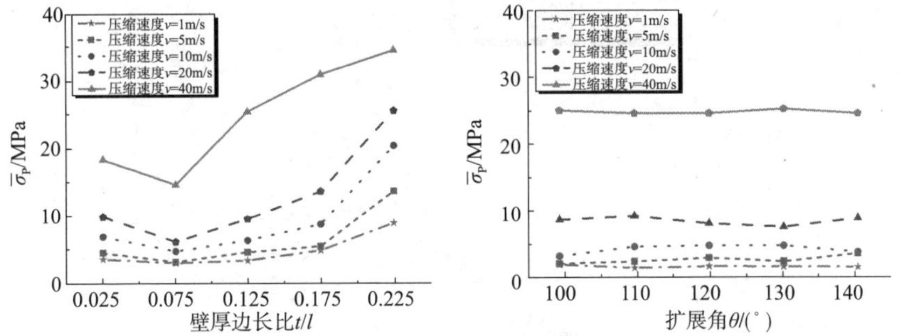

(a)壁厚边长比－平均平台应力关系图　　(b)扩展角－平均平台应力关系图

图 3－18　不同压缩速度下平均平台应力－胞元参数关系图

3)无蒙皮橡胶蜂窝骨架面外压缩吸能特性分析

由上节可知，胞元壁厚边长比对橡胶蜂窝骨架面内方向压缩时能量吸收特性有较大影响，压缩速度对橡胶蜂窝骨架面内方向压缩时能量吸收分配有较大影响，而胞元扩展角对橡胶蜂窝骨架面内方向压缩时能量吸收规律影响较小。本节通过改变胞元壁厚边长比、扩展角及压缩速度，探究胞元参数及压缩速度对无蒙皮橡胶骨架面外压缩时能量吸收特性的影响规律。

图3－19为胞元边长 $l=4$mm、扩展角 $\theta=120^{\circ}$ 的无蒙皮橡胶蜂窝骨架在面外压缩速度 $v=20$m/s 时，不同壁厚边长比下比吸能与压缩比关系图。由图可见，当压缩比 $\varepsilon<0.2$ 时，不同壁厚边长比的比吸能曲线相近，表明在这一阶段橡胶蜂窝骨架能量吸收能力相近；随着压缩比的增大，比吸能曲线开始迅速上升，壁厚边长比越大，比吸能增长幅度越大，壁厚边长比 $t/l=0.225$ 的橡胶蜂窝骨架在压缩比 $\varepsilon=0.65$ 时比吸能值达到9267J/kg。在到达短暂的能量吸收峰值后，比吸能曲线出现下降趋势，随即进入一个平台吸能阶段，当壁厚边长比 $t/l=0.025\sim0.175$ 范围内时，壁厚边长比越大，平台吸能区越短；当壁厚边长比 $t/l=0.225$ 时，比吸能曲线一直处于快速下降阶段，未出现明显平台吸能区。随着压缩比的增大，开始进入密实化阶段，壁厚边长比越大，密实化压缩比越小，且相应地比吸能值越大；在密实化阶段，壁厚边长比 $t/l=0.125\sim0.225$ 范围内的橡胶蜂窝骨架比吸能增长速率相近，小于壁厚边长比 $t/l=0.025\sim0.075$ 范围内的橡胶蜂窝骨架比吸能增长速率。综上所述，胞元壁厚边长比对无蒙皮橡胶蜂窝骨架面外压缩时吸能特性有明显影响，壁厚边长比越大，无蒙皮橡胶蜂窝骨架能量吸收能力越强。

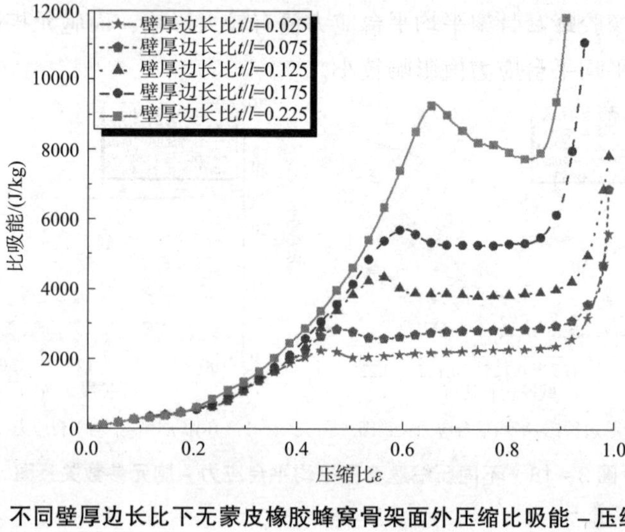

图3－19　不同壁厚边长比下无蒙皮橡胶蜂窝骨架面外压缩比吸能－压缩比关系图

图 3－20 为胞元边长 $l=4\text{mm}$、壁厚边长比 $t/l=0.125$ 时，无蒙皮橡胶蜂窝骨架在面外压缩速度 $v=20\text{m/s}$ 时，不同扩展角下比吸能与压缩比关系图。由图可见，当压缩比 $\varepsilon<0.8$ 时，不同扩展角对应的比吸能－压缩比曲线相近，说明在这一阶段扩展角对橡胶蜂窝骨架能量吸收特性影响较小；随着压缩比的增大，扩展角 $\theta=100^\circ\sim120^\circ$ 对应的比吸能曲线近乎重合，与扩展角 $\theta=130^\circ$、$\theta=140^\circ$ 对应的比吸能曲线存在差异，一是扩展角 $\theta=130^\circ$、$\theta=140^\circ$ 的橡胶蜂窝骨架密实化压缩比更小，二是在密实化阶段扩展角 $\theta=130^\circ$、$\theta=140^\circ$ 的橡胶蜂窝骨架具有更快的能量吸收速率。综上所述，胞元扩展角对无蒙皮橡胶蜂窝骨架面外压缩能量吸收特性影响有限。

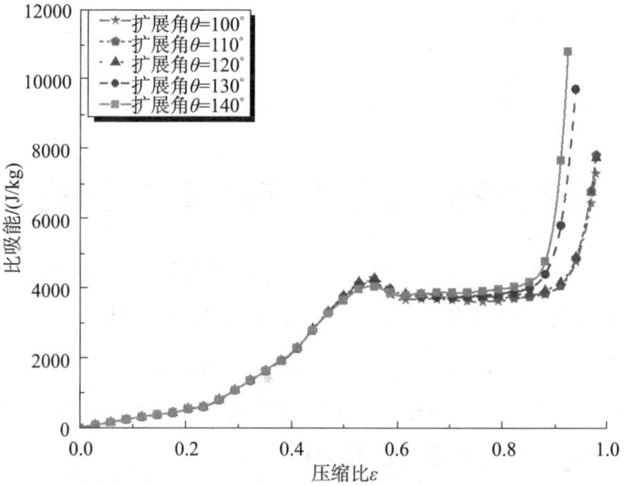

图 3－20　不同扩展角下无蒙皮橡胶蜂窝骨架面外压缩比吸能－压缩比关系图

图 3－21 展示了胞元边长 $l=4\text{mm}$、壁厚边长比 $t/l=0.125$ 时，不同压缩速度（$v=1\text{m/s}$、$v=5\text{m/s}$、$v=10\text{m/s}$、$v=20\text{m/s}$、$v=40\text{m/s}$）下无蒙皮橡胶蜂窝骨架在面外压缩方向上比吸能与压缩比关系图。由图可见，比吸能值先随着压缩比增大逐渐增大，到达一个能量吸收峰值，随后出现下降趋势，然后进入一个平台吸能阶段，随着压缩比进一步增大，橡胶蜂窝骨架变形进入密实化阶段，比吸能值迅速增大。压缩速度越大，能量吸收峰值越大，当压缩速度 $v=40\text{m/s}$ 时，能量吸收峰值达到 7425J/kg；压缩速度越大，到达能量吸收峰值后下降幅度越大，相应地平台吸能阶段值越高，平台吸能阶段长度越短；不同压缩速度对应的密实化压缩比差距较小，进入密实化阶段后比吸能值增长幅度类似。综上所述，压缩速度对无蒙皮橡胶蜂窝骨架在面外压缩方向上吸能特性有显著影响，压缩速度越大，无蒙皮橡胶蜂窝骨架比吸能值越大。

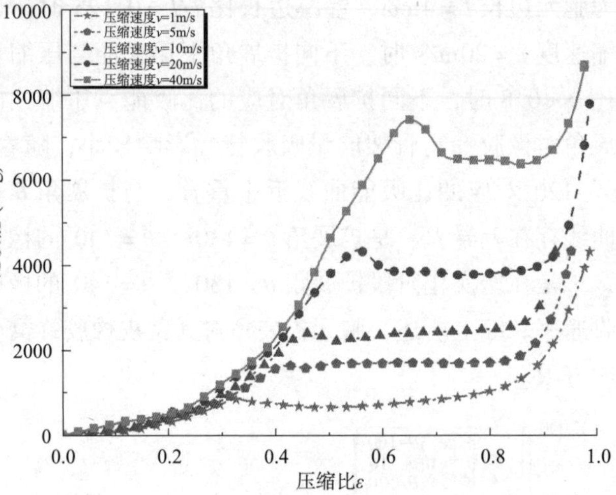

图 3-21　不同压缩速度下无蒙皮橡胶蜂窝骨架面外压缩比吸能-压缩比关系图

3.3.2　有蒙皮橡胶蜂窝骨架面外动态压缩性能研究

通过改变胞元壁厚边长比、扩展角，以及压缩速度，探究胞元参数和压缩速度对有蒙皮橡胶骨架面外压缩时的承压性能和能量吸收特性的影响规律。表 3-3 为有蒙皮橡胶蜂窝骨架面外压缩有限元仿真工况表。其中，当扩展角 $\theta=120^{\circ}$ 时，改变五种壁厚边长比；当壁厚边长比 $t/l=0.125$ 时，改变五种扩展角。对表中所列出的 $5\times9=45$ 种工况进行计算分析。

表 3-3　有蒙皮橡胶蜂窝骨架面外压缩工况表

压缩速度/(m/s)	扩展角 θ/(°)	壁厚边长比 t/l				
1	100					
5	110					
10	120	0.025	0.075	0.125	0.175	0.225
20	130					
40	140					

1) 有蒙皮橡胶蜂窝骨架面外压缩承压特性分析

为分析有蒙皮橡胶蜂窝骨架壁厚边长比对其面外压缩时承压性能的影响规律，以胞元边长 $l=4$mm、扩展角 $\theta=120^{\circ}$ 的有蒙皮橡胶蜂窝骨架为例，压缩速度 $v=1$m/s，绘制不同壁厚边长比下有蒙皮橡胶蜂窝骨架上表面平均接触应力与压缩比关系图，如图 3-22 所示。

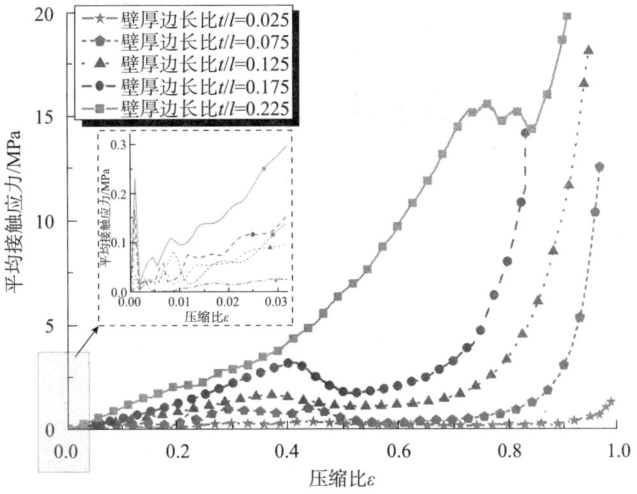

图 3-22 不同壁厚边长比下有蒙皮橡胶蜂窝骨架上表面平均接触应力-压缩比关系图

由图可见，在线弹性阶段，壁厚边长比越大，平均接触应力值增长速率越大，线弹性阶段越长，初始峰应力值越大，当壁厚边长比 $t/l=0.225$ 时其初始压缩比 $\varepsilon_0=0.76$，初始峰应力值达到了 15.63MPa；线弹性阶段越长，相应的平台应力阶段越短，而平均平台应力值越大；当壁厚边长比 $t/l=0.025\sim0.175$ 时，壁厚边长比越大，密实化压缩比越小，但在密实化阶段平均接触应力增长趋势相近。相较于无蒙皮橡胶蜂窝骨架，有蒙皮橡胶蜂窝骨架在线弹性阶段平均接触应力值便出现明显差异，导致壁厚边长比 $t/l=0.025$ 时的有蒙皮橡胶蜂窝骨架平均接触应力曲线更加平缓，壁厚边长比 $t/l=0.075\sim0.175$ 时有蒙皮橡胶蜂窝骨架平均接触应力变化趋势相似，壁厚边长比 $t/l=0.225$ 时的有蒙皮橡胶蜂窝骨架具有更大的初始压缩比和密实化压缩比。综上所述，胞元壁厚边长比 $t/l=0.025$、$t/l=0.225$ 的无蒙皮橡胶蜂窝骨架与有蒙皮橡胶蜂窝骨架平均接触应力曲线存在明显差异；胞元壁厚边长比对有蒙皮橡胶蜂窝骨架平均接触应力有明显影响，壁厚边长比越大，有蒙皮橡胶蜂窝骨架面外压缩承压能力越强。

以边长 $l=4$mm、壁厚 $t=0.5$mm、扩展角 $\theta=120^{\circ}$ 的有蒙皮橡胶蜂窝骨架为例，通过改变压缩速度($v=1$m/s、$v=5$m/s、$v=10$m/s、$v=20$m/s、$v=40$m/s)，探究有蒙皮橡胶蜂窝骨架在不同压缩速度下的平均平台应力变化规律，绘制有蒙皮橡胶蜂窝骨架上表面平均接触应力-压缩比关系图，如图 3-23 所示。

由图 3-23 局部放大图可见，在压缩初期，会出现一个平均接触峰值应力，压缩速度越大，这一峰值应力值越大，对应的压缩比也越大，随着压缩比增大，平均接触应力迅速降低；当压缩比 $\varepsilon=0.03\sim0.32$ 时，不同压缩速度下的平均接

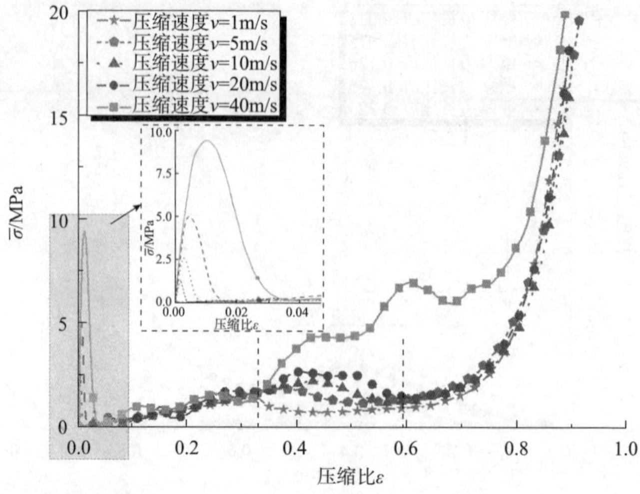

图 3－23　不同压缩速度下有蒙皮橡胶蜂窝骨架上表面平均接触应力－压缩比关系图

触应力相差较小；当压缩比 $\varepsilon=0.32\sim0.59$、压缩速度 $v=1\sim20\text{m/s}$ 时，压缩速度对平均接触应力影响较为明显，压缩速度越大，平均接触应力增长趋势越持久，开始下降时对应的压缩比越大；当压缩比 $\varepsilon>0.59$、压缩速度 $v=1\sim20\text{m/s}$ 时，平均接触应力曲线近乎重合，此时压缩速度对平均接触应力影响较小；当压缩比 $\varepsilon>0.32$、压缩速度 $v=40\text{m/s}$ 时，平均接触应力呈阶梯式上升，在到达初始峰应力值后，平均接触应力出现下降趋势，随着压缩比增大，进入密实化阶段，平均接触应力开始迅速增大。综上所述，当压缩速度 $v<20\text{m/s}$ 时，压缩速度对平均接触应力影响有限，当压缩速度增大至 $v=40\text{m/s}$ 时，压缩速度对平均接触应力影响较大。

图 3－24 为不同压缩速度下有蒙皮橡胶蜂窝骨架平均平台应力随胞元参数变化关系图。由图可见，当壁厚边长比 $t/l=0.125$ 时，不同扩展角对应的平均平台应力相差较小，表明扩展角对有蒙皮橡胶蜂窝骨架平均平台应力影响较小。当扩展角 $\theta=120^{\circ}$ 时，改变壁厚边长比，平均平台应力随之改变，壁厚边长比 $t/l=0.225$ 时的平均平台应力相较于壁厚边长比 $t/l=0.175$ 时的平均平台应力有较大提升，表明壁厚边长比对有蒙皮橡胶蜂窝骨架平均平台应力影响较大。随着压缩速度的增大，平均平台应力随之增大，且速度越大，增长幅度越大。当扩展角 $\theta=120^{\circ}$、壁厚边长比 $t/l=0.025$ 时，不同压缩速度下平均平台应力增幅较小；当扩展角 $\theta=120^{\circ}$、壁厚边长比 $t/l=0.175$ 时，不同压缩速度下平均平台应力增幅较大。综上所述，胞元壁厚边长比与压缩速度对有蒙皮橡胶蜂窝骨架平均平台应力值影响较大，而胞元扩展角对有蒙皮橡胶蜂窝骨架平均平台应力值影响较

小，这一规律与胞元参数、压缩速度对无蒙皮橡胶蜂窝骨架平均平台应力值影响规律相同。

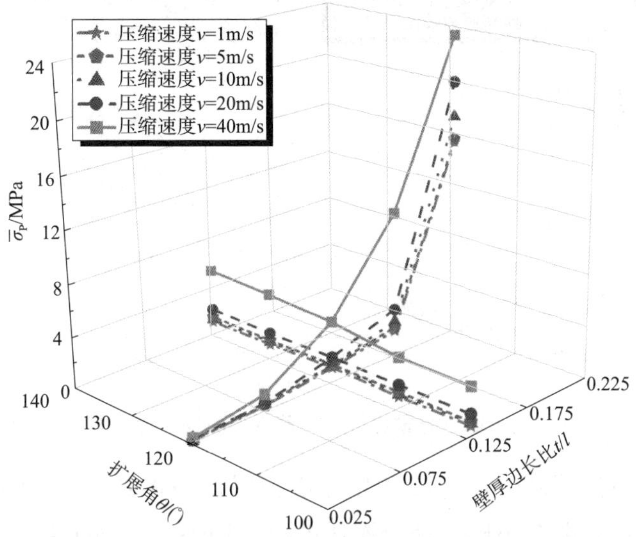

图 3－24　不同压缩速度下有蒙皮橡胶蜂窝骨架平均平台应力－胞元参数关系图

2）有蒙皮橡胶蜂窝骨架面外压缩吸能特性分析

由上文可知，胞元壁厚边长比、压缩速度对无蒙皮橡胶蜂窝骨架面外方向压缩时吸能特性影响较大，胞元扩展角对无蒙皮橡胶蜂窝骨架面外方向压缩时吸能特性影响较小，本小节探究了胞元壁厚边长比、压缩速度对有蒙皮橡胶蜂窝骨架面外压缩吸能特性影响规律。

图 3－25 为胞元边长 $l=4$mm、扩展角 $\theta=120^{\circ}$ 的有蒙皮橡胶蜂窝骨架在面外压缩速度 $v=1$m/s 时，不同壁厚边长比下比吸能与压缩比关系图。由图可见，当压缩比 $\varepsilon<0.32$、壁厚边长比 $t/l=0.075\sim0.225$ 时，比吸能曲线趋势相近，大于壁厚边长比 $t/l=0.025$ 的有蒙皮橡胶蜂窝骨架比吸能值；当压缩比 $\varepsilon>0.32$ 时，壁厚边长比越大，比吸能值增长速率越大；当比吸能值增长到一定值后，增长速率开始放缓，出现一个“拐点”，壁厚边长比越大，“拐点”对应的压缩比越大；随着压缩比进一步增大，比吸能增长速率开始增大，能量吸收速率加快。与无蒙皮橡胶蜂窝骨架比吸能曲线类似，在压缩过程前期，壁厚边长比对有蒙皮橡胶蜂窝骨架比吸能值影响较小，不同的是，有蒙皮橡胶蜂窝骨架比吸能曲线并未出现明显的能量吸收峰值以及平台吸能阶段。综上所述，有蒙皮橡胶蜂窝骨架比吸能曲线与无蒙皮橡胶蜂窝骨架比吸能曲线有明显差异；壁厚边长比越大，有蒙皮橡胶蜂窝骨架能量吸收能力越强。

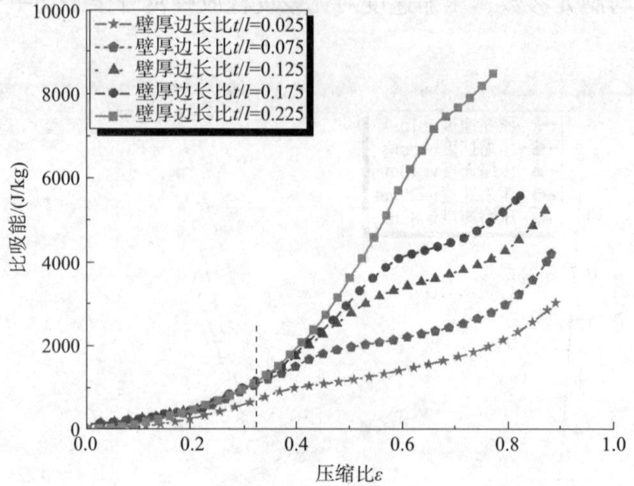

图 3-25 不同壁厚边长比下有蒙皮橡胶蜂窝骨架面外压缩比吸能-压缩比关系图

图 3-26 为胞元边长 $l=4\text{mm}$、壁厚边长比 $t/l=0.125$、扩展角 $\theta=120^{\circ}$ 时，有蒙皮橡胶蜂窝骨架在不同面外压缩速度（$v=1\text{m/s}$、$v=5\text{m/s}$、$v=10\text{m/s}$、$v=20\text{m/s}$、$v=40\text{m/s}$）下比吸能与压缩比关系图。由局部放大图可见，压缩速度越大，在压缩起始阶段比吸能值快速增长幅度越大；压缩速度越大，有蒙皮橡胶蜂窝骨架比吸能值越大，速度越大这一趋势越明显；随着压缩比增大，比吸能值增长速率先增大后减小再增大，压缩速度越大，增长速率开始减小时对应的压缩比越大。与无蒙皮橡胶蜂窝骨架在不同压缩速度下比吸能曲线不同，有蒙皮橡胶蜂

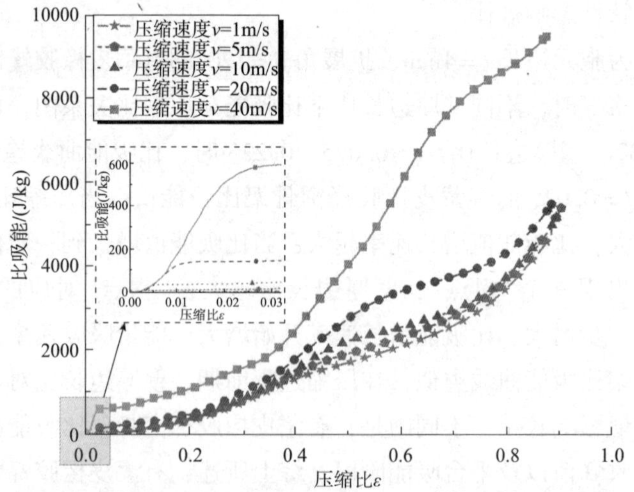

图 3-26 不同压缩速度下有蒙皮橡胶蜂窝骨架面外压缩比吸能-压缩比关系图

窝骨架比吸能曲线并未出现明显的能量吸收峰值，也未出现在经历下降趋势后进入一个平台吸能阶段的现象，有蒙皮橡胶蜂窝骨架比吸能值在不同压缩速度下均为较为稳定的增长。综上所述，在无蒙皮橡胶蜂窝骨架两端覆盖蒙皮后，不同压缩速度下有蒙皮橡胶蜂窝骨架能量吸收特性发生了改变；压缩速度越大，有蒙皮蜂窝骨架比吸能值越大。

3.4 本章小结

本章首先分析了不同压缩方向和不同压缩速度下橡胶蜂窝骨架的变形模式；其次探究了胞元参数、压缩速度对橡胶蜂窝骨架承压性能的影响规律；最后探究了胞元参数、压缩速度对橡胶蜂窝骨架能量吸收能力的影响规律。得到如下结论：

(1)压缩过程中，橡胶蜂窝骨架经历线弹性、平台区、密实化三个变形阶段。面内压缩时，不同的压缩速度会使橡胶蜂窝骨架具有不同的变形模式，当压缩速度为 $v=5\text{m/s}$ 时，橡胶蜂窝骨架整体呈现较为均匀的变形。当压缩速度为 $v=40\text{m/s}$ 时，橡胶蜂窝骨架变形较为剧烈，出现了上部蜂窝胞壁已经相互接触而下部蜂窝骨架还未发生变形的现象。面外压缩时，随压缩速度的增大，蜂窝变形模式不会发生太大改变。

(2)橡胶蜂窝骨架面内压缩平均平台应力随压缩速度的增大而增大；平均平台应力随壁厚边长比的增大而增大，在同一壁厚边长比下，边长越长，平均平台应力值越大；平均平台应力随扩展角的增大而减小。得到橡胶蜂窝骨架平均平台应力与胞元参数的拟合关联式：$\bar{\sigma}_P=(5.945-0.062\theta)\cdot\frac{t}{l}+2.749t-0.044l-0.034$，式中，扩展角 θ 为 $100^\circ\sim140^\circ$；边长 l 为 $2\sim4\text{mm}$；壁厚边长比 t/l 为 $0.025\sim0.225$；该拟合式的计算误差为4.34%。

(3)面内压缩过程中，橡胶蜂窝骨架能量吸收主要发生在平台区阶段，当压缩速度较低时，以蜂窝胞元变形所吸收的能量为主，随着压缩速度的增大，比动能在整个橡胶蜂窝骨架能量吸收中占比明显增大。橡胶蜂窝骨架比吸能值在平台应力区随压缩速度的增大而小幅增大，在密实化阶段能量吸收增长速率相近；比吸能随壁厚边长比增大而增大；压缩进入密实化阶段前，胞元壁厚边长比越大，蜂窝骨架能量吸收速率越大，平台区越短；进入密实化阶段后，壁厚边长比越小，能量吸收速率越大，密实化区越短。扩展角 $\theta<140^\circ$ 时，橡胶蜂窝骨架比吸

能值随扩展角的增大而增大。扩展角 $\theta = 140^{\circ}$ 时橡胶蜂窝骨架比吸能值增长开始变缓并逐步低于扩展角 $\theta = 130^{\circ}$ 的橡胶蜂窝骨架比吸能值。壁厚边长比和扩展角的增加均可提高橡胶蜂窝骨架的能量吸收能力。过小的壁厚和过大的扩展角会降低蜂窝结构的稳定性。

(4)对于橡胶蜂窝骨架，压缩速度对橡胶蜂窝骨架面外压缩时的变形模式、上表面平均接触应力、平均平台应力及能量吸收特性均有明显影响；压缩速度、胞元壁厚边长比越大，橡胶蜂窝骨架承压能力越强，比吸能值越大，而胞元扩展角影响较小。相较于无蒙皮橡胶蜂窝骨架，在胞元两端覆盖蒙皮后，会使其平均接触应力曲线变化更加平缓，使比吸能曲线有明显区别，可见在无蒙皮橡胶蜂窝骨架胞元两端覆盖蒙皮后，会使蜂窝骨架具有更稳定的承压能力和能量吸收能力。

参考文献

[1]刘颖，张新春．胞元微拓扑结构对蜂窝材料面内冲击性能的影响[J]．爆炸与冲击，2008，28(06)：494－502.

[2]刘颖，何章权，吴鹤翔，等．分层递变梯度蜂窝材料的面内冲击性能[J]．爆炸与冲击，2011，31(03)：225－231.

[3]张新春，刘颖，章梓茂．集中缺陷对蜂窝材料面内动力学性能的影响[J]．工程力学，2011，28(05)：239－244.

[4]张新春，刘颖．密度梯度蜂窝材料动力学性能研究[J]．工程力学，2012，29(08)：372－377.

[5]张新春，刘颖，李娜．具有负泊松比效应蜂窝材料的面内冲击动力学性能[J]．爆炸与冲击，2012，32(05)：475－482.

[6]张新春，刘颖．缺陷对金属蜂窝材料面内冲击性能的影响[J]．高压物理学报，2012，26(06)：645－652.

[7]张新春，刘颖，张建辉．金属蜂窝材料的面内冲击响应和能量吸收特性[J]．功能材料，2013，44(15)：2143－2147.

[8]张新春，祝晓燕，李娜．六韧带手性蜂窝结构的动力学响应特性研究[J]．振动与冲击，2016，35(08)：1－7＋26.

[9]韩会龙，张新春，王鹏．负泊松比蜂窝材料的动力学响应及能量吸收特性[J]．爆炸与冲击，2019，39(01)：47－57.

[10]胡玲玲，陈依骊．三角形蜂窝在面内冲击荷载下的力学性能[J]．振动与冲击，2011，30

(05)：226－229＋235.
[11]胡玲玲，尤帆帆．铝蜂窝的动态力学性能及影响因素[J]．爆炸与冲击，2012，32(01)：23－28.
[12]孙德强，宫凯，李国志，等．三角形蜂窝的共面冲击动力学[J]．陕西科技大学学报(自然科学版)，2013，31(01)：98－105.
[13]孙德强，方众望，雷晓东，等．斜方形蜂窝共面冲击力学行为[J]．包装工程，2016，37(19)：1－5.
[14]孙德强，李钟波，谭一，等．三角形蜂窝异面动态压缩仿真研究[J]．包装工程，2020，41(11)：78－84.
[15]孙德强，安兴，谭一，等．正多边形外接填充圆形蜂窝异面动态缓冲性能[J]．包装工程，2021，42(01)：116－123.
[16]孙德强，焦思涵，孙玉瑾，等．圆形蜂窝结构异面冲击性能研究[J]．包装工程，2021，42(11)：143－149.
[17]卢文浩，鲍荣浩．动态冲击下蜂窝材料的力学行为[J]．振动与冲击，2005(01)：51－54＋135.
[18]欧阳昊，成伟．蜂窝铝的面内动态冲击有限元研究[J]．包装工程，2015，36(07)：16－20.
[19]何强，马大为，张震东．分层屈服强度梯度蜂窝材料的动力学性能研究[J]．工程力学，2015，32(04)：191－196.
[20]何强，马大为，张震东，等．功能梯度蜂窝材料的面内冲击性能研究[J]．工程力学，2016，33(02)：172－178.
[21]何彬，李响．一种新型组合蜂窝的抗冲击性能研究[J]．机械设计与制造，2015，(06)：49－51＋54.
[22]李响，周幼辉，童冠．类蜂窝结构的面内冲击特性研究[J]．西安交通大学学报，2017，51(03)：80－86＋110.
[23]邓小林．分层梯变负泊松比蜂窝结构的面内冲击动力学分析[J]．机械设计与制造，2016，(04)：219－223.
[24]侯秀慧，尹冠生．负泊松比蜂窝抗冲击性能分析[J]．机械强度，2016，38(05)：905－910.
[25]尹冠生，姚兆楠．梯度负泊松比蜂窝材料的冲击动力学性能分析[J]．动力学与控制学报，2017，15(01)：52－58.
[26]邓小林，刘旺玉．一种负泊松比正弦曲线蜂窝结构的面内冲击动力学分析[J]．振动与冲击，2017，36(13)：103－109＋154.
[27]邓小林．连续梯变拉胀蜂窝面内冲击动力学性能研究[J]．机械设计与制造，2021，(04)：195－200.
[28]尹艺峰，杜义贤，周鹏，等．凹角蜂窝结构的面内低速冲击力学性能分析[J]．三峡大学

学报(自然科学版)，2017，39(05)：90－94＋2.
[29]胡俊，任建伟，马巍，等．冲击荷载下含随机缺陷的梯度蜂窝材料的力学性能[J]．材料导报，2019，33(16)：2777－2784.
[30]胡俊，任建伟，王爱国，吴德义．非线性梯度胞元分布蜂窝材料的冲击力学响应[J]．材料导报，2019，33(24)：4066－4071.
[31]陈旺龙，胡俊．冲击荷载下类蜂窝结构的动态压缩特性研究[J]．湖北理工学院学报，2021，37(02)：48－52.
[32]马芳武，梁鸿宇，赵颖，等．内凹三角形负泊松比材料的面内冲击动力学性能[J]．振动与冲击，2019，38(17)：81－87＋127.
[33]沈建邦，肖俊华，梁希，等．负泊松比曲边内凹蜂窝结构的面内冲击动力学数值研究[J]．中国机械工程，2020，31(16)：1998－2004.
[34]杨家伦，胡俊．蜂窝铝面内动态压缩性能和吸能特性比较[J]．湖南文理学院学报(自然科学版)，2019，31(04)：58－63.
[35]魏思瑶，李荣隆，王一，等．六边形铝蜂窝共面力学行为与缓冲性能分析研究[J]．机械设计与制造，2020，(10)：126－128＋132.
[36]魏路路，余强，赵轩，等．内凹－反手性蜂窝结构的面内动态压溃性能研究[J]．振动与冲击，2021，40(04)：261－269.
[37]虞科炯，徐峰祥，华林．正弦曲边负泊松比蜂窝结构面内冲击性能研究[J]．振动与冲击，2021，40(13)：51－59.
[38]尤泽华，肖俊华，王美芬．弧边内凹蜂窝负泊松比结构的力学性能[J]．复合材料学报，2022，39(07)：3570－3580.
[39]朱春晓，徐双喜，陈威，等．负泊松比曲边内凹同心蜂窝结构冲击吸能特性研究[J/OL]．武汉理工大学学报(交通科学与工程版)：1－8.
[40]杨泽水，薛玉祥，刘爱荣．三维负泊松比星型结构冲击动力学研究[J]．工程力学，2022，39(S1)：356－363.
[41]刘勇，苏步云，刘浩伟，等．斜冲击下内凹六边形蜂窝结构的面内动态力学响应[J]．高压物理学报，2022，36(04)：135－144.

4　纳米流控系统工作原理及研究进展

纳米流控系统，即纳米流控能量吸收/转换系统（Nanofluidic Energy Absorption/Conversion System，NEAS）由纳米多孔介质与功能流体封装后所构成，可用于能量的吸收或转换。借助于纳米多孔材料巨大的比表面积，该系统的能量转换率可达到40J/cm^3，远高于传统的吸能材料。纳米流控系统可用于实现能量吸收——将机械能转换为成热能和界面能，驱动——将热能或电能转换为机械能，以及能量的收集——将热能或机械能转换为界面能，具有广阔的应用前景。

4.1　纳米流控系统的构成

图4－1所示为封装于密闭容器内的液体和纳米多孔介质在外加载荷作用下的行为及能量流动示意图。当一个疏水性孔道的直径在纳米级时（约0.5～5nm），需要施加约10～200MPa的外部压力才能使非浸润性液体流入其中。当外部压力增长至高于临界渗透压P_{in}后，液相的表面张力被突破，液体开始流入纳米孔道中。此时，外部机械能部分在渗透过程中被转换成固液间的相界面能，部分在输运过程中以热能形式耗散。如果组成该系统的液体和固体多孔材料相互不浸润，那么在外部机械载荷卸载之后，被压入孔道内的液体会部分或全部流出多孔材料的孔道，实现对所存储界面能的释放。该系统的这样一个能量存储和释放的过程就好比弹簧压缩和释放的过程，只是一个存储界面能，一个存储弹性势能，但前者比后者的能量存储率高得多。这样的一个系统是可以多次重复使用的。如果组成该系统的液体和固体多孔材料之间相互浸润，那么当液体在外压作用下进入纳米孔道后，在外力撤离后便不能够流出纳米孔道，这样一个系统只能使用一次，用于能量的吸收，作为吸收器或一次性的减震装置。

纳米流控系统主要由纳米多孔材料与功能流体混合、封装后构成。纳米多孔材料因为有很多纳米孔结构而拥有巨大的比表面积。当纳米多孔材料与功能流体混合后，由于液固两相间表面张力的作用，功能流体在常温常压下不会自发流入

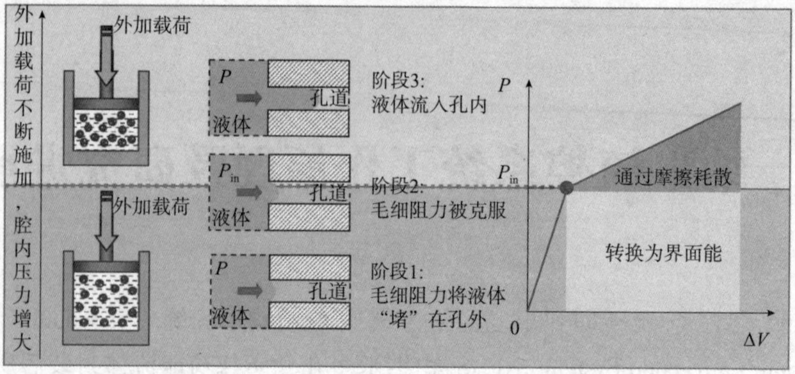

图 4-1 NEAS 在外加载荷作用下的行为及能量流动示意图

纳米孔内。将该混合液封装，并施加一定的压力，当压力大于某个临界压强值 P_{in}，也被称为临界渗透压时，表面张力被突破，功能流体进入到多孔材料孔道中去，进而充满整个纳米孔。在外载荷的作用下，宏观相液体转化成纳米相液体并伴随着大量的液 - 固相界面产生，从而将部分外力功转化为液 - 固界面能储存在纳米流控系统中，以达到能量吸收的目的。

如果液固两相间互相不浸润，即多孔材料与功能流体相互不润湿，那么进入孔道的功能流体在外加载荷撤离后，可以在表面张力能的推动下自发地流出多孔材料的孔道，从而完成一个能量吸收、转换、释放的过程。这样的一个系统具有可重复使用性。

如果液固两相之间是相互浸润的，那么功能流体进入纳米多孔材料孔道后，将无法流出纳米孔道，而永久地滞留在纳米孔道之中。这样一个系统只能用来做一次性的能量吸收装置，不具备可重复使用性。

然而，液固两相间的浸润性并不是一成不变的。通过温度、电场、磁场等外加力场的作用，可以调节液固两相之间的亲疏性，从而获得性能可控的纳米流控系统，使其满足更大范围的应用。

大多数液体和固体间的浸润性会随温度变化产生显著变化。基于热毛细对流效应，热量梯度可以促使液体相进入或流出固体相[1]。液体进入孔道的渗透压 P_{in} 可由杨氏方程 $P_{in}=4\bar{\gamma}/d$ 确定，由于表面张力 $\bar{\gamma}$ 接触角 α 均为温度的函数，渗透压 P_{in} 也是由温度确定的量。当外部压力为常数时，这个常数在某一温度下可能高于当前的 P_{in}，而在另一温度下可能低于当前的 P_{in}，这就使得温度变化成为控制孔道能否浸润、液体能否渗透的“开关”。通过温度的控制与调节，可以驱动流体流入或流出孔道，获得热力驱动的能量吸收/转换系统。以此为基础便可构建新型的蓄能材料，通过热量梯度驱动液体进入或流出孔道，实现热能到界面能的存储和释放，从而实现低品位能的回收。纳米多孔材料巨大的比表面积，可将界面能的总量放大，使得该系统在收集低品位能时的量级达到塞贝克效应的量级。若系统中存在自由载流子的运动和量子感应电荷，通过驱动纳米孔道中的流体流动即可产生稳定的电流。如果纳米孔稍大一些，界面带的离子浓度会随着温度和流速的改变而改变，从而使得热能和机械能以较高的效率转化为电能。

一个设计合理的 NEAS 的能量存储能力可达 100J/g，是传统的能量吸收材料的几十甚至上百倍[2-4]。选择合适的纳米多孔材料与功能流体封装，便可在纳米多孔材料巨大的比表面积上实现机械能与热能、甚至电能的相互高效转换；若能调控好多孔材料孔径分布及其与功能流体的配比，在同一系统中实现对不同等级能量的分段吸收，获得梯级蓄能特性，则可大幅拓展这一高效能量吸收系统的应用范围。

4.2 纳米流控系统工作原理

图 4-2 所示为一个典型的加载/卸载循环压力-容积特性曲线。该压力-容积特性曲线是对 ZSM-5 型沸石与甘油以质量比为 1∶10 混合封装后，在准静态工况下加载、卸载后得到的。在图 4-2 中，加载初期系统压力相对较低时（$A \to B$ 阶段），体积和压力之间的关系接近于线性，其斜率近似体现了多孔材料粉体的压缩性。当压力达到渗透压 P_{in}，对应压力-容积特性曲线上点 B 时，功能流体开始流入多孔材料孔道。P_{in} 定义为斜率与加载初始阶段（$A \to B$ 段）斜率相比变化 20% 后与压力-容积特性曲线的切点处 P 的值。

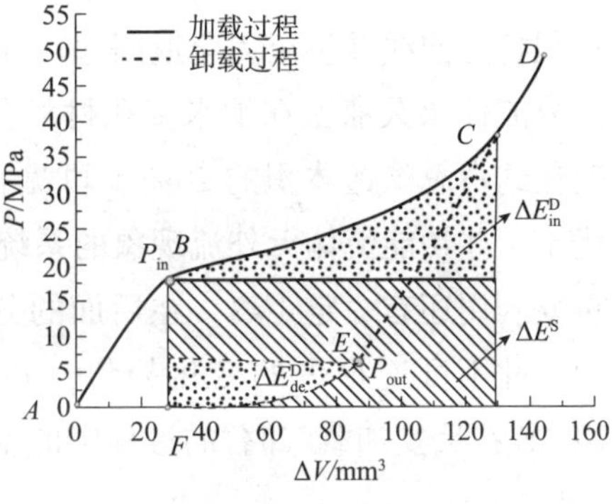

图 4-2 典型的加载/卸载循环压力-容积特性曲线

根据杨氏方程：

$$P_{in} = 4\bar{\gamma}/d \tag{4-1}$$

式中 P_{in}——能量吸收/转换系统的渗透压；

$\bar{\gamma}$——气液界面的等效张力，$\bar{\gamma} = \gamma_{la} \cdot \cos\alpha$，$\gamma_{la}$ 为气液界面张力，α 为液

固相界面接触角；

d——多孔材料孔道的有效特征直径，$d=\bar{D}-2h$，$\bar{D}$ 为多孔材料平均孔径，可通过仪器测量获得，$h=0.14\text{nm}$。

在压力 - 容积特性曲线上，我们可以得到 P_{in} 的值，由此可计算得到该系统的等效表面张力能 $\bar{\gamma}$。

当加载压力大于渗透压 P_{in} 后，随着加载压力的持续增加，越来越多的流体克服了纳米孔壁的阻力渗透进入沸石纳米孔中，如图 4 - 2 中的 $B \to C$ 阶段所示。当纳米孔隙被填满后，系统再次经历线性压缩阶段($C \to D$ 段)，理论上此时斜率接近固相填充液相后的体积弹性模量。

在卸载过程，功能流体分子并不是在刚开始卸压的初期就流出多孔材料孔道。由于多孔材料内壁对流体分子流动的摩擦阻力和固壁的限制作用，流体只有在加载压力低于临界渗出压 P_{out}(点 E)时才开始流出。定义 P_{out} 为斜率与卸载初始线性阶段($D \to E$ 段)斜率相比变化 20% 后与压力 - 容积特性曲线的切点处 P 的值。解吸过程开始后，流体分子在压差和系统界面能的作用下，逐渐从纳米孔中排出。当压力低于点 E 后，系统经历一个平稳的解吸期($E \to F$ 段)，界面能被逐步耗散掉。$E \to F$ 阶段称为解吸平台。当腔体内压力降低至 0.1MPa 时，压力 - 容积特性曲线并没有完全返回起点 A，说明系统存在不可逆的变化，可能是由于部分流体永久滞留在纳米多孔材料孔隙中所致。由图 4 - 2 可以看出，上述体积变化约占总渗透体积的 20%，可见在图例的这个系统中，虽然此系统已经明显优于一些功能流体无外流现象的系统，但此不可逆变化还比较明显，离完全的可重复利用还有一定距离。在后面的分析中，我们将研究在反复加载/卸载的过程中，此不可逆损失的变化趋势，并且通过系统各方面条件的调配，尝试降低 NEAS 在反复加载/卸载的过程中的不可逆损失，提升系统的可重复利用性。

4.3 纳米流控系统研究进展

能量吸收(耗散)系统(NEAS)一般用来减弱或消除外部冲击能量的影响，保护人或者某些核心部件免受冲击载荷的损害。但是，发展能量吸收系统却常受制于其低能量吸收密度，且增强其性能需要复杂的制作工艺，目前的技术水平还远没有达到令人满意的性价平衡的程度。

纳米流控研究目前在离子分离、分子检测、药物运输和可再生能源等领域的应用已经取得了较大的进展。近年来，基于纳米流控行为的能量吸收耗散系统的设计方案引起了研究者的高度重视。由纳米多孔介质和功能流体组成的系统在储存或耗散外部冲击能量方面的巨大潜力吸引了无数的研究者对其进行研究工作。具有更高能量吸收密度的纳米流控系统的开发依赖于纳米流体技术的进一步发展，对纳米多孔介质孔径及表面性质的调控、对纳米尺寸下液固相间相互作用的内在机理的掌握，都将为纳米流控系统的应用打下有力的基础。

20 世纪 90 年代中期，研究者通过实验尝试探索由疏水多孔材料和水组成的热力学系统是纳米流控系统的雏形。在 1994 年，Gusev[5] 研究了毛细管疏水系统中的永久滞后现象，获得了与系统平衡物理特性、能量交换和内部熵产相关的能量和熵平衡表达式。在随后的工作中，研究者们尝试使用多孔硅、沸石、MCM-41 等不同疏水纳米多孔介质组成 NEAS，揭示流体的渗透体积、渗透压与对应的物理应力之间的关系。Fadeev 等[6] 利用水孔隙率测定技术研究水浸入到烃基硅烷疏水性二氧化硅孔内的流动特性，推断出纳米材料的表面疏水性决定了水在进出一个二氧化硅孔时的渗透/解吸压。Martin 等[7] 对疏水性 MCM-41 硅胶材料进行了类似的渗透/解吸研究，发现通过在合成过程中改变表面活性剂的链特性和链长度，可控制 MCM-41 的疏水性、孔径和渗透压。Trzpit 等[8,9] 使用 MFI 型沸石与水获得了一个类似“分子弹簧”的系统，在实验室实现了机械能几乎无损地储存和释放。Eroshenko 等[10] 测试了由纯硅沸石组成的系统，观察了在加载和卸载等温线上的滞后现象，其最新实验结果证实了通过界面扩展方式积累、释放和耗散机械能的可能性，他们在疏水性沸石与水接触情况下的研究成果为能量转换领域开辟了新的应用前景。哥伦比亚大学的 Chen 和 Qiao 等在这个领域进行了大量的实验和数值模拟工作，扩展了耗散机械能的能量系统并提出了液体-纳米多孔介质能量吸收/转换系统的概念[11]。近几年，清华大学的 Sun 等[12-15] 通过实验研究了电解质溶液在沸石孔道中的渗入及流出过程，在如何提高液体的流出率、提升系统的可重复使用性方面进行了有益探索。北大的 Liu、Cao 等使用分子动力学模拟方法深入研究了不同流率下水在碳纳米管中的渗透行为[16-18]，他们将水分子渗入孔道的过程定义为正向过程和反射过程两个阶段，从机械波传播的角度解读了水分子在碳纳米管内的能量耗散过程，为该领域的分子动力学研究方法提供了新思路。

下面将通过实验研究与数值模拟研究两部分，介绍纳米流控系统的研究现状。

4.3.1 实验研究进展

早在20世纪90年代中期，已有实验尝试探索由疏水多孔材料和水组成的热力学系统。在1994年，Gusev[1]研究了毛细管疏水系统中的永久滞后现象，获得了与系统平衡物理特性、能量交换和内部熵产相关的能量和熵平衡表达式。Eroshenko等[19]在1995年报道其做了相似的工作，即让不润湿液相在外力作用下浸入和流出表面疏水纳米固体的内部孔隙。在他们的研究工作中，对沉积在固体表面的化学组分对渗透压大小的影响进行了实验研究。

在随后的工作中，研究者们研究了受迫进入疏水纳米多孔固体的渗透压和渗透体积，这些纳米多孔材料包括硅胶、β型沸石、菱沸石、MCM－41二氧化硅等，揭示了流体渗透体积及其与渗透压对应的物理应力之间的关系。Fadeev等[6]介绍了利用水孔隙率测定技术研究水浸入到烃基硅烷疏水性二氧化硅孔内的流动特性。他们研究了不同疏水性类型的多孔二氧化硅，推断出纳米材料的表面疏水性决定了水在进出一个二氧化硅孔时的渗透/解吸压。Martin等[7]对疏水性MCM－41硅胶材料进行了类似的渗透/解吸研究。在一系列机械应用中，他们发现合成的MCM－41呈现了预期的稳定性：通过在几周内不断地重复水/吸附剂系统，得到系统的渗透/解吸结果是可重复的。他们也发现通过在合成过程中改变表面活性剂的链特性和链长度，可轻易地控制MCM－41的疏水性、孔径和渗透压。

Trzpit等[8,9]研究了在纯二氧化硅MFI－型沸石中的水吸附，观察到在液压大约为100MPa时水开始渗透进入沸石孔隙中；在降压过程中，水在相似的压力下解吸流出。这样水－沸石系统组成了一个分子弹簧，能无损地储存和释放机械能。为了增加系统可储存的机械能，沸石的内部孔容积通过使用炭黑或表面活性剂得到加强。中孔和大孔的存在改善了沸石中水的压缩特性，微孔体积的增加导致在高液压下渗透水量的增加，因而储存的能量比常规的沸石要多。此外，对室温下疏水性纯硅菱沸石的水渗透/解吸等温线的测试表明，系统在第一个和其余渗透/解吸循环中的压力－容积曲线上呈不同表现，这是由于在第一次渗透后水分子与无机结构之间产生了相互作用。

尽管分子弹簧的渗透/解吸过程在压力－容积等温线中可以认为是准可逆的，但是在某些条件下比如当纳米孔表面有表面活性剂的层沉积缺陷时，液相渗透/解吸疏水性多孔材料的过程是不可逆的。大多数情况下，渗透/解吸压的大小不等，导致等温线存在一定的滞后。理论上认为在压力－容积等温图中被这条滞后线所包围的封闭区域的面积等于通过液固相间摩擦消耗的外部机械能部分。在水浸入 MCM－41 硅胶实验中，Martin 等[7]注意到 MCM－41 孔尺寸的分散性造成了渗透压分散，这导致了在最终的压力－容积图中等温线存在明显的滞后。在纳米尺度下控制渗透压极其分散将使得我们可以建造一定的耗散设备，其结构可以使被保护系统在恒定或准恒定强度下免受冲击；以上研究表明应用表面优化的 MCM－41 材料的机械能耗散系统具有巨大的潜力。

这些新理念自从提出后引发了越来越多人的研究兴趣。Eroshenko 等[10]测试了由纯硅沸石组成的系统，观察了在加载和卸载等温线上的滞后现象，其最新实验结果证实了通过界面扩展方式积累、释放和耗散机械能的可能性。他们在疏水性沸石与水接触情况下的研究成果为能量转换领域开辟了新的应用前景。Chen 和 Qiao 等(哥伦比亚大学)扩展了耗散机械能的能量系统并提出了纳米流控能量吸收系统(NEAS)的概念，对已经进行过表面优化的 MCM－41、ZSM－5 沸石和二氧化硅进行了能量转换研究，结果表明通过化学基团改良的纳米孔存在非常强的疏水性，在相应的压力体积图上可以看到明显的加载平台，并且可以观察到明显的滞后现象；用二氧化硅和不同浓度的电解质水溶液的准静态负载测试提供了 NEAS 能实际耗散外部机械冲击的可靠证据。

近几年，清华大学的 Sun 等通过实验研究了电解质溶液在沸石孔道中的渗入及流出过程，在如何提高液体的流出率、提升系统的可重复使用性方面进行了有益探索；研究发现，NaCl 溶液浓度的提升会提高液体的流出率[15]；添加 NaOH 溶液会增加 ZSM－5 型沸石内的表面 Si—OH 键，抑制液体的流出[14]；而纳米孔道内的滞留气体将会因停留时间的长短不同而抑制或促进液体的流出[20]；同时通过实验研究了填充纳米孔材料功能化液体的钢管在准静态和动态条件下的挤压行为，结果表明，纳米孔材料功能化液能提高薄壁管的承载能力和能量吸收能力，但会影响屈曲模式[21]。Zhao 等[22]基于沸石颗粒(ZSM－5Zeolite)＋电解质溶液(NaCl，KCl)系统，发现加入电解质会提高纳米孔的临界压强值，而且加入 KCl 比 NaCl 的效果更加明显。Han 等[23]基于纳米多孔硅胶颗粒＋甘油溶液系统，发现模型中纳米孔的临界压强值将随着甘油溶液浓度的上升而下降。

在影响 NEAS 性能的基本参数中，系统温度是最容易操作的。大多数液体和固体间可浸润性(可由交会角 α 描述)会由于温度变化产生显著变化[24]。基于热毛细对流效应，热量梯度通常被用于促使液体相进入或流出固体相。Shirtcliffe 等[25]的实验表明，在纳米多孔材料 MTEOS 溶胶温度从 390℃升到 400℃，材料表面从超疏水性转变为超亲水性。对于压力导致的水浸入沸石过程，相关实验报道其渗透压是温度的函数，温度导致了液相浸润性的变化。Zhang 等[26]在室温到 75℃范围内对甘油－MFI 型沸石系统的能量转换特性进行了测试，发现温度的升高会改变液固间接触角，提高甘油的流出率，从而有效提升系统的能量耗散率和可重复使用性。Surani 等[27]通过实验测试了疏水性沸石中纳米流体的热效应，他们发现：当系统温度很低时，在外界压力下受迫浸入/流出纳米多孔沸石的水呈现出弹性的压力－容积关系，当温度变化时渗透压也显著变化；整个液固混合物的热力温度变化在渗透和解吸时有所不同，表明系统热能的变化也有所不同。在相关实验研究中，设计能够自动连续地测量纳米固液混合物的体积和热量变化的实验系统，并实现恒温及变温的实验条件，以便获取更精确的第一手实验信息，对发展纳米能量转换系统有着至关重要的作用。X. Kong 等[28]研究了由疏水介孔二氧化硅颗粒浸没于水中后，热效应对系统能量吸收效率的影响。随着温度的升高，虽然渗透压力仅略有下降，可达孔隙体积基本保持不变，但系统的可采收率可以显著提高，这主要是由于出水压力的增加。

外部载荷加载速率的变化极大程度上影响着液体在纳米孔道入口处的渗透压及其在孔道内的输运行为。在高速外加载荷作用下，纳米孔道内液体流速将增大，液体进入纳米孔道的松弛时间会减小，这都将影响液体入孔的渗透压。液相在纳米孔道内的传输过程也与液体流率密切相关。纳米流控系统重要的应用之一便是用于防护冲击载荷，因此相关的动态压缩响应实验结果对其实际应用具有更重要的指导意义。但是由于实验技术的限制，目前关于纳米流控系统的高应变率变形响应的实验研究还较少。材料的冲击实验通常采用落锤实验(低应变率)和霍普金森杆(Hopkinson bar)撞击实验(高应变率)。Surani 等[29]分别对不同孔径尺寸的材料进行了霍普金森压杆实验测试，发现孔径对动载荷加载的响应差异并不明显。Sun 等[12]通过实验对比了水－β 型沸石系统在准静态与低速冲击载荷作用下的能量吸收特性，其研究结果表明动载荷的作用将有效延长液固作用时间并降低力的峰值，能量耗散率远高于准静态的载荷下的能量吸收能力。Zhang 等[30]通过一系列实验，研究了加载速率和系统温度对气液相互作用的影响。结果表明，需要真空脱气预处理才能获得可逆、稳定的吸能系统。此外，气体对液体/纳米孔系统的影响主要作用于液体流出。

此外，有研究者将磁流变液作为功能流体进行研究，Zhang 等[31]通过向多孔材料中填充磁流变液，利用 MTS 测试系统和尼龙分离式霍普金森压杆，研究了该材料在不同应变率和磁场强度下的压缩行为和能量吸收特性，结果表明在磁场的作用下，材料的能量吸收显著提高；同时磁流变流体的能量耗散机制主要有骨架变形、黏滞流动和磁流变效应三种。Talebizadehsardari 等[32]通过实验研究磁场对水－碳纳米管(CNT)/磁铁矿（Fe_3O_4)纳米流体流变行为的影响，发现外部磁场的存在导致水－碳纳米管(CNT)/磁铁矿(Fe_3O_4)纳米流体的黏度增加。

实验研究方法通常只能获得纳米流控系统的宏观载荷－变形关系曲线($P-\Delta V$曲线)，却无法像常规材料那样直接获取系统对外载荷的微观响应(例如：液－固相互作用的具体过程)；另外，在实验研究中所能准确控制和测量的微观参量也非常有限(例如：现有的纳米材料的制备和测试技术中只能提供纳米孔的大致尺寸分布，而无法准确地反映纳米孔的孔壁形貌、表面吸附等对液体流动行为以及液－固界面能的影响)，因此无法完全通过实验手段准确了解纳米流控系统的吸能耗散机制。借助理论计算模拟研究可以有效填补这一空白。通过研究单一系统参量对纳米流控系统吸能耗散行为的影响，实现对系统吸能响应中所涉及的基本科学问题的更系统的研究。理论计算研究结果可以为实验研究提供有效指导，以节省实验所耗费的人力、物力和财力。

4.3.2 数值模拟研究进展

要想使纳米多孔材料有更加广泛的应用，就要求掌握先进的模拟技术从而加速整个探索过程。分子动力学模拟可以解释原子尺寸下离子相互作用的本质，相对于实验方法亦可成为探索流体性能的有效手段。

分子动力学(Molecular Dynamics，MD)模拟是一系列用来描述微观结构的计算技术，既可以根据分子间的作用力来模化或者模拟分子行为，又可以用来模拟经典多元系统的特性。在MD中，可以利用经典牛顿力学来决定随时间发展的原子或分子的运动轨迹。这种可计算聚合体和单个粒子位置和速度的模拟方法可用来估算系统的宏观特性。

在20世纪50年代中期第一次提出后，MD已经广泛地应用于各种领域，例如物理化学、材料科学、纳米流控学、溶液、聚合物熔体、多相和热力传输等，这些系统当中分子数目可以从几个到数百万。在现代计算机的辅助下，能用数值方法计算数千分子/粒子的运动方程，然后用统计力学理论获取关心的物理参数，例如温度、压力和密度。

MD模拟也提供了一种关键的计算要素来研究渗透、吸附以及纳米多孔材料中的气体选择性，因为它们都涉及分子力，不能用连续理论方法来直接解决。作为一种分子尺度下的基本研究方法，MD能直接明了地解决这些问题。MD方法已被用于研究纳米孔流体的各种统计学和动力学特性，研究者们研究了非极性、极性和电解质溶液和纳米多孔材料的渗透、解吸、离子交换和气体分离特性。

作为分子动力学模拟的一种替换，依赖重复随机选取系统状态来获得计算结果的蒙特卡罗(Monte Carlo，MC)方法也是一种非常重要的分子计算技术。MC方法已在计算物理、物理化学和相关应用领域中广泛使用。MD 和 MC 模拟都有自己独特的长处和优点，其性能依赖于所模拟系统和其特性。MD 随着时间的演进，注定是一种解决单个分子运动方程的方法；而常规的 MC 方法通常是时间独立地、随机地对一系列给定原子/分子运动进行随机抽样，根据其组态能级选择相应的原子/分子。MD 通过解运动方程决定每个原子/分子的位置，而 MC 方法对运动随机采样，因此一般需要更少的计算时间。然而如果有大量的随机运动因为组态能级过低被丢弃(例如密集流体)，计算时间也会相应增加。进一步来说，MD 可以用来计算有固定分子数的系统动力特性，而常规的 MC 方法不能确定这些特性，在 MC 模拟中计算系统的粒子数量是随时间变化的。两种方法的精确度依赖于势函数的精确度，因此选取合适的势函数就显得相当的重要，并且 MC 方法更适于中等密度流体的模拟，而 MD 在模拟高密度流体下更有优势，例如在高压下气体或液体的流动。

另一种非常重要的分子模拟技术是密度函数理论(Density Functional Theory, DFT)。DFT 是一种研究多元系统电子结构(主要是基态)的量子力学理论，其主要研究对象为原子、分子和冷凝相。DFT 的计算成本与以完整多电子波函数为基础的传统模拟技术相比是相当低的。在许多情况下 DFT 对固态系统计算结果与实验数据也符合得很好，这使得 DFT 在冷凝质物理、计算物理和计算化学方面成为一种最流行和通用的计算方法。然而，即使在模化物质的交换和相互作用力方面已经做了很大的改进和优化，应用 DFT 方法的一个重要的问题依然是其精确性不能令人满意。密度函数理论在适当地描述分子间的相互作用时仍然存在困难，尤其是范德华力—其被认为在影响受限纳米空间内流体传输特性是很重要的。

目前 MD 是研究 NEAS 吸能耗散行为广泛采用的计算模拟方法。Cao 等[33,34]建立了包含碳纳米管(CNT)和水的单孔模型，研究了 NEAS 的临界渗透压强(P_{in})与纳米孔径(R)之间的关系以及 NEAS 的基本吸能机制。基于类似的 NEAS 模型，Liu 等[35]和 Zhao 等[36,37]研究了液体温度对水对纳米通道浸润行为的影响，发现纳米通道 P_{cr} 会随着温度升高而降低，这种温度效应还与 R 相关。随后，为了考虑纳米孔底部对 NEAS 吸能行为的影响，Liu 等[16,38,39]在纳米通道的底部加入一个刚性挡板来模拟孔底部对冲击波反射行为。

纳米通道的形状、孔壁表面粗糙度以及纳米孔和液体环境的化学组分对 NEAS 的吸能耗散行为都有影响，为了研究这些因素的影响，NEAS 模型也随之进行了相应的改变。例如：Goldsmith 等[40]和 Liu 等[41]改变了纳米通道的形状，研究了在外载荷作用下水在具有一定锥度的纳米通道中的浸润和传输行为。Hu

等[42]采用了由不同半径的 CNT 通过接口直接接合而成的变截面的纳米通道，模拟了几何上更为真实的纳米孔。在稳态纳米流动中，Joseph 和 Aluru[43]首先报道了粗糙纳米通道壁面可以显著降低液体的稳态流动流速，Xu 等[44]随后也发现了发现水分子在 CNT 内流动时受到的壁面剪应力随表面粗糙度的增大而明显增大；但是，在冲击载荷作用下，渗透入纳米通道的液体密度要低于稳态流体，液体分子偏离液 - 固平衡位置，因此液 - 固之间的摩擦效应也要显著低于稳态流体。MD 模拟结果也显示：在一定范围内增大纳米通道管壁的粗糙度，虽然液体稳态流动已经受到影响，但并不影响冲击载荷作用下渗透液体的行为；如果再进一步提高壁面粗糙度，可能不仅不能够有效提高吸能密度，还会影响系统的卸载响应，导致部分液体在卸载后无法流出纳米通道。

研究者们也考虑了不同种类功能流体对 NEAS 性能的影响，并通过数值计算进行了研究。Liu 等[45-47]和 Zhao 等[48]研究了在水溶液中加入不同电解质离子(正离子 Li^+、Na^+、K^+、Cs^+ 和负离子 F^-、Cl^-、Br^-)对极性二氧化硅纳米孔的浸润性以及在孔中的传输行为，发现纳米孔的渗透压强随着离子几何尺度的增大而减小。Liu 和 Cao[38]在 NEAS 模型中引入了甘油溶液，发现甘油的引入可以显著地提高 NEAS 的能量吸收密度(比纯水的 NEAS 高 3 倍)，但是甘油溶液对纳米孔的临界渗透压强(P_{in})值也明显高于纯水。

Ganjiani 等采用分子动力学模拟方法，研究了中速负载下纳米流体能量吸收系统(NEAS)[49]，研究了碳纳米管中手性载体对 NEAS 性能的影响[50]，研究了碳水相互作用中 Lennard - Jones 势的能量(ε)和距离(σ)参数对纳米流体能量吸收系统(NEAS)的影响[51]。Esmaeilzadeh 等[52]利用分子动力学方法研究疏水性对碳纳米管(CNTs)中水流的影响，研究发现，碳纳米管表面的疏水性对碳纳米管中水流的压降有显著影响。Panahi 等采用分子动力学模拟方法研究了碳纳米管手性对嵌入硅纳米通道中碳纳米管水电动力学输运的影响[53]。

为了有效模拟在 NEAS 卸载过程中可能发生的热量交换，Liu 和 Cao[17]建立了一个可以实现液 - 固之间的热量交换的新的参考模型。Xu 等[54, 55]，Hu 等[42]，Liu 等[17,39]通过引入一个脉冲压强载荷或初始冲击动量来实现模拟真实的冲击载荷，研究了冲击载荷作用下 NEAS 的能量吸收耗散机理。

目前已报道的关于 NEAS 吸能耗散行为的计算模拟研究主要集中于一些结构简单的理想模型(例如：CNT 和水、电解质溶液或甘油溶液)，虽然可以对 CNT 管壁进行一定的粗糙化处理，但仍然和实验中所采用的纳米多孔颗粒中的纳米孔有较大的区别，这给计算模拟带来了误差。为提高 NEAS 模拟精度，还需要在以下几方面做出努力：

(1)需要进一步发展多尺度混合算法并提高计算效率。

目前计算模拟中的孔径远小于实验中通常选用的纳米多孔颗粒中的纳米孔径(10nm以上)，这主要是由于目前的计算模拟研究大多采用基于经验势函数的MD模拟，而MD模拟研究比较大的系统比较困难：如果模拟直径为10nm、长度为50nm的纳米孔(为目前纳米孔的5倍)，所需要的液体系统(液体分子数)将至少要增大25倍，按照每个分子6个自由度，仅考虑模拟空间的增大就使得计算代价将至少增大150倍，如果再考虑模拟时间延长产生的计算代价(例如：计算时间达到1 μs)，这就使得MD方法无法模拟液体对接近真实尺度的纳米孔的渗透行为。需要进一步发展多尺度混合算法并提高计算效率，例如：采用粒子法(SPH)和MD结合，在靠近孔壁处采用MD方法，远离孔壁处采用粒子法。

(2)需要充分考虑气体对液体进出孔的影响。

目前计算模拟中的纳米孔均采用近似真空处理，而真实纳米孔往往存在气体，而且由于实验中纳米孔体积较大，其中气体对纳米孔渗透行为会有显著影响。因此，要较为准确地模拟孔中气体的影响，必须要模拟孔径足够大的纳米孔，这就需要通过多尺度混合的方法来实现。

(3)应考虑纳米孔壁的电负性、系统温度变化以及液－固热传递对纳米孔渗透的影响。

目前计算模拟中采用的纳米孔多为电中性，它的临界渗透压强主要由纳米孔的孔径和液体表面张力决定，而在实验中采用的纳米多孔材料中的纳米孔多有电负性，这就使得NEAS临界渗透压强的确定比较复杂；另外，目前模拟中的纳米孔壁多采用绝热假设(即液体与固体孔壁之间不存在热传递)，但是在实验中液－固之间的热传递是不可避免的，而且我们认为NEAS所吸收的机械功最终要耗散为热量，特别是在重复吸能过程中，液体的温度可能要升高，这也会明显影响NEAS临界渗透压强，可能会使得初始的非浸润状态变为浸润状态，可能造成NEAS失去多次重复吸能的能力。因此，纳米孔壁的电负性、系统温度变化以及液－固热传递对纳米孔渗透的影响必须在计算模拟中能够有效考虑。

(4)多孔材料的吸能行为与单孔吸能行为之间的关系需进一步明确。

目前计算模拟中均采用单孔模拟，即假设多孔材料的吸能行为是单孔吸能行为的简单线性叠加，虽然目前普遍认为这种假设是合理的，但仍需要进一步的计算模拟验证。

为了更为有效地指导NEAS的材料设计，计算模拟中采用的纳米孔模型必须要更接近其真实结构、真实加载条件，必须要克服上述问题和困难，这也为我们将来的计算模拟工作提出进一步的挑战和目标。

参考文献

[1]Pratap V, Moumen N, Subramanian R S. Thermocapillary motion of a liquid drop on a horizontal solid surface[J]. Langmuir, 2008, 24(9): 5185 - 5193.

[2]Chen X, Surani F B, Kong X, et al. Energy absorption performance of steel tubes enhanced by a nanoporous material functionalized liquid[J]. Applied physics letters, 2006, 89(24): 241918.

[3]Ortiz G, Nouali H, Marichal C, et al. Energetic performances of "ZIF - 71 - Aqueous solution" systems: a perfect shock - absorber with water[J]. The Journal of Physical Chemistry C, 2014, 118(37): 21316 - 21322.

[4]Li M, Lu W. Liquid marble: a novel liquid nanofoam structure for energy absorption[J]. AIP Advances, 2017, 7(5): 055312.

[5] Gusev V. Y. On thermodynamics of permanent hysteresis in capillary lyophobic systems and interface characterization[J]. Langmuir, 1994, 10(1): 235 - 240.

[6]Fadeev A, V Eroshenko. Study of penetration of water into hydrophobized porous silicas[J]. J. Colloid Interface Sci, 1997, 187: 275 - 282.

[7]Martin T, et al. Dissipative water intrusion in hydrophobic MCM - 41 type materials[J]. Chem Commun, 2002: 24 - 25.

[8]Trzpit M, M Soulard, J Patarin. Water intrusion in mesoporous silicalite - 1: An increase of the stored energy[J]. Micropor Mesopor Mat, 2009, 117(3): 627 - 634.

[9]Trzpit M. l, et al. Pure Silica Chabazite Molecular Spring: A Structural Study on Water intrusion - extrusion processes[J]. J. Phys. Chem. B, 2008, 112: 7257 - 7266.

[10]Eroshenko V, et al. Energetics: a new field of applications for hydrophobic zeolites[J]. J. Am. Chem. Soc, 2001, 123: 8129 - 8130.

[11]Chen X, Qiao Y. Science and prospects of using nanoporous materials for energy absorption[J]. MRS Online Proceedings Library Archive, 2007: 95 - 105.

[12]Sun Y, et al. A candidate of mechanical energy mitigation system: Dynamic and quasi - static behaviors and mechanisms of zeolite β/water system[J]. Materials & Design, 2015. 66, Part B (0): 545 - 551.

[13]Sun Y, et al. Experimental Study on Energy Dissipation Characteristics of ZSM - 5 Zeolite/Water System[J]. Advanced Engineering Materials, 2013. 15(8): 740 - 746.

[14]Sun Y. T, et al. Effect of Pretreatment Temperature and Sodium Chloride Concentration on Energy Dissipation Characteristics of ZSM - 5/Water System[J]. Journal of Inorganic Materials, 2014. 29(5): 523 - 528.

[15] Sun Y, et al. Mechanism of Water Infiltration and Defiltration through ZSM－5 Zeolite: Heating and Sodium Chloride Concentration Effect[J]. Journal of Nanomaterials, 2013.

[16] Liu H, G Cao. Effects of impact velocity on pressure－driven nanofluid[J]. The Journal of Chemical Physics, 2013. 139(11): 114701.

[17] Liu H, G Cao. Reusable Energy Absorption Performance Based on Nanofluidic Systems[J]. The Journal of Physical Chemistry C, 2016. 120(9): 5213－5220.

[18] Liu H, G. Cao. Interaction between Mechanical Wave and Nanoporous Energy Absorption System [J]. The Journal of Physical Chemistry C, 2013. 117(8): 4245－4252.

[19] Eroshenko, V. A, A. Y. Fadeev. Intrusion and extrusion of water in hydrophobized porous silica [J]. Colloid J, 1995. 57(4): 446－449.

[20] Sun Y, et al. Time－dependent Gas－liquid Interaction in Molecular－sized Nanopores[J]. Sci. Re, 2014: 4.

[21] Sun Y, et al. Crushing of circular steel tubes filled with nanoporous－materials－functionalized liquid[J]. International Journal of Damage Mechanics, 2018, 27(3): 439－450.

[22] Zhao J, et al. Experimental study on energy dissipation of electrolytes in nanopores[J]. Langmuir, 2009, 25(21): 12687－12696.

[23] Han A J, Lu W Y, Punyamurtula V K, Chen X, Surani F B, Kim T, Qiao Y. Effective viscosity ofglycerin in a nanoporous silica gel[J]. Journal of Applied Physics, 2008a, 104: 124908.

[24] Kataoka D. E, S. M. Troian. Patterning liquid flow on the microscopic scale[J]. Nature, 1999, 402(6763): 794－797.

[25] Shirtcliffe N. J, et al. Porous materials show superhydrophobic to superhydrophilic switching[J]. Chem. Commun, 2005, (48): 3135－3137.

[26] Zhang Y, et al. Experimental study on thermal effect on infiltration mechanisms of glycerol into ZSM－5 zeolite under cyclic loadings[J]. Journal of Physics D: Applied Physics, 2016, (49): 025303.

[27] Surani F. B, Y Qiao. Pressure induced infiltration of an epsomite－silica system[J]. Philos. Mag. Lett, 2006, 86: 253－260.

[28] Kong X, Qiao Y. Thermal effects on pressure－induced infiltration of a nanoporous system[J]. Philosophical magazine letters, 2005, 85(7): 331－337.

[29] Surani F. B, et al. Energy absorption of a nanoporous system subjected to dynamic loadings[J]. Applied Physics Letters, 2005, 87(16): 151919.

[30] Zhang Y, Luo R, Zhou Q, et al. Effect of degassing on the stability and reversibility of glycerol/ZSM－5 zeolite system[J]. Applied Sciences, 2018, 8(7): 1065.

[31] Zhang X W, Tao Z, Qian Z Y. Experimental study on the energy absorption of porous materials filled with magneto－rheological fluid[J]. International Journal of Impact Engineering, 2019, 133: 103347.

[32] Talebizadehsardari P, Shahsavar A, Toghraie D, et al. An experimental investigation for study the rheological behavior of water – carbon nanotube/magnetite nanofluid subjected to a magnetic field[J]. Physica A: Statistical Mechanics and its Applications, 2019, 534: 122129.

[33] Cao, G, et al. Infiltration Behavior of Water in a Carbon Nanotube under External Pressure[J]. Philosphical Magazine Letters, 2008, 88: 371 – 378.

[34] Cao, G, et al. Water infiltration behaviours in carbon nanotubes under quasi – static and dynamic loading conditions[J]. Molecular Simulation, 2008, 34(15): 1267 – 1274.

[35] Liu L, et al. Thermally Responsive Fluid Behaviors in Hydrophobic Nanopores[J]. Langmuir the Acs Journal of Surfaces & Colloids, 2009, 25(19): 11862 – 11868.

[36] Zhao J, et al. Experimental study on energy dissipation of electrolytes in nanopores[J]. Langmuir the Acs Journal of Surfaces & Colloids, 2009, 25(21): 12687.

[37] Zhao J, et al. Thermal effect on the dynamic infiltration of water into single – walled carbon nanotubes[J]. Physical Review E Statistical Nonlinear & Soft Matter Physics, 2009, 80(1): 061206.

[38] Liu H, G Cao. Super Energy Absorption System Based on Nanofluidic Glycerol Solution[J]. Journal of Physical Chemistry C, 2014, 118(43): 25223 – 25233.

[39] Liu H, G Cao. Effectiveness of the Young – Laplace equation at nanoscale[J]. Scientific Reports, 2016, 6: 23936.

[40] Goldsmith J, C. C Martens. Pressure – induced water flow through model nanopores[J]. Physical Chemistry Chemical Physics, 2009, 11(3): 528.

[41] Liu L, et al. Mechanisms of water infiltration into conical hydrophobic nanopores[J]. Physical Chemistry Chemical Physics Pccp, 2009, 11(30): 6520 – 6524.

[42] Hu D, et al. The impact mitigation of a heterojunction nanotube – water system: behavior and mechanism[J]. Physical Chemistry Chemical Physics, 2016, 18(10): 7395 – 7403.

[43] Joseph S, N. R Aluru. Why Are Carbon Nanotubes Fast Transporters of Water? [J] Nano Letters, 2008, 8(2): 452 – 458.

[44] Xu B, et al. Effect of wall roughness on fluid transport resistance in nanopores[J]. Journal of Chemical Physics, 2011, 135(14): 144703.

[45] Liu L, et al. Infiltration of electrolytes in molecular – sized nanopores[J]. Physical Review Letters, 2009, 102(18): 184501.

[46] Liu L. Nanofluidics: Fundamentals and applications in energy conversion[J]. Dissertations & Theses – Gradworks, 2010.

[47] Liu L, et al. Effects of anion size and concentration on electrolyte invasion into molecular – sized nanopores[J]. New Journal of Physics, 2010. 12(3): 033021.

[48] Zhao J, et al. Electrolyte solution transport in electropolar nanotubes[J]. Journal of Physics Condensed Matter An Institute of Physics Journal, 2010, 22(31): 315301.

[49] Ganjiani S H, Hossein Nezhad A. Molecular Dynamics Simulation of the Nanofluidic Energy Absorption System Under Mid - speed Loading[J]. Iranian Journal of Science and Technology, Transactions of Mechanical Engineering, 2019, 43(1): 1005 - 1011.

[50] Ganjiani S H, Nezhad A H. Molecular dynamics simulation of a nanofluidic energy absorption system: Effects of the chiral vector of carbon nanotubes[J]. Physical Chemistry Chemical Physics, 2018, 20(7): 5140 - 5148.

[51] Ganjiani S H, Hossein Nezhad A. Molecular Dynamics Simulation of the Effects of the Carbon - Water Interaction Parameters on the Nanofluidic Energy Absorption System[J]. The Journal of Physical Chemistry C, 2016, 120(22): 11864 - 11870.

[52] Esmaeilzadeh H, Su J, Charmchi M, et al. Effect of hydrophobicity on the water flow in carbon nanotube—A molecular dynamics study[J]. Theoretical and Applied Mechanics Letters, 2018, 8(4): 284 - 290.

[53] Panahi A, Sadeghi P, Akhlaghi A, et al. Investigating the effect of single - walled carbon nanotubes chirality on the electrokinetics transport of water and ions: A molecular dynamics study[J]. Diamond and Related Materials, 2020, 110: 108105.

[54] Xu B, Y Qiao, X Chen. Mitigating impact/blast energy via a novel nanofluidic energy capture mechanism[J]. Journal of the Mechanics & Physics of Solids, 2014, 62(1): 194 - 208.

[55] Xu B, et al. Non - dissipative energy capture of confined liquid in nanopores[J]. Applied Physics Letters, 2014, 104(20): 331 - 342.

5 纳米流控系统实验研究

对于一个系统，其调控手段最直接的便是从系统的构成元素入手。纳米流控系统由纳米多孔材料与功能流体封装后组成，那么纳米多孔材料及功能流体的性质对系统特性将有着决定性作用。而一个纳米流控系统中，由于气体分子始终存在于纳米多孔材料的孔道当中，而气体对液体分子进出孔的影响是非常重要不可忽略的，因此，本章将讨论纳米多孔材料孔道结构、功能流体种类、气体含量及气体作用时间等系统构成要素的内因对纳米流控系统性能的影响。

5.1 纳米流控系统实验设计

纳米流控系统压力－体积特性实验设计主要分为纳米流控系统吸能/转换机理、纳米流控系统压力腔体设计、纳米流控系统压力－体积特性测试方案及纳米流控系统实验数据采集方案四部分。

5.1.1 纳米流控系统吸能/转换机理

纳米流控系统是由纳米多孔材料与非浸润性功能流体通过一定比例混合封装后所构成，用于能量的吸收或转换。如图 5－1 所示，为封装于密闭容器内的液体和纳米多孔材料在外加载荷作用下的行为示意图。当一个疏水性孔道的直径在纳米级时，需要施加约 10～200MPa 的外部压力才能使功能流体流入其中。初始状态下，液体不能自发地进入疏水性纳米多孔材料孔道。当外界压力增长至大于临界渗透压 P_{in} 后，液相的表面张力被突破，液体开始流入纳米孔道中。此时，外部机械能部分在渗透过程中被转换成固－液相界面能，部分在输运过程中以热能形式耗散。若组成纳米流控系统的液体和多孔材料相互不浸润，那么在外部机械载荷卸载之后，被压入孔道内的液体会部分或全部流出多孔材料孔道，实现对所存储界面能的释放，这样的系统是可以多次重复使用的，图 5－1(b) 为纳米流控系统压力－体积变化特性示意图，展示了纳米流控系统一个完整的吸收/转换能量过程。

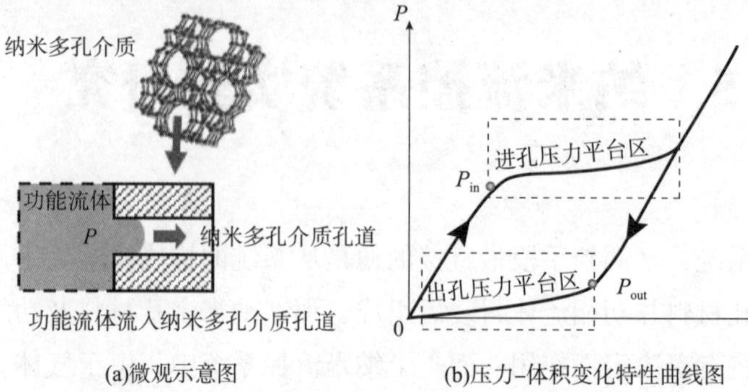

图5－1　纳米流控系统在外加载荷作用下的行为示意图

基于以上纳米流控系统的能量转换机理，需设计纳米流控系统压力腔体实验以达到测量真实工况下纳米流控系统的临界渗透压 P_{in} 值及其压力－体积特性曲线。

5.1.2　纳米流控系统压力腔体设计

由于纳米多孔材料表面的微观结构及纳米尺度的限制问题，材料的表面张力值 γ 与理论值存在一定的偏差，因此，需要通过具体实验来获得所选取的纳米流控系统的实际工作压力 P_{in}。图5－2为纳米流控系统实验装置的搭建示意图。

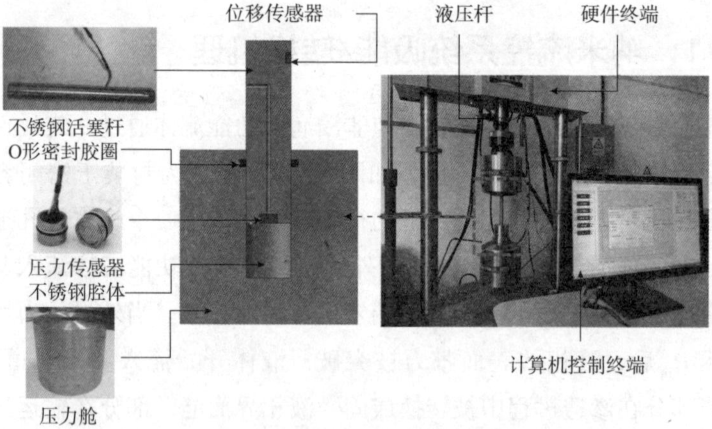

图5－2　纳米流控系统压力腔体实验台示意图

实验过程中，通过压力传感器获得腔体内压力变化，通过主机操作界面可观察活塞杆的位移变化量、乘以活塞截面积获得体积变化量，得到相应的压力 - 体积变化曲线。本节压力腔体设计主要包括压力传感器的型号选取及外形设计及压力腔体主体设计。

1)传感器的型号选取及外形设计

传感器是一种可以感知特定被测量并将其根据特定规律转换为可用信号的设备，通常由敏感元件和转换元件组成。通常认为传感器是一种环境检测和控制装置，能够感知各方面的信息并转换成参数传输至终端机。选取传感器前须确定以下要素：测量环境、灵敏度、频率响应、线性范围及稳定性。根据高温高压井中封隔器的工作环境，选取 SMP2080 系列压力传感器 OEM 通用型金属膜隔离压力传感器芯体。OEM 温度压力双输出金属膜隔离压力传感器，具有双密封圈，同时具有温度和压力量的精密测量，有极强的互换性，该系列产品能够可靠应用于液压系统、工业过程等应用场合中。图 5 - 3 为 OEM 温度压力双输出金属膜隔离压力传感器示意图，(a)为压力传感器照片、(b)为压力传感器尺寸图。

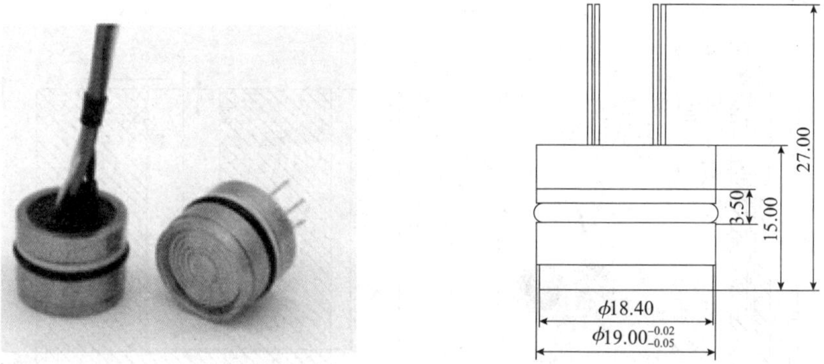

(a)压力传感器照片　　(b)压力传感器尺寸图

图 5 - 3　OEM 温度压力双输出金属膜隔离压力传感器示意图

表 5 - 1 为 OEM 温度压力双输出金属膜隔离压力传感器物理参数。OEM 温度压力双输出金属膜隔离压力传感器的膜片材质为金属膜，量程为 0 ~ 70 MPa，材质为 316L 不锈钢，传感器主体上包括两个密封圈，其材质为氟橡胶，精确度零点温度漂移为 0.06%，满量程温度漂移为 0.12%。将此芯体安装至纳米流控系统压力腔体的活塞杆的下端内部，以便准确测量腔体内的压力。在活塞杆的最下端安装一个带孔的盖子，用来保护传感器芯体，防止溶液内的粉末吸附在芯体金属膜表面破坏金属膜，影响压力数据测试。

表 5－1　OEM 温度压力双输出金属膜隔离压力传感器物理参数

膜片材质	壳体材质	密封圈	供电电源	量程	零点温度漂移	满量程温度漂移
金属膜	316L 不锈钢	氟橡胶	5V DC	0～70 MPa	0.06%	0.12%

2）压力腔体主体设计

为了提高实验的精确度，纳米流控系统实验腔体的材料选择 316L 不锈钢，腔体内面及活塞杆的每个端面需加工的平整光滑。腔体内部靠近端口设计了内嵌型 O 形密封圈，用来密封活塞杆与压力腔体之间的间隙，密封圈的材料为氟橡胶，可承压 200MPa。如图 5－4 所示为纳米流控系统实验台加工尺寸图，（a）为活塞杆示意图，（b）为压力腔体示意图。所设计的压力腔体外径为 100mm，内径为 25mm，腔体壁厚为 37.5mm，腔深为 77mm，在距上表面 5mm 处的腔体内开槽，槽宽为 4.1mm；所设计的活塞杆长度为 235mm，下端安装压力传感器，输出线从活塞杆的内部开孔引出；为了防止纳米流控系统内的粉末影响传感器的膜片，在活塞杆的最下端安装一个带孔的盖子。

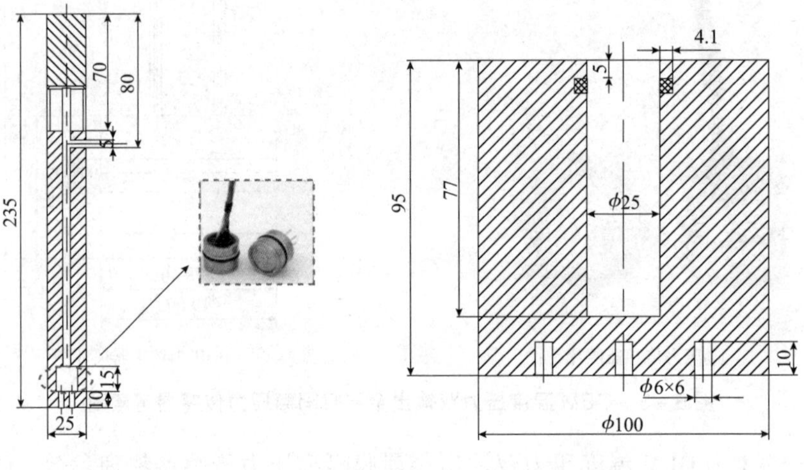

(a)活塞杆示意图　　(b)压力腔体示意图

图 5－4　纳米流控系统实验台加工尺寸图

3）压力腔体强度校核

在工程设计过程中，对一些压力腔体需要进行强度校核，保证其使用过程中具有可靠性。针对不同壁厚的圆筒采用不同的设计公式。本文采用厚壁圆筒，对具体设计进行校核。已知压力腔体的材料及壁厚参数，可由下式求出设计温度下腔体的最大允许工作压力：

设计温度下圆筒的计算应力 σ：

$$[\sigma]=\frac{p_c(D+\delta_e)}{2\delta_e} \tag{5-1}$$

设计温度下圆筒的最大允许工作压力：

$$[p_W]=\frac{2\delta_e[\sigma]\varphi}{(D+\delta_e)} \tag{5-2}$$

将压力腔体的设计参数代入上式，通过计算得出，$[\sigma]=733$ MPa，$[p_W]=339.8$ MPa，$[p_W]>p_c$，因此，压力腔体满足强度要求。

式中 D——圆筒外径，mm；

$[\sigma]$——圆筒材料的许用应力，MPa；

$[p_W]$——最大允许工作压力，MPa；

δ_e——圆筒壁厚，mm；

p_c——计算压力，MPa，文中取 $p_c=200$ MPa；

φ——焊接接头系数，$\varphi=0.85$。

腔体强度校核完成后，进行实体加工。如图 5-5 所示，为纳米流控系统实验台实物图，图 5-5(a)为活塞杆成型图、(b)为压力腔体成型图、(c)为密封圈安装位置。

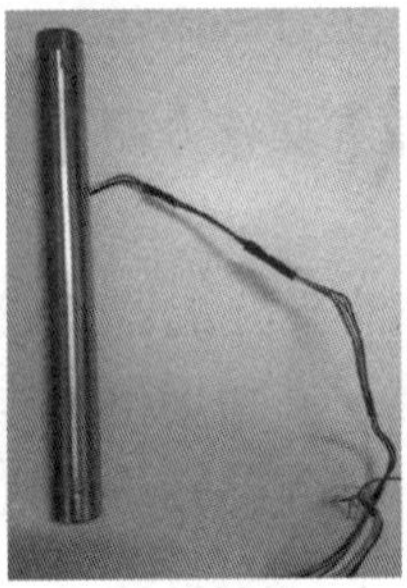

(a)活塞杆照片

(b)压力腔体照片

(c)为密封圈安装位置

图 5-5 纳米流控系统实验台实物图

5.1.3 纳米流控系统压力-体积特性实验力的加载方案设计

纳米流控系统压力-体积特性实验力的加载方案主要包括力的加载系统设置及压力腔体与试验机的连接装置设计及两部分。采用疲劳试验机作为力的加载装置，将纳米流控系统实验台固定在疲劳试验机上，通过疲劳试验机推动不锈钢杆活塞为不锈钢腔体内的纳米流控系统施加载荷，获得纳米流控系统的压力-体积变化关系。

1)力的加载系统

采用 PLD－300 电液伺服疲劳试验机(图5－6)作为力的加载装置。该试验机能在正弦波、三角波、方波、梯形波、斜波、程序块波载荷下进行拉伸、压缩、弯曲、高低周疲劳和断裂力学试验。

图5－6　PLD－300 电液伺服疲劳试验机

该系统由电液伺服疲劳试验机主机、液压源、电气控制测量系统和高温高压腐蚀环境试验系统四大部分组成。

(1)试验机主机

为克服试件本身自重对载荷的影响，试验机主机选取立式外形，且拉力传感器位于试件下方。主机结构紧凑、横梁升降自如、机架刚度高($\geqslant 3\times10^{8}$ N/m)、夹头夹持可靠、对中性好(符合国际 ASTM 标准)、无滑动现象、装夹方便，可配备各种夹具和环境试验装置以扩展试验功能。框架形式：两根立柱、底座、横梁等构成封闭式加载机架。

试验机主机由加载框架、电液伺服作动器、传感器、试验夹具等组成。试验机主机的横梁锁紧、升降和试样夹持采用液压方式，结构简单、操作方便、安全可靠、自动化程度高。

电液伺服作动器包括动作油缸、运动活塞、油缸端盖、液压分配器集成阀组、高压油管接头、高精度高灵敏度伺服阀、高精度力传感器、高精度位移传感器、试验夹具等部件，它是试验系统进行加载试验、接受控制命令的动作执行部分。

(2)液压源

液压工作站是为试验系统提供高压油的动力能源设备，液压源由油箱、电机、高压泵、滤油器、阀组等组成，结构为封闭型，有利于散热及维护，结构紧凑、外形美观。具有液压油限压保护、卸荷功能，高效率、低噪音，为系统提供动力。

该液压工作站的工作压力为21MPa，过滤精度需达到美国宇航局 NAS1638 标准的6、7级精度，颗粒指数不大于5μm。

(3)全数字式微机控制电液伺服控制系统

本试验系统试验软件应在 WINDOWS 环境下工作，拥有强大的数据处理功能，试验条件和试验结果可自动存盘，也可显示、打印符合相关标准的随机成组试验数据、试验曲线、试验报告。

全数字闭环微机控制系统，由处于上位的计算机和多个能独立完成多参量控制、数据采集和预处理任务的单片机等部分组成。上位计算机与多个通道控制单片机之间以异步并行、主从方式传送数据，各单片机在独立完成预设、随机指令任务的同时，将数据以数字信号形式及时传送给计算机，计算机对各通道试验设置参数、控制参数调节等进行集中处理、统一管理，并将试验系统随机控制参量发送给各单片机，通过系统预设、指定的控制参量，进行比较、协调，实现协调控制加载。

(4)高温高压高腐蚀环境

试验所需高温高压高腐蚀环境利用高温高压反应釜模拟，反应釜罐体为实心整体锻造而成，具有耐高温、耐压、耐酸、耐腐蚀等良好的机械性能，具有易清洗、升降温快速、易控制、寿命长等特点。试验夹具须同时具有耐高温、耐压、耐酸、耐腐蚀等机械性能。配置排放气液装置。

高温高压反应釜中的温度采用自动升温用电热丝加热，温控仪表控制；自动增加压力采用气动增压装置增压。试件完全处在腐蚀环境反应釜内。温度控制仪控制釜内温度，使用 PID 自整定，带有加热电压表及工作时间显示表。反应釜内的压力采用高压气泵和增压装置完成，该高压气泵和增压装置可以给反应釜内加压及自动补偿气压，满足试验对环境压力的要求，同时还可以及时清理管道内的液态。反应釜开口安装气相口 2 个配针形阀(充各种适用气体)、压力安全防爆口配压力表及爆破片、测温口配保护管带铂电阻。更好地保护操作人员的人身安全。

PLD－300 电液伺服疲劳试验机主要技术指标与要求如下：

机架最大疲劳试验力不低于 ±300kN；高刚度，精确对中，上横梁可调。负荷传感器：300kN，过载能力 120%。轴向动静态试验负荷：±300kN；测量范围：±6.0kN 至 ±300kN。静载荷测量精度：示值的 ±0.5%(2% ~100% 的量程范围内)。动态负荷示值波动度：平均负荷波动度：±1% FS，负荷振幅波动度：±2% FS。位移测量精度：示值的≤ ±2% FS(动态)或≤ ±0.5% FS(静态)。变形测量精度：示值的≤ ±2% FS(动态)或≤ ±0.5% FS(静态)。轴向作动器行程：±75mm。频率范围：0.01 ~30Hz。分辨率为≤0.001Hz。可采用负荷、位移、变形三种方式控制。具有位移、载荷的自动保护功能，包括关断(闭)液压泵站。

试验波形包括正弦波、三角波、方波、斜波等。多通道多参数全数字闭环控制，自动调节系统的 PIDL 值，采用高分辨率的反馈采样和信号调节技术，单通道均以 5000Hz 速率进行同步反馈和采集。试验机控制系统能自动标定试验机准确度、能够自动调零。全数字显示轴向试验力、轴向位移(变形)、试验频率等多个工程量，多通道并行独立完成测量、显示、控制任务。疲劳次数：1×10^7次~1×10^8次(任意可设)。

试验控制软件，在Windows环境下运行，界面友好，操作简单，能完成试验条件、试样参数等设置、试验数据处理，试验数据能以多种文件格式保存，试验结束后可再现试验历程、回放试验数据，试验数据可导入在Word、Excel、Access、MATLAB等多种软件下，进行统计、编辑、分类、拟合试验曲线等操作，试验完成后，可打印出试验报告。适应于WINDOWS系统平台的试验控制软件，计算机实时显示试验过程中负荷、位移、变形、试验频率、疲劳次数。动态显示实时曲线、存储(可任意设定时间周期进行各试验阶段数据的自动存储)、输出试验报表(试验数据可导入EXCEL、WORD等多种软件)等功能，对试验数据及图形能整体或局部放大显示，试验数据采用数据库格式存储，而且存储的内容都可以复现。可以调出以前试验数据进行分析，用户能进行二次数据处理，编辑及添加试验报告格式；具有波形再现功能。多任务试验软件，可设定试验波形的幅值、平均值、频率；能进行动态试验数据分析及结果处理。每一测量通道可预先进行多个测量传感器设置和参数存储，用户可根据需要调出先前的试验设置直接使用，而无需再调节。同一类试验可补加到先前的试验记录组中，再进行数据分析和处理。拉伸、压缩、弯曲静态试验软件包；疲劳软件包：包括高周和低周。

试验空间的调整方式：双缸液压升降。上横梁双缸液压锁紧。夹头距离：0~600mm,立柱间距：600mm。作动器振幅极限位置设计液压缓冲区，避免运行失控产生损伤。为确保精密对中，设备采用高刚度机架。液压移动横梁和手动锁紧横梁移动方便、易于定位、锁紧可靠。设备整体外形简洁大方、加工精细、结构紧凑。工作台面高度合理，便于试样安装。伺服作动器低摩擦、高响应。

试验机关键部件(如载荷传感器、油泵、冷却器等)采用发达国家知名厂家的产品，保证系统压力、流量稳定。液压源受控制箱控制，可单独使用，供清洗油路及操控主机。液压源控制系统，要求长时间工作稳定可靠。系统设有超载、超温、断裂、位移保护等多重保护；元器件也具有过流、过压、过热等安全保护。采用先进的数字信号处理器(DSP)技术对材料试验的全过程进行全数字化闭环控制和高速数据采集。系统精度高、功能完备，具有载荷、位移二种控制方式，并可任意平滑切换。配置的函数发生器可产生多种波形；内置计数器记录循环次数，计数器可设定；全部试验由计算机控制完成。

电液伺服阀采用美国MOOG公司的原装进口高频响伺服阀，控制精度高，使用寿命长。采用航空工艺高速作动器，保证动静态试验的响应性和使用寿命。能够达到最大动静态试验负荷 ±300kN，行程≥150mm。负荷传感器采用美国世铨公司的疲劳大量程轮辐式负荷传感器，试验负荷量程 ±300kN，过载能力具备超载 >120% FS，过载范围内无校准变化，示值精度 ±0.05% 以内。位移传感器采用和活塞杆同轴安装，精确测量活塞的位移，有效量程 >150mm，示值精度 ±0.2% FS以内。控制系统采用力创公司控制系统及应用试验软件。配置两块以上数字万能调理器和一块阀驱动器用于完成信号的测量和控制。具有灵活易用的多功能软件特性，支持各种试验应用的负荷、位移、变形、温度、压力等，用于实现全数字闭环控制等。控制器能自动识别和标定传感器功能。

试验软件为多功能试验软件，可以图形化的方式进行建立、运行静态和周期试验，可以完成更复杂的试验过程，并提供一系列优化控制的软件包和试验软件，满足对复杂试验的需求。允许用户进行定义、保存，数据能以多种格式存储供用户调用以生成和浏览报告和打印报告模板等。具有控制补偿功能，步长(静踏步)补偿、峰谷补偿、幅值相位补长、自动峰谷值补偿功能、自动相位补偿功能，试验波形可编辑与任意组合功能，来保证控制精度；配备计算机输入/输出软件、补偿软件。具有数据自动存储功能。

2)连接装置设计

由于上文所设计压力腔体的外径尺寸大于疲劳试验机下端夹持装置的直径，因此，本节根据纳米流控系统实验装置尺寸设计了一个连接试验机及纳米流控系统压力腔体的连接装置。图 5 -7 为连接装置加工图纸，用沉头螺栓将实验装置与连接装置连接起来，保证实验过程的稳定性。连接装置的最大外径为 120 mm，最大高度为 90 mm。

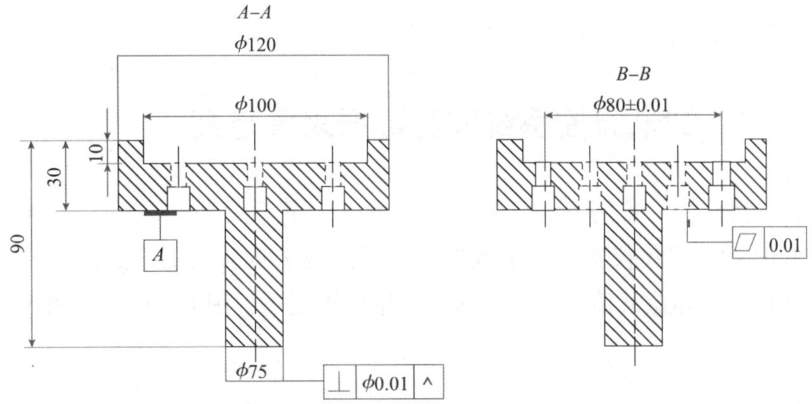

图 5 -7　连接装置加工图纸

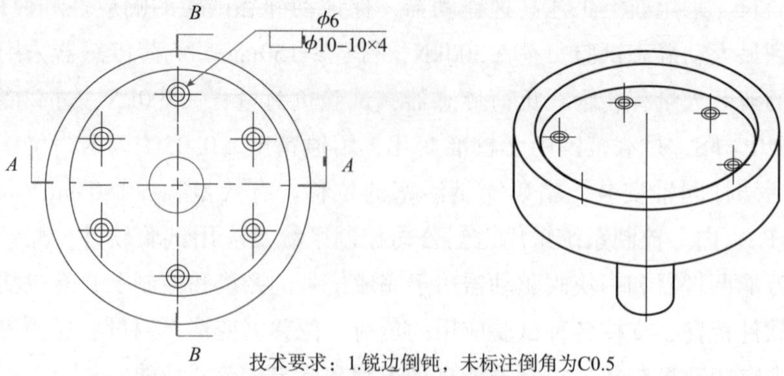

技术要求：1.锐边倒钝，未标注倒角为C0.5
2.沉头螺栓如弹性垫圈

图5-7　连接装置加工图纸(续)

3)实验方案

将纳米流控系统实验台安装于疲劳试验机的下端，试验机的上端夹头夹持纳米流控系统实验台的活塞杆上端。根据电液伺服的原理工作，依靠液压作用的往复运动施加载荷，推动不锈钢杆活塞为压力腔体加压或卸压。

纳米流控系统的压力-体积特性是体现纳米流控系统能量吸收/转换机理的标杆。为了获得纳米流控系统压力-体积特性设计了如下测试方案。

实验方案及测试过程如下：

(1)实验前需要将装置连接好，进行静压测试，测试装置密封性。

(2)验证完装置密封性后，向压力腔体内注入纳米流控系统，将活塞杆装入压力腔体实验台中，压力传感器的信号传输线另一端连接 XL2101B5G 静态电阻应变仪。

(3)将纳米流控系统实验装置整体加持在疲劳试验机上，施加轴向载荷，通过压力、位移传感器记录压力-体积数据变化。

5.1.4　纳米流控系统实验数据采集方案

实验过程中，采用压力传感器对腔体内压力进行实时监测，并用 XL2101B5G 数据采集仪实时采集数据并记录。疲劳试验机的电脑显示端可以检测出活塞杆的具体位移值。将获得的数据作具体记录，用 Origin 软件将输出数据进行处理。

5.2 纳米多孔介质对纳米流控系统性能影响

纳米多孔材料是 NEAS 的基本构成元素之一，纳米多孔材料的孔道尺寸、结构及表面特性对 NEAS 的性能有着极大的影响。本节分以 ZSM－5 型沸石为例，通过三种简单的改性手段，获得性能相近、但具有不同孔道结构的三种多孔材料，讨论这三种改性后的样品与水所构成的 NEAS 的压力－体积特性及能量吸收性能。

5.2.1 样品的改性及表征

ZSM 系列的沸石具有较高的硅铝比。硅铝比越高，疏水性越强。而在能量吸收系统中，纳米多孔材料疏水性的强弱直接影响着系统渗透压的高低，决定功能流体流入纳米孔道后能否再流出以及有多少百分比流出。本小节通过一些简单经济的手段对 ZSM－5 沸石材料进行改性处理，获得了具有不同孔径尺寸分布的 ZSM－5 沸石材料，初步讨论了孔径分布对 NEAS 性能的影响。

选择 ZSM－5 型沸石为母样，样品 A、样品 B 及样品 C 的改性条件分别为：样品 A——空气中，600℃，6h；样品 B——真空气氛，1000℃，6h；样品 C——水热气氛，1000℃，6h。

固体材料浸润性的变化将影响整个能量吸收/转换系统的浸润性的变化，从而影响渗透压、有效孔体积、相对流出率、能量耗散等系统参数。沸石的硅铝比对样品的润湿性有很大的影响。因为硅氧组成的四面体是非极性的，而铝氧四面体是极性的且表现出一定的亲水性，因此硅铝比越高，样品的憎水性就越强。

使用德国布鲁克公司生产的 S4 先锋 X 射线荧光分析仪分析了几种特选典型样品的硅铝比，结果列于表 5－2 中。

表 5－2　几种特选典型样品的摩尔硅铝比

样品种类	样品 A	样品 B	样品 C	母样
摩尔硅铝比	158.62	172.56	169.82	132.21

热处理会引起沸石晶体骨架结构的脱铝反应，该节中表征结果与这一结论相符。样品 A 热处理温度为 600℃；尽管改性氛围不同，样品 B、C 的热处理温度均为 1000℃。随着热处理温度的提升，沸石的脱铝反应越发严重，硅铝比提高。

孔径、孔型及吸附量是孔结构表征的重要参数，也是建立在对吸附等温线的分析的基础上。吸附质分子在不同孔结构中的吸附机理是不一样的，对于微孔是填充过程，而对于中孔则主要是毛细凝聚的过程。由于吸附机理不同，需要采用不同的方法解析吸附等温线，得到孔径分布。本小节中，使用 NLDFT 方法进行了孔径分布分析。由 ZSM－5 型沸石的晶体结构决定，理想规则的 ZSM－5 型沸石的孔径为0.5nm 左右。但是实际使用的沸石材料往往不会达到理想状况，由于原材料制备及后期改性手段的不同，孔径分布一般都会有差异。在对几种特选工况下改性的样品表征分析后发现，所采购的沸石材料本身具有双级孔道结构，有60%左右的孔为0.524nm 的微孔，另外还有不到40%的介孔，孔径在2nm 左右。图5－8 列出了 A、B、C 三样品的 DFT 孔径分布分析图。从 DFT 的孔径分布图上可以看出所有材料都有微孔和介孔两种范围的孔径。不同的制备改性条件对0.524nm 的微孔的孔体积和结构影响不大，但对介孔范围的孔径分布有较大影响。样品 A 与母样孔径分布较为类似，但孔体积略有差异。样品 B、样品 C 在介孔范围内出现多峰分布。

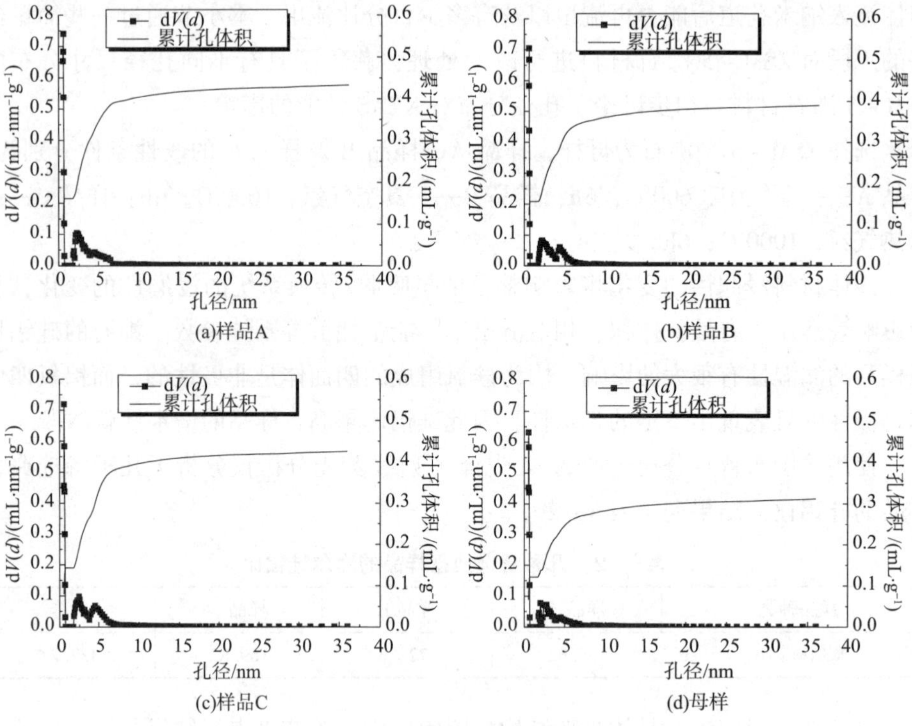

图5－8　不同改性条件改性后样品的 DFT 孔径分布分析

在热处理过程中，沸石晶体会由于脱水作用发生一系列的结构变化，包括位移性/可重建性的相位变换、T—O—T 键的断裂和重组，或者骨架结构的毁坏或坍塌。ZSM－5 型沸石的骨架结构主要由 Si—O 键和 Al—O 键构成。Al—O 键的键能比 Si—O 键的键能要弱得多，在高温下，Al 会从框架中脱离。结合表 5－2 中的 X 射线荧光光度仪对样品规律比的分析数据，可以得出结论，改性后样品在经过不同条件的热处理后均发生了不同程度的脱铝反应，增大了介孔的孔体积。推测样品 B 与样品 C 在介孔范围内的多孔径分布的出现可能与样品改性过程中缺陷位的形成有关。

介孔的出现对多孔材料的吸附实际上是有利的。在实际应用中，如果纳米多孔材料仅有微孔，其所构成的 NEAS 的应用存在一定的局限性。因为对于 0.5nm 左右大小的微孔的浸入需要很高的渗透压（对于去离子水做功能流体的系统其渗透压大于 100MPa），而对于有些分子尺寸较大的功能流体，该尺寸的微孔孔道在不破坏流体分子本身结构的情况下根本无法浸入（对于甘油分子，其分子大小约为 0.62nm，大于材料微孔孔径）。而介孔的出现很好地解决了这个问题，它可以允许功能流体分子在相对较低的压力下渗入其孔道中，扩展了应用范围。另外，介孔与微孔并存的系统将在系统可重复适用性上做出较大贡献。在 5.3 节中，我们将介绍孔道中残留气体的存在对于帮助流体流出材料孔道有着重要的作用。微孔的存在为我们提供了液体浸入过程气体压缩和存储的空间，有效提高了可用的有效孔体积（因为如果没有微孔孔道，那么气体将占据介孔孔道空间，则会减小液体可用空间），增加了功能流体流出孔道的比例。

5.2.2 样品的压力－体积性能测试及分析

本小节中我们对这三种典型的改性后样品与去离子水组成的 NEAS 进行了压力－体积性能测试，考察系统的特性。

图 5－9 为所选三种典型样品在能量吸收/转换系统平台上测试所得的压力－体积特性曲线。图中所示工况的功能流体均为去离子水，功能流体与多孔材料的配比为 10mL：1g，系统加载速率为 0.02 $mm \cdot s^{-1}$，加载/卸载循环次数为 3 次。该实验加压活塞杆为不锈钢杆，其直径为 14 mm，通过 $\Delta d \times A$（A 为加压活塞面积），可将位移变化量换算为体积变化量。图 5－9 中的横坐标，即位移坐标已经减去了空工况，去除了系统以及功能流体本身的压缩性带来的体积变化的影响。

从图中可以看出，样品 A 的压力－体积特性曲线与我们上一节中所介绍的典型渗入解吸过程类似；而样品 B 与样品 C 的特性曲线在渗透阶段出现双台阶、甚至有多台阶的趋势，出现了多于一个的渗透平台。这是由于在真空气氛和水热气

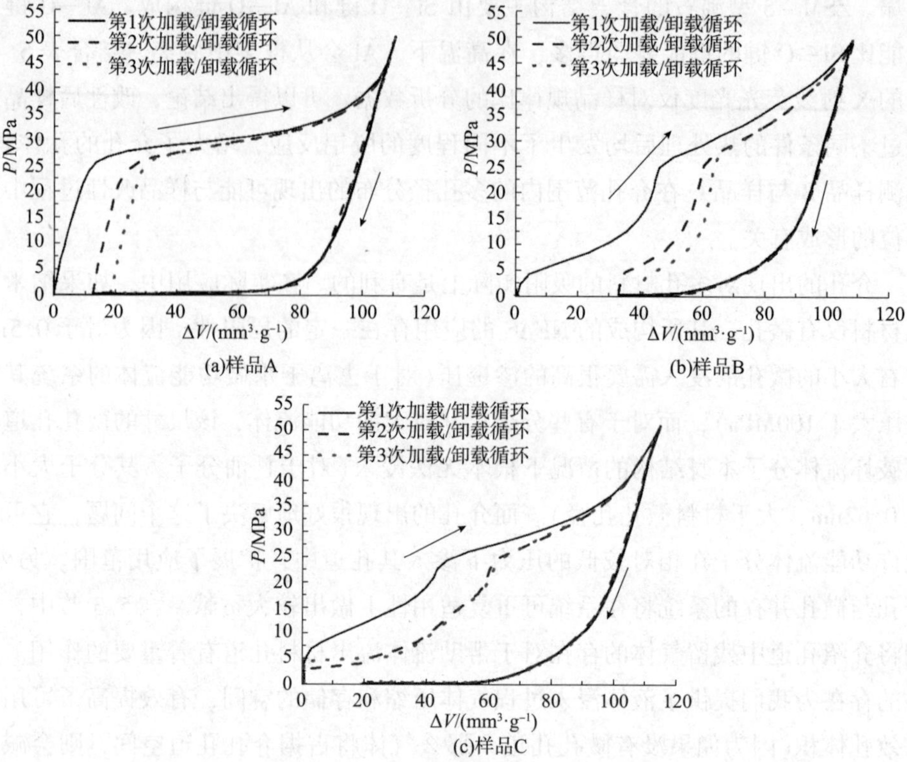

图 5-9　三种典型改性样品的压力-体积特性曲线

（加载速率：0.02 mm · s⁻¹；功能流体：去离子水；加载卸载循环次数：3）

氛中，烧制温度1000℃的工况下，材料出现多级介孔孔道结构造成的。当多孔材料的孔道结构相对均匀，孔径分布范围较窄时，对应这一特定的平均孔径，有一个相对固定的渗透压。功能流体分子所受的外界挤压达到渗透压临界值时，开始流入孔道中，形成压力平台；流体分子逐渐填满孔道后，压力平台消失，压力迅速上升。但是当多孔材料的孔道结构出现明显的多级分布时，流体分子进孔的过程就会复杂多变。大孔径对应较低的渗透压，而小孔径对应较高的渗透压。就材料结构而言，大孔径与小孔径的分布也存在着多变的关系。有些大孔径敞开在多孔材料表面，与一些小孔径一样，它们共同在第一时间面对功能流体分子，作为进孔的第一道屏障。而有些大孔径存在于材料内部，由小孔进入后才得较大空间；也有些小孔径存在于大孔内部，随着孔的深入，局部材料结构发生变化，孔径缩小；或者在有些大孔道沿途会产生多个小孔分枝，类似树枝分叉。对于 ZSM-5 型沸石来说，介孔的出现主要是晶体结构缺陷导致的，介孔的分布位置决定于缺陷发生的位置。在材料制备与改性的过程中，这是一个相对不可控的过程。对于孔径变化跳动不大的情况，渗透过程不会出现平台突跳，而是随着压力的升高，平缓爬升。功能流体随着压力的不断升高，逐渐填满较大的孔的同时，压力已到达更小孔的临界渗透压，开始进入小孔道，渗透过程在压力－体积曲线上表现为一条斜率略大的坡，如图5－9(b)(c)中的压力平台就存在这类情况。此时渗透平台的坡度就不能单纯表示渗透过程剪切力了。对比图5－9(b)(c)两图中的平台走势，可以推测：对于样品B、C，均存在两个阶跃性孔径分布范围；样品B的两种孔径范围相差较大，而样品C这两种孔径相差小于样品B；在图5－9(c)的第二、三个循环过程中，可以看到在一、二平台间又出现一个新的小平台的趋势，然而此平台并不明显，说明在样品C的这两种孔径范围之间存在一个过渡孔径分布，该孔径还并不能达到平稳过渡的状态，因而形成一个并不明显的小台阶。该推测可以与图5－9中三种样品所做的NLDFT孔径分布分析所对应，说明了我们的能量吸收/转换系统测试平台数据的可靠性。

对于卸载解吸过程，图5－9所示三种样品的卸载解吸压力－体积特性曲线表现均与上节中介绍的工况类似。在卸载的初始阶段，压力以较快的速率降低，压力－体积特性曲线基本为一条直线；当压力降低至解吸压时，水分子开始流出多孔材料孔道，形成解吸平台。值得注意的是，样品B与样品C在解吸过程中并未出现多个解吸平台。这表明对于本实验范围内的多级孔道结构，流体分子的出孔过程是连续流出的。当较大孔道内的流体分子的解吸压达到后，它们在孔内外压差和界面能的推动作用下开始流出孔道。从某种意义上来讲，这些大孔道内先流出的流体分子对较小孔道内的流体分子有一种拖曳作用，使得它们源源不断地流出孔道。虽然对于孔径分布复杂的样品B与样品C，它们的解吸平台坡度要大、解吸过程也更漫长，但是这个过程却没有阶跃发生，比较平缓。当然，即使是对于这两种样品，发生解吸的条件也必须是在压力低于渗透压之后。

图5－9示为三种样品三次加载/卸载循环的压力－体积特性曲线，可以看到在第一次加载/卸载过程完成后，卸载线并未回到最初的起点，系统的相对位移变化不为0。猜测这种情况的发生有两种可能性：一是由于有液体分子被困在多孔材料的孔道结构中，没有成功流出造成的损失；二是由于在加载受压过程中，多孔材料个别结构塌陷造成永久的不可恢复性损伤造成的损失。对于猜测中的第二种情况，理论上在每个系统中一般只会发生一次，是在首次加载过程中出现，因为后续的循环过程与初次循环过程一致，可以认为在首次加载过程中没有出现缺陷的孔道是经受住了考验的；而对于猜测中的第一种情况，我们不能确定它在后续的加载/卸载循环中会不会重复出现，因为流体分子是否会被困住这件事存在很多作用的因素，外界因素的改变会影响流体分子的出孔过程及多少。如

图 5-9(a)(b) 中所示，样品 A 与样品 B 在三次循环中，每一次的循环曲线的包覆面积都有所减小，系统的能量吸收性能在循环使用过程中不断下降。第二、三个循环过程相比第一、二个循环过程损失相对较小，是由于在第二、三个循环之间，只有猜测一中的情况出现，且此时困住的流体分子要少于首次循环中困住的流体分子导致的。对于样品 C，第二、三个循环间的不可逆损失更小，甚至接近没有，这里便体现了样品 C 的优越性。在第 2 章中我们提到，选择该种样品是由于它具有较高的表面能量均一化的程度。这种特性使得样品在能量吸收/转化系统中的特性表现为流体分子在首次进孔之后，后续加载/卸载循环过程不会再有流体分子被困在孔道内。也就是在首次加载/卸载循环以后，该系统可重复利用。

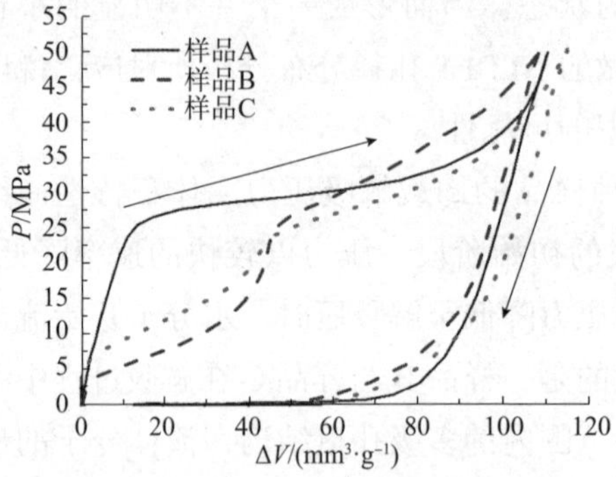

图 5-10　三种典型改性样品首次加载/卸载循环的压力-体积特性曲线对比图

（加载速率：0.02 mm·s^{-1}；功能流体：去离子水）

将三种典型改性样品首次加载/卸载循环的压力-体积特性曲线放于同一幅图中对比，得到图 5-10。图中的横坐标相对位移量实际反映了系统体积的相对变化量，因为推杆的形状是圆柱形，底面积固定不变。这个体积变化量是流体分子流入孔道所占的体积，称为多孔材料的有效孔体积 V_{acce}。它体现了多孔材料孔道能够容纳该种功能流体分子的能力，对于不同的功能流体，这个值是不同的。从图中我们可以读出，样品 C 的实际可到达孔体积大于样品 A，大于样品 B。这个结果与我们通过氮吸附测试得到的三种样品孔体积大小排序一致。样品 B、样品 C 这类存在多级孔道结构的多孔材料所构成的系统，它多级能量吸收的特殊性为该系统的应用开拓了更广泛的前景。

在一个纳米流体能量吸收/转换系统中，主要应关注由于多孔材料的引入而多产生的那部分转化和耗散的能量值。因此在分析中给出的能量值都是去除了单纯的液相的压缩性能的。为量化所研究系统的能量转化和耗散性能，提出能量存储率和能量耗散率两个指标。能量存储率 η_S 为当前循环下所存储的表面张力能和加入多孔材料以后引起的系统加载过程总功的增量的比值，$\eta_S = \Delta E_S/\Delta W_{in}$。能量耗散率 η_D 为完成当前循环下，加入多孔材料以后引起的总的耗散能的增量和加入多孔材料以后引起的系统加载过程总功的增量的比值，$\eta_D = \Delta E_D/\Delta W_{in}$。将本节中涉及工况能量存储率和耗散率绘制于图 5-11 中。能量的存储率决定于渗透压 P_{in} 的值和有效入孔深度/有效孔体积；而能量的耗散率是一个加载/卸载过程完成后能够耗散的总能量，表征系统能量耗散的能力。对比后发现样品 A 具有较高的能量存储率以及能量耗散率。样品 B 与样品 C 的能量存储率有差异，主要由它们不同的孔径大小和孔级结构引起。但样品 B 与样品 C 的能量耗散率在各个循环下都很接近。

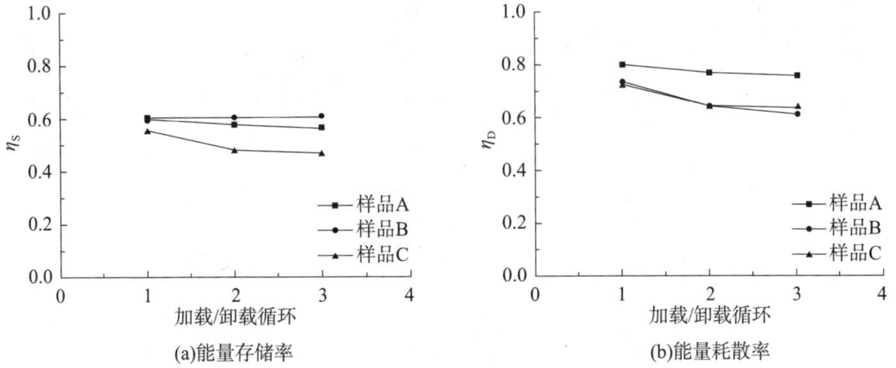

图 5－11　三种典型改性样品能量存储率和能量耗散率

5.3　功能流体对纳米流控系统性能影响

5.3.1　功能流体种类对系统性能的影响

在能量吸收/转换系统中，除了多孔材料性质可调，功能流体的改变也是调节系统基础性能的一种简便易行的手段。现行的传统减震减压设备中，没有多孔材料的加入，单纯地靠调节液体性能便可实现设备性能在较大范围内的调整。不同种类的流体性质差异很大，通过功能流体的更换将为能量吸收/转换装置提供更广阔的应用前景。

水是生活中最常见、也是最常用的液体；甘油也是一种较常见的、安全的有机溶剂，其黏性比水大，这意味着在受压过程中更多的黏性耗散，其凝固点比水低，可以解决水在低于零摄氏度后结冰导致系统不可用的问题；而 KCl 溶液是一种常见的、安全的电解质溶液，离子加入水中后，将会对原有溶液的黏性、表面张力等一系列性质有所影响，使用 KCl 溶液做功能流体也将为系统中表面能/机械能/热能向电能的转化提供了可能。在本节中，我们选择研究了这三种不同种类液体作为功能流体在能量吸收/转换系统中的表现，对几种不同溶液所组成系统的渗透压、表面张力、有效孔体积、相对流出率、系统总能量耗散等参数进行了比较和讨论。

图 5－12 所示为三种不同功能流体对应系统的压力－体积特性曲线，系统所用多孔材料均为样品 A，加载速率恒为 0.02 mm·s⁻¹，加载/卸载循环次数为 3 次。图 5－13 为三种不同功能流体对应系统首次加载/卸载循环的压力－体积特性曲线对比图。

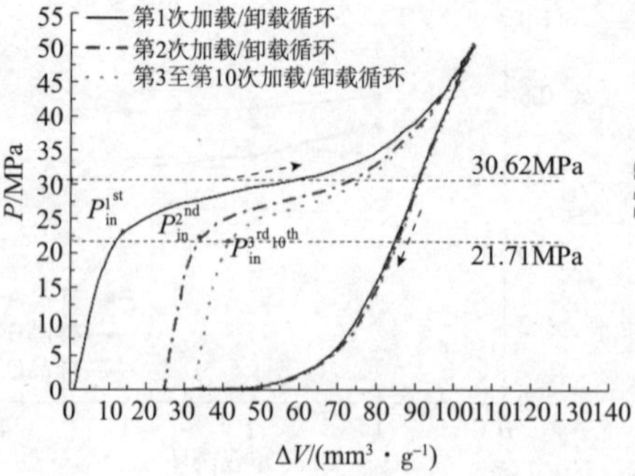

(a)去离子水-沸石填充配方

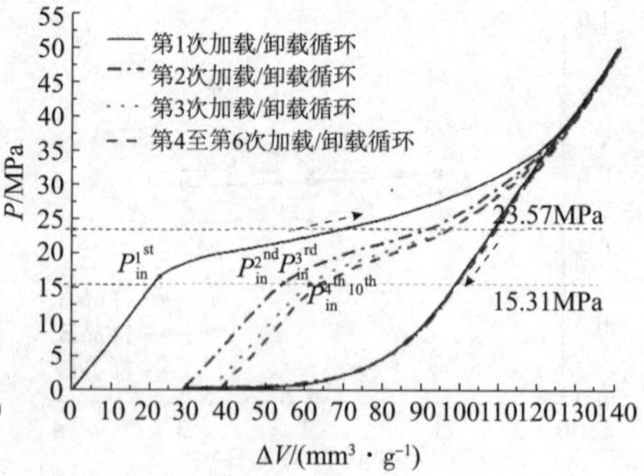

(b)甘油-沸石填充配方

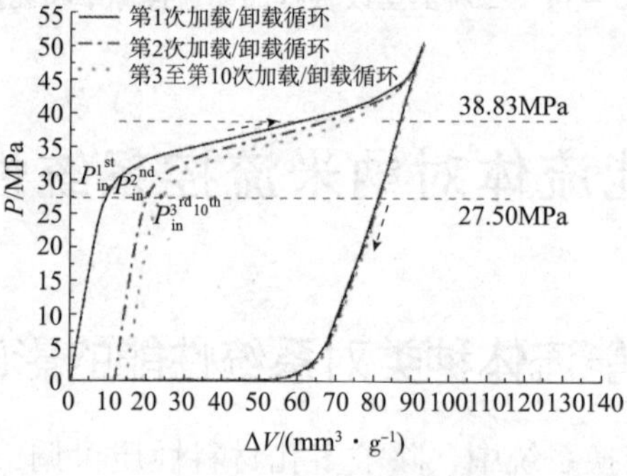

(c)饱和KCl溶液-沸石填充配方

图 5－12　三种不同填充配方对应系统的压力－体积特性曲线
（加载速率：0.02 mm·s⁻¹；多孔材料：ZSM－5 型沸石；加载/卸载循环次数：3）

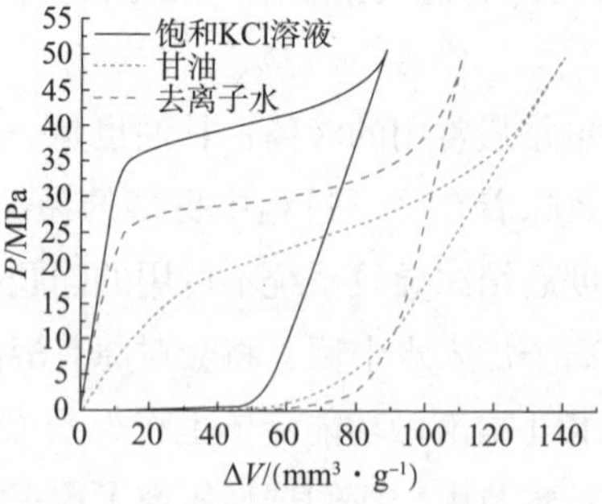

图 5－13　三种不同功能流体对应系统首次加载/卸载循环压力－体积特性曲线的对比图
（多孔材料：样品 A；加载速率：0.02 mm·s⁻¹）

首先，我们从压力－体积特征曲线上提取了以上三种不同功能流体的渗透压，绘制于图5－14中。

由图5－14我们可以直观看到三种功能流体对应的系统渗透压，饱和KCl溶液系统渗透压最高，其次是去离子水系统，最低的是甘油对应的系统。在能量吸收/转换系统中，系统渗透压是由多孔材料孔道的类型和大小，功能流体的种类和性质，以及外界环境共同决定的。在该系统中，渗透压的差异主要由功能流体性质的差异造成。一方面，功能流体分子大小不同，在进孔过程中受到的阻力不同，需要突破阻力进入孔径的压力自然有差异。水分子尺寸(0.324nm)最小；甘油分子尺寸(0.62nm)较大；KCl溶液由于离子在溶液中对周围水分子有团聚作用，被水分子包裹的K^+周围会形成大约几个分子尺寸厚度的包覆层，溶液中K—O键之间的距离大约在0.28nm左右[1]，加上K^+及水分子自身的尺寸，KCl溶液中分子团的尺寸是三种溶液中最大的。但三种溶液对应系统的渗透压的大小顺序却并不与溶液中分子/分子团大小规律相同。这是由于渗透压还与溶液对该多孔材料固壁面的亲疏性能的影响。虽然所选用三种功能流体均为憎水性，但其憎水性强弱有差别。由于$P_{in}=4\bar{\gamma}/d$，d决定于多孔材料的性质，在本节比较中并未发生改变，因此P_{in}的变化主要由等效表面张力的差别导致。我们提取并计算了这三种不同的功能流体组成的系统在三次加载/卸载循环中对应的等效表面张力和接触角。

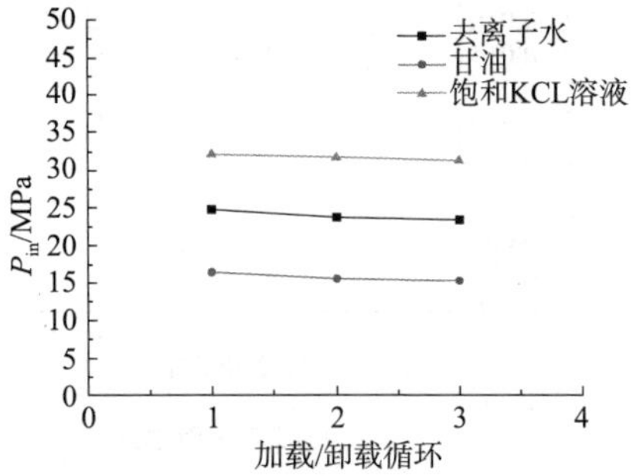

图5－14　三种功能流体对应能量吸收/转换系统的渗透压

(多孔材料：样品A；加载速率：0.02 mm·s^{-1}；加载/卸载循环次数：3)

系统的等效表面张力$\bar{\gamma}$可由渗透压P_{in}推算，$P_{in}=4\bar{\gamma}/d$，前文已述。

α由杨式方程确定：

$$\cos\alpha=(\gamma_{sa}-\gamma_{sl})/\gamma_{la} \tag{5-3}$$

式中，$\gamma_{sa}-\gamma_{sl}$为气液界面的等效张力，即为$\bar{\gamma}$；γ_{la}为气固界面的表面张力，γ_{la}随溶液种类的变化而变化，其值可以从文献[2,3]的研究结果中得到。

图5－15(a)(b)分别绘制了三种不同功能流体组成的系统在三次加载/卸载循环中对应的等效表面张力和接触角。由图可见，对应同一种功能流体，三次循环中等效表面张力和接触角的变化都不大，后两次循环比首次循环时略有降低。在受限的纳米流体环境当中(该系统下)，饱和KCl溶液、去离子水、甘油对应系统的等效表面张力的大小关系与大环境下这三种液体的气液表面张力

大小关系保持一致。

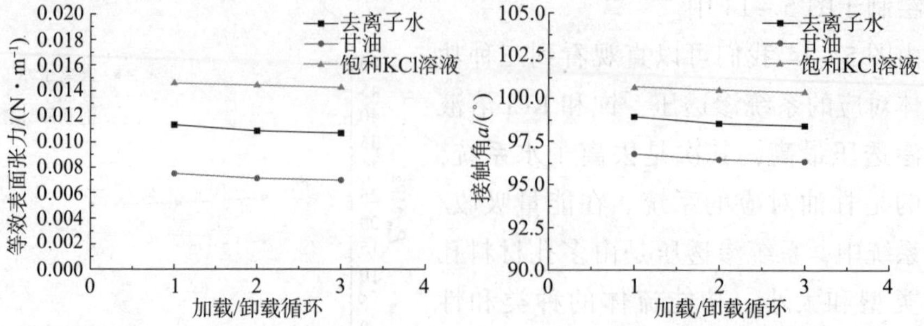

(a)等效表面张力　　(b)接触角

图 5-15　三种功能流体对应能量吸收/转换系统等效表面张力及接触角
(多孔材料：样品 A；加载速率：0.02 mm·s⁻¹；加载/卸载循环次数：3)

图 5-16 提取绘制了三种不同功能流体对应系统的有效孔体积。由图可见，在首次加载/卸载循环过程中，甘油对应系统的有效孔体积最大，其次是去离子水，最小的是饱和 KCl 溶液。这意味着对应样品 A，在相同的压力作用下，将有更多的甘油分子能够流入其孔道当中。其主要原因是甘油系统有着相对最小的等效表面张力，这不仅使得甘油分子在进孔时受到较小的阻力，在进孔以后，整个孔道的壁面对甘油分子的斥力也较小，因此甘油分子进入孔道的深度最深，对应的有效孔体积最大。但是在第二次和第三次的加载/卸载循环过程中，去离子水和饱和 KCl 溶液的有效孔体积较首次循环变化不大，但甘油系统较首次加载循环下降幅度较明显，甚至降至低于去离子水系统。这是由甘油分子较低的流出率导致的。

相对流出率定义为当前循环过程中流出多孔材料的功能流体体积量与首次加载中流入多孔材料功能流体体积量的比值，体现了功能流体流入多孔材料孔内后能够流出的能力。图 5-17 展示了不同功能流体对应系统在三次加载/卸载循环下功能流体的相对流出率。如前所述，孔道固壁面对甘油分子的斥力较小，将增大其进孔深度，但相应地，在流出过程中，由固壁面产生的推动力则会相应减小。这使甘油分子更容易滞留在多孔材料孔道当中而不能流出。因此图 5-17 中，甘油对应系统的相对流出率最低。

饱和 KCl 溶液所组成的系统与去离子水做功能流体所组成的相比，其最大的差异在于溶液中引入了离子。阳离子在水溶液中，会吸引水分子中的氧，团聚周围的水分子。这导致了离子溶液与去离子水溶液对应有效孔体积和相对流出率的差异。关于离子溶液对能量吸收/转换系统的影响规律及其机理，我们将在下一小节中详细对比分析。

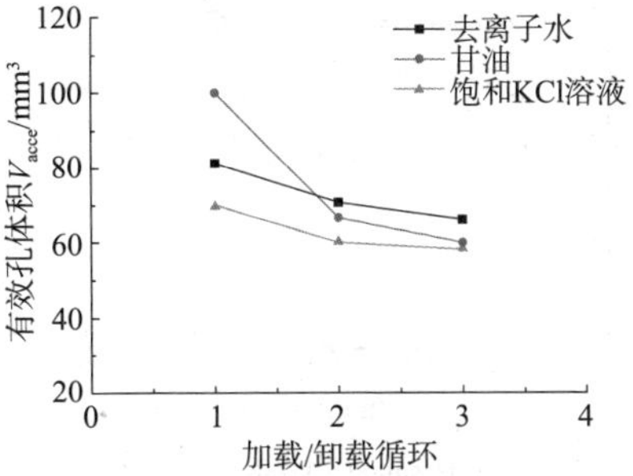

图 5 –16　不同功能流体对应系统的三次加载/卸载循环下样品 A 的有效孔体积（多孔材料：样品 A；加载速率：0.02 mm · s^{-1}）

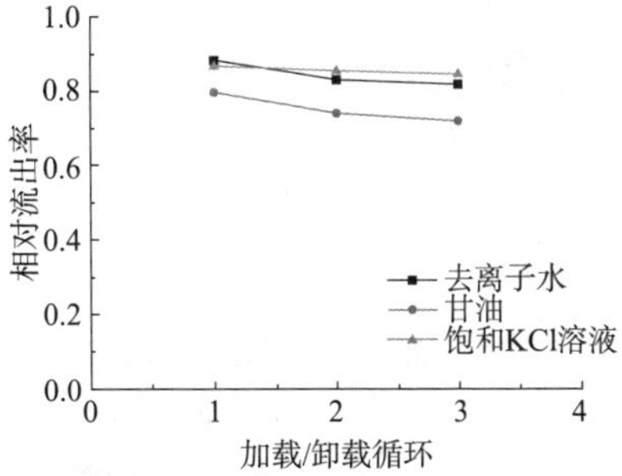

图 5 –17　不同功能流体对应系统的三次加载/卸载循环下功能流体的相对流出率（多孔材料：样品 A；加载速率：0.02 mm · s^{-1}）

5.3.2　电解质溶液离子种类对系统性能的影响

在上一小节中的讨论中我们看到，在去离子水中添加电解质（KCl）后，系统渗透压和多孔材料孔道内流体分子/离子的传输特性都有较大的改变，从而导致能量吸收/转换系统具有不同的能量耗散特性。在本小节中，我们使用三种不同的电解质溶液（NaCl 溶液、KCl 溶液、$MgCl_2$溶液，溶液浓度以饱和 KCl 浓度为准，均为 4.59 mol · L^{-1}），以及四种不同浓度的电解质溶液（25%、50%、75%及饱和浓度的 KCl 溶液），研究了电解质溶液离子种类和离子浓度对能量吸收/转换系统性能的影响。组成系统所用多孔材料均为样品 A（改性条件：空气中，600℃恒温 6h），加载速率均为 0.02mm · s^{-1}，加载/卸载循环次数为 3 次。

图 5 –18 为三次加载/卸载循环下不同种类的电解质溶液压力 – 体积特性曲线。为保证溶液中有相同的阳离子数量，以方便比较阳离子对该能量吸收/转换系统的性能的影响，选用离子溶液浓度与 20℃时饱和 KCl 溶液浓度一致，均为 4.59mol · L^{-1}。

图 5 –19 为不同种类的电解质溶液首次加载/卸载循环压力 – 体积特性曲线的对比图。

如图 5 –19 所示，饱和 KCl 溶液的渗透压高于饱和 NaCl 溶液的渗透压，高于饱和 $MgCl_2$溶液。图 5 –20 提取了三种不同离子溶液系统下三次加载/卸载循环的渗透压。在阳离子浓度相同的情况下，系统渗透压与三种不同阳离子的离子半径的大小排序相同。此处我们以离子半径的大小作为参考来比对溶液中三种不同

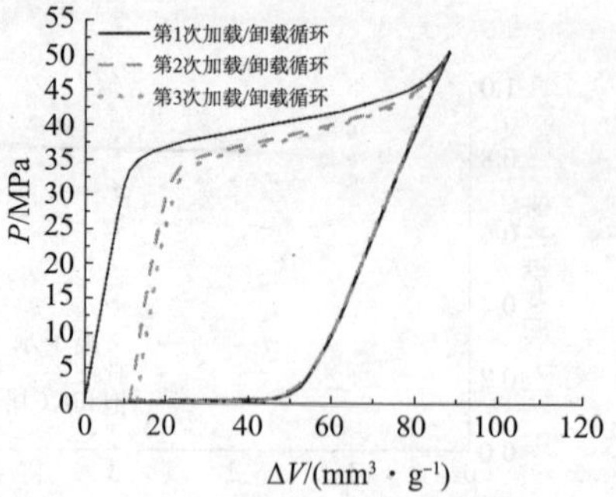

(a)4.59mol · L^{-1}KCl溶液

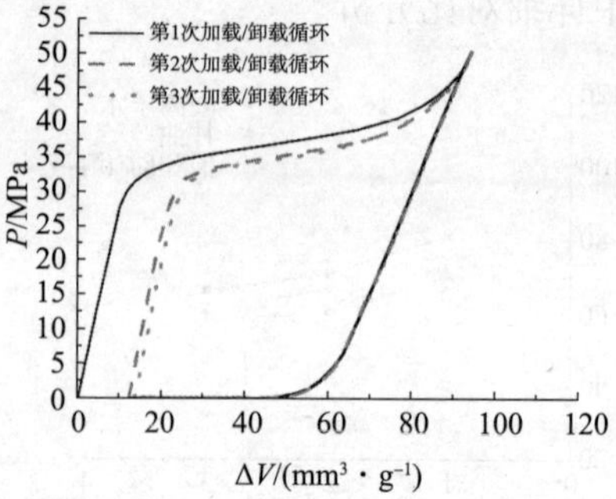

(b)4.59mol · L^{-1}NaCl溶液

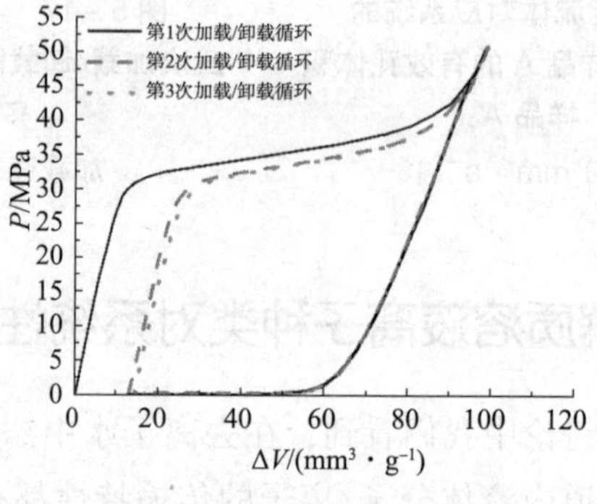

(c)4.59mol · $L^{-1}$$MgCl_2$溶液

图5-18　不同种类的电解质溶液三次加载/卸载循环下压力-体积特性曲线
（多孔材料：样品A；加载速率：0.02 mm · s^{-1}）

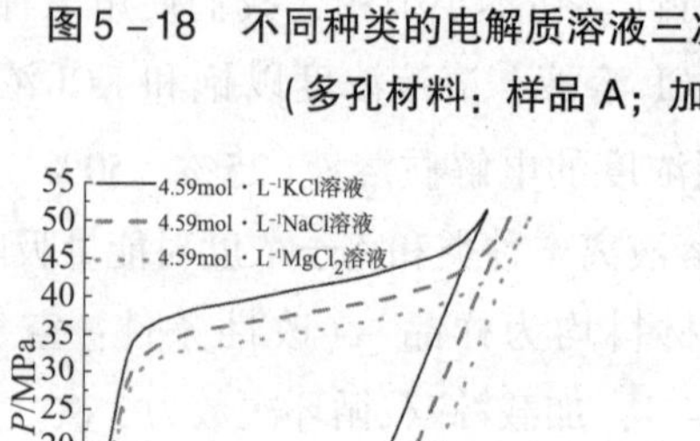

图5-19　不同种类的电解质溶液首次加载/卸载循环压力-体积特性曲线的对比图
（多孔材料：样品A；加载速率：0.02 mm · s^{-1}）

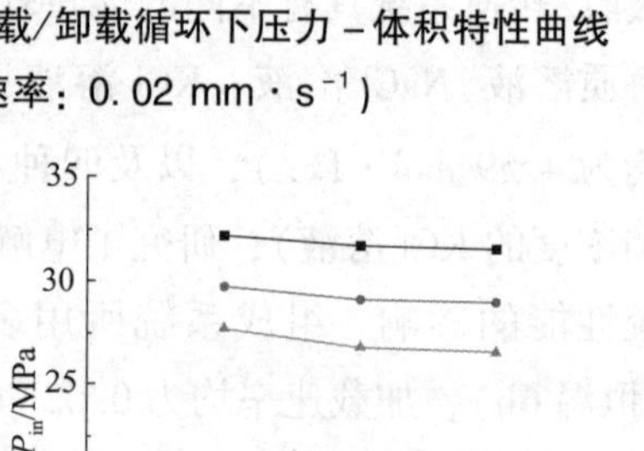

图5-20　离子种类对能量吸收/转换系统渗透压的影响
（多孔材料：样品A；加载速率：0.02 mm · s^{-1}；加载/卸载循环次数：3）

阳离子的离子半径。钾、钠、镁三种元素常见价态下的结晶离子半径数值为：钾离子（K^+：138 pm），钠离子（Na^+：102 pm），镁离子（Mg^{2+}：72 pm）。当阳离子溶解到水溶液当中，水分子会聚集在阳离子周围。水中带负电的氧原子将会被

金属阳离子的正电荷所吸引，形成大约几个分子尺寸厚度的包覆层，称作水化层。水化层的厚度决定于阳离子电荷量的大小[4]。因此，溶液中大量的阳离子在进孔过程中团聚周围的水分子[1,5,6]，相当于增大了进孔的流体的表观直径，势必会对进孔过程形成阻碍，这使得功能流体的分子/离子更难进入多孔材料孔道当中。电解质溶液的上述性质最终导致了流体在渗透进入纳米孔时需要更高的渗透压力，需要更多的外部机械功才能引发液相开始渗透。在第二、三次加载过程中，不同阳离子溶液系统的渗透压高低顺序与阳离子大小顺序保持一致，遵循以上阳离子团聚效应的规律；同一系统的渗透压略低于首次加载过程的渗透压。

电解质溶液阳离子的团聚效应不仅导致流体在渗透进入纳米孔时需要更高的渗透压力，而且也会限制纳米孔内液体分子/离子可渗透的容积。图 5－21 展示了不同离子溶液在三个加载/卸载循环下样品 A 的有效孔体积。由图可见，该浓度下的离子溶液的有效孔体积明显低于去离子水组成系统的有效孔体积（81.04 mm^3），并且更大的阳离子尺寸对功能流体的进孔过程限制作用更强，阳离子尺寸越大，有效孔体积越小，这意味着在达到同样的压力后，渗入多孔材料的流体分子越少，孔径的浸润深度越浅。当功能流体和多孔材料被禁锢在一个封闭的系统中组成能量吸收/转换系统后，功能流体在受压时能够深入多孔材料孔道的深度除了决定于孔道本身结构以外，还主要与两个方面相关：一是功能流体本身的性质，二是残留在孔道中的气体（空气）的状态。在实验前对混合样品进行的脱气处理实际上并不能够去除掉原本就存留在多孔材料孔道当中的空气。在实验加压过程中，功能流体浸入孔道当中，这些空气将被不断挤压，大部分在孔道里端聚集成团，少部分通过流体分子之间扩散出来，扩散量的多少就与功能流体的性质相关。在流体流入多孔材料孔道的过程中，由于固壁面对功能流体有斥力作用，流体分子并不是完全紧擦着孔道固壁面流入，而是有一个平衡距离。有文献[7]通过数值模拟工作研究了不同离子溶液在碳纳米管中的受限行为，结果表明，离子尺寸越大，流体分子距离孔道内壁的平衡距离就越近。这个平衡距离将为气体分子的渗出提供一个环状的通路。因此，离子尺寸越小，对应越大的平衡距离，也就会有更多的气体分子扩散离开孔道，为流体分子腾出更大的空间，增加功能流体渗入的有效孔体积。另外，平衡距离的长短还直接决定了流体进孔过程的摩擦耗散。流体分子距离孔壁越近，有效剪切应力越大，摩擦耗散也越大，这从图 5－19 中对比三种不同溶液系统的渗透平台的坡度可以看出。随着离子半径的增大，图 5－19 中渗透平台的坡度略有增加，表明进孔过程有更强的摩擦耗散。进孔过程的摩擦耗散也会影响有效孔体积。摩擦耗散越多，则进孔深度就越浅，因为能量都被消耗在渗入的过程中了。

在图5-19中，可以看出，三种不同离子溶液所组成的能量吸收/转换系统在首次加载后，卸载的压力-体积特征曲线在压力回到0.1 MPa时都并没有回到起始点。这表明系统在加载后存在由于多孔材料受压后所造成的永久性结构坍塌损伤，或功能流体流入多孔材料后滞留在孔道当中。一般认为在首次加载/卸载循环之后的体积损失与两个原因都有关系，而后续加载过程的孔体积损失只与流体的滞留有关。相对流出率定义为当前循环过程中流出多孔材料的功能流体体积量与首次加载中流入多孔材料功能流体体积量的比值，体现了功能流体流入多孔材料孔内后能够流出的能力。我们提取并计算了不同离子溶液的系统在三次加载/卸载循环后的相对流出率，绘制于图5-22中。由图可见，随着溶液中阳离子尺寸的增大，功能流体的相对流出率是逐渐增大，相同摩尔浓度的 $MgCl_2$ 溶液的相对流出率低于 NaCl 溶液，低于 KCl 溶液的相对流出率。为什么离子半径越大，流出率反而越高呢？考虑到离子的团聚效应，更大的离子/粒子团尺寸并没有阻碍流体的流出。流体流出多孔材料孔道的动力来源有二，一是液固相之间的斥力，二是孔道内团聚气体的推力。如前所述，不同阳离子溶液系统的渗透压高低顺序与阳离子大小顺序保持一致。根据杨式方程，液固相间的表面张力的大小顺序与阳离子大小顺序保持一致。而固壁面对液体分子的斥力大小与液固相间的表面张力的大小顺序一致。因此，溶液中阳离子尺寸越大，功能流体的相对流出率越大。另一方面，如上一段中所讨论到的，较大的离子半径对应着较小的平衡距离，较低的有效孔体积。有效孔体积越小，单位体积孔道内团聚气体分子越多。而这些团聚的气体分子，将在功能流体出孔过程中起到助推的作用[8]，使得更多的流体分子流出多孔材料孔道。

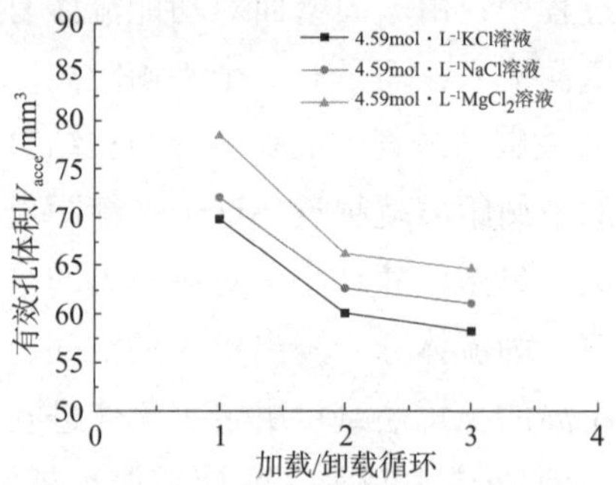

图5-21　不同离子溶液三次加载/卸载循环下样品A的有效孔体积（系统组成：样品A+4.59 mol·L^{-1} KCl溶液/NaCl溶液/$MgCl_2$溶液；加载速率：0.02 mm·s^{-1}）

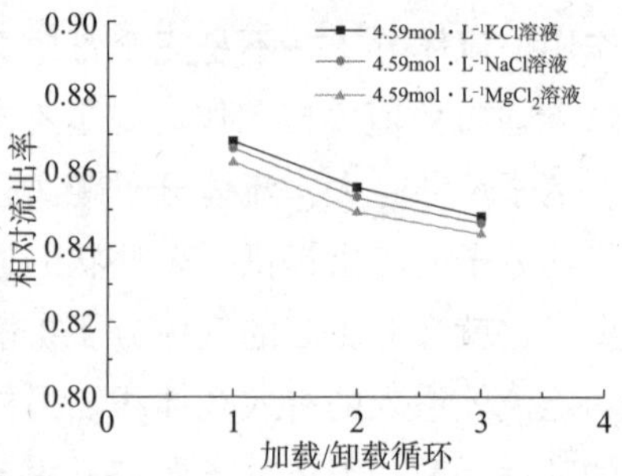

图5-22　不同离子溶液系统的三次加载/卸载循环下功能流体的相对流出率（系统组成：样品A+4.59mol·L^{-1} KCl溶液/NaCl溶液/$MgCl_2$溶液；加载速率：0.02 mm·s^{-1}）

5.4 孔道残余气体对纳米流控系统液体渗透/流出的影响

在一个 NEAS 中，由于多孔材料的孔道当中本来就有气体的存在，因此在将纳米多孔材料与功能流体封装前，必须要进行脱气处理，去除多余的气体。但是即便如此，系统中纳米孔道的残余气体也不可能完全去除。本节先通过一个小实验，证明了常规脱气手段脱气后的系统中仍然有气体的存在，继而讨论了孔道残余气体对液体渗透/流出孔道的影响。

5.4.1 常规脱气处理及处理后残余气体量估算

将多孔材料与功能流体混合之后，在封装之前，需要对多孔材料与功能流体的混合液进行脱气处理。常规的易实现的脱气处理方法是将配置好的混合液放在真空环境中放置 12h 以上，使溶解在混合液中的气泡排出。但是该处理方法只能去除在混合配液过程中引入的气泡，对于原本就存在于多孔材料孔道内的气体，由于气液界面之间的相互作用。真空中放置并不能将其完全去除。本节介绍了一个补充验证实验，证实、并测量推算了真空脱气处理后残留在实验用多孔材料孔道内的气体(空气)量。

该补充实验主要在真空干燥箱内完成。实验用真空干燥箱为西安予辉仪器有限公司生产的 DZF－6000 型电热恒温真空干燥箱，如图 5－23 所示。测量材料孔内含气量的实验的主要思路为，在箱内预先抽取到一定真空度的情况下不断升温，残留在多孔材料孔道内的空气将随着温度的上升不断膨胀，在外界真空环境作用下而不断逃逸到箱体空间。实验过程监测记录真空密闭箱体内的压力与温度变化，通过理想气体状态方程进行求解即可获取箱内空气量的变化，从而推测材料多孔内空气的逃逸量。

图 5－23 西安予辉仪器有限公司 DZF－6000 型电热恒温真空干燥箱

实际气体在一般温度和较低压强下都可近似看成理想气体。真空干燥箱内，我们实验前将箱体预先抽真空后，压强很低(0.003MPa)，箱内气体更加接近理想气体条件，用理想气体状态方程能保证一定的精度。

由于绝对真空不可能达到，箱体内即使抽取至最高真空度(0.003MPa)，仍然剩有少量气体。其次，真空干燥箱虽然设计密封，但在较长时间的升温过程中也会存在有漏气现象。另外，在接近真空的负压环境下，功能流体的沸点会比常压下低，虽未达到沸点，其蒸发量也会随着温度的上升而增加。因此我们首先做一个箱内不加多孔材料的空工况作为对比，放置纯功能流体体积与多孔材料/功能流体混合液体积相同，进行相同条件的实验，以排除以上因素的影响。本实验选择甘油为功能流体展开。由于甘油的沸点较高，在加热过程中汽化程度较水溶液弱很多，与选择水溶液相比，存在以下两点优势：①可以在更大的温度范围内进行实验，提高实验精度；②透过真空干燥箱的玻璃门可以观察到腔体内混合液气泡的逸出情况，功能流体蒸发后在玻璃门内侧发生凝结会严重影响观测，选用甘油将更有利于观测和采集更加清晰的照片。

实验进行前，我们分别对等体积的甘油和甘油/ZSM－5沸石母样混合液进行真空脱气处理。随后对其依次进行测试。测试时，先将被测对象放入真空干燥箱内，并抽至能达到的最大真空度(0.003MPa)。然后启动干燥箱的升温程序，逐渐升温到100℃，过程中实时读取记录真空干燥箱内的压力和温度。压力与温度曲线将反映过程内真空干燥箱内大环境的气体量的变化。

对于空工况，有：

$$pV_0 = n_0RT \tag{5-4}$$

可得：

$$n_0 = \frac{pV_0}{RT} \tag{5-5}$$

式中，p 为真空干燥箱内的压力；V_0 为真空干燥箱内除去放入样品后的剩余体积；n_0 为空工况下真空干燥箱内气体物质的量；R 为理想气体常数；T 为真空干燥箱内的温度。

对于含有的多孔材料的工况，箱体内气体量的变化包括空工况下气体量 n_0 的变化和纳米多孔材料孔内气体的逃逸量 Δn。根据理想气体状态方程：

$$p'V_0 = (n_0 + \Delta n)RT \tag{5-6}$$

可得：

$$n_0 + \Delta n = \frac{p'V_0}{RT} \tag{5-7}$$

通过式(5－7)减去式(5－5)，我们得到实验用ZSM－5型沸石在升温过程中

释放气体的变化量 Δn。

图 5－24 所示为空工况、加多孔材料工况以及最终实验用 ZSM－5 型沸石在升温过程中释放气体的变化量 Δn 随温度变化的趋势。在升温到 100℃时，材料孔内溢出气体量为 $4.642e^{-4}mol \cdot g^{-1}$。我们知道，样品的孔容积是 $0.31cm^3 \cdot g^{-1}$，那么可以得到材料的单位孔容积中含有的气体分子个数为 $0.9014nm^{-3}$。

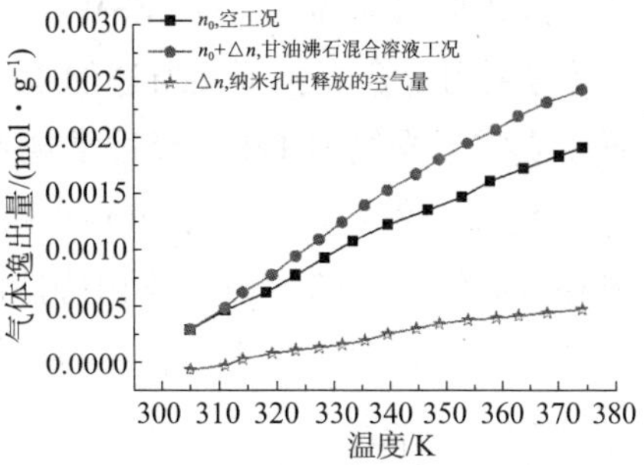

图 5－24 真空脱气处理后，升温过程中单位质量样品孔内气体的逸出量

在干燥箱升温过程中，我们拍摄了甘油/ZSM－5 型沸石母样混合液气泡逸出的过程。图 5－25 即为在实验过程中所拍摄的照片。图(a)～图(d)是隔着真空干燥箱的玻璃门拍摄的，混合液在干燥箱内。虽然图片逐渐模糊，但还是可以清晰地分辨出，随着箱体内温度的升高，气液界面的气泡含量逐渐增多，厚度越来越厚。图(e)是在实验升温结束后将混合液从真空干燥箱内取出后拍摄的。从图片中我们可以看到，即使是在大气压下，混合液表面依旧有很多细小的气泡，并且也还有很多细小气泡附着在玻璃烧杯的杯壁上。这组照片很好地证明了我们关于在真空脱气处理后多孔材料孔道内依旧残留气体的理论。

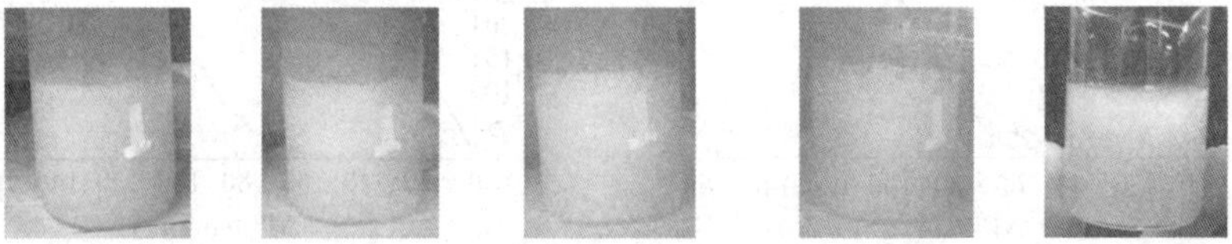

(a)318K (b)333K (c)348K (d)363K (e)大气环境中

图 5－25 真空脱气处理后，甘油/ZSM－5 型沸石母样混合液在真空干燥箱内升温过程中气泡逃逸过程照片

5.4.2 两种不同含气量的 NEAS 的压力－体积特性测试实验对比

所选用的 ZSM－5 型沸石经过 600℃，6 h 的恒温处理后，表面是憎水的。将处理后的沸石与甘油按照质量比为 1：10 混合，组成 NEAS。对于该系统，甘油分子需要在外加载荷的作用下才能进入沸石孔道中去。当外加载荷去除后，流出孔道的甘油量与加压前孔道残余气体量有密切关系。本节研究了两个含气量不同的系统的压力－体积变化特性，讨论了 NEAS 中含气量对液体出孔过程的影响。下文所述未脱气系统，是将 ZSM－5 型沸石与甘油混合后，在干燥环境中放置 12h 后得到的混合液；下文所述的脱气系统，是将 ZSM－5 型沸石与甘油混合后，放置于真空干燥箱内 12h，经过常规真空脱气处理后得到的混合液。

图 5－26 是实验获得的脱气和未脱气的系统在准静态和较快的加载速率以及常温和较高温度下的压力－体积特性曲线。在加载初期压力较低时，甘油分子未能突破液固两相的表面张力，压力－体积变化趋势近似线性。一旦压力大于临界

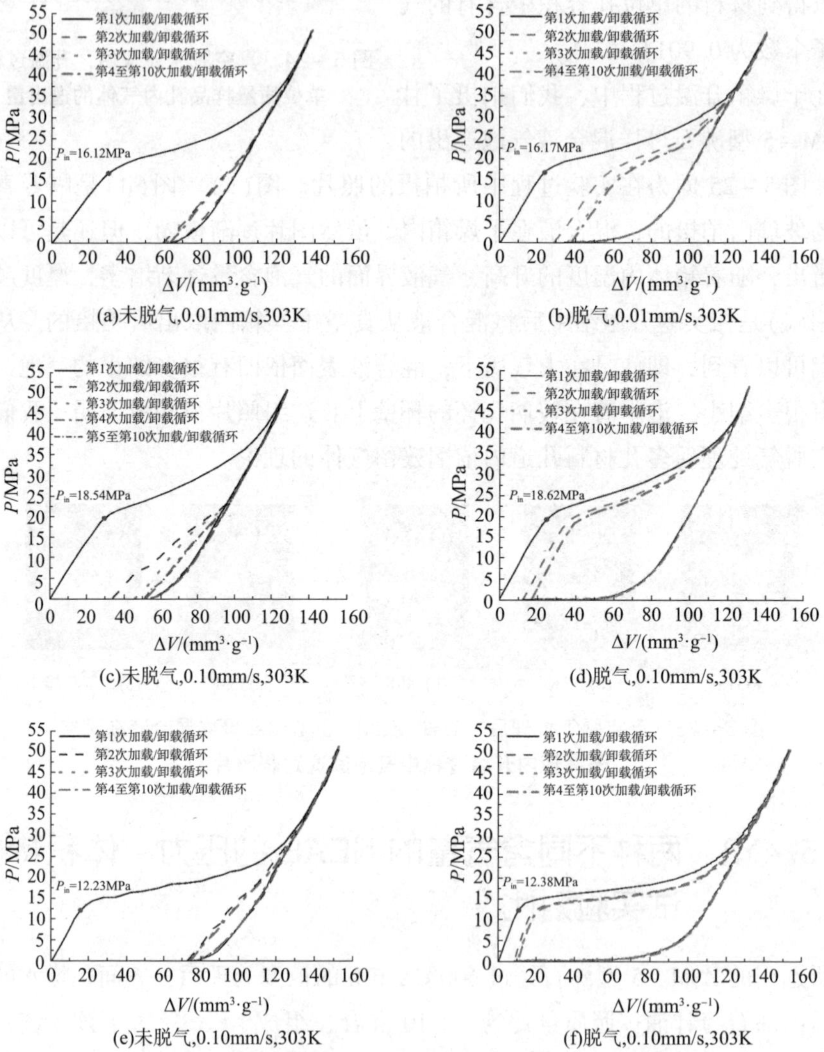

图 5－26　脱气系统与未脱气系统十次加载/卸载循环下的压力－体积特性曲线
（加载速率：0.01mm/s 和 0.10mm/s，系统温度：303K 和 348K）

渗透压，液固两相的表面张力被突破，甘油分子源源不断地进入到沸石孔道中去，在压力－体积特性曲线上形成一个压力平台。当沸石孔道被填满后，压力－体积特性曲线又恢复了初始的近似线性的变化趋势。在卸载过程中，当外界压力低于临界出流压力后，甘油分子开始流出沸石孔道。然而当压力恢复到 0.1MPa 时，压力－体积特性曲线并未回到加载的起始位置。对应于不同的工况，甘油分子呈现出不同的出流程度。

图 5－26(a)(c)展示了十次加载卸载过程中，未脱气系统在 0.01mm/s 与 0.10 mm/s 两个加载速率下的压力－体积特性。在 0.01mm/s 的加载速率下，未脱气系统在经历了一次循环后液体出流量很小，第二个循环的包覆面积非常小，不可重复使用。提高加载速率至 0.10mm/s 后，虽然第一个循环后液体的出流量有所增加，但压力－体积包络线在随后的循环中也逐渐萎缩，系统依旧不可重复使用。

图 5－26(b)(d)展示了十次加载卸载过程中，脱气系统在 0.01mm/s 与 0.10mm/s 两个加载速率下的压力－体积特性。与未脱气系统的工况相比，可以看出排除系统内的多余气泡可以显著提高系统的可重复使用性。在脱气系统中，虽然在首次循环后，也有部分液体分子滞留在孔道中无法出流，但是在两到三次加载/卸载循环后，再往后的循环的压力－体积特性曲线是重合的，系统达到了吞吐平衡，压力－体积特性曲线上也出现了一个压力平台。

图 5－26(e)(f)展示了将环境温度提升至 75℃时，十次加载卸载过程中，脱气系统与未脱气系统的压力－体积特性。可以看到，对于脱气系统中，系统温度的升高并不改变系统的稳定性，系统在经历三个加载/卸载循环后便达到了吞吐平衡，可重复使用性能有所提高。而对于未脱气系统，提升系统温度后，第一个循环的加载线就出现了微小的波动，表明了进孔过程的不稳定。显然，系统温度的提升使得气液两相的相互作用更加强烈，系统中的气泡加强了这种不稳定因素，使得进孔过程的压力－体积特性曲线出现了波动。关于 NEAS 中气液的相互作用将会在后文中详细阐述。

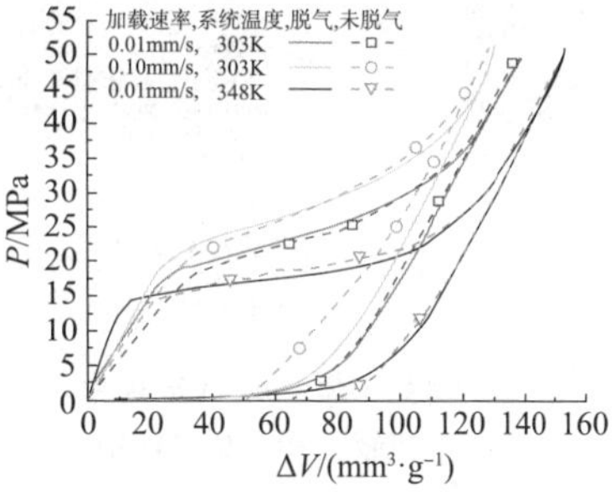

图 5－27　脱气系统为未脱气系统首次加载/卸载循环对比图（加载速率：0.01 mm/s 和 0.10 mm/s；系统温度：303 K 和 348 K）

图 5－27 将几种不同工况下第一次加载卸载的循环提取后绘制在同一幅图中。由图可见，对于脱气和未脱气的系统，其第一次加载卸载/循环中液体可渗入的有效孔体积是相同的。虽然孔道内的残余气体量不同，但是由于气体的可压缩性很

强，在相同工况下，第一个加载过程的压力－体积曲线相差不大；然而，第一个卸载过程结束后，液体的出流情况却大不相同，说明孔道残余气体量主要影响的是液体的出流过程。

将 $\Delta V_{in}^{i}/\Delta V_{in}^{1}$ 定义为有效渗入比，$\Delta V_{de}^{i}/\Delta V_{in}^{1}$ 为相对流出率，其中 ΔV_{in}^{i} 是第 i 次循环下进入纳米孔道的液体体积，ΔV_{de}^{i} 是第 i 次循环下流出纳米孔道的液体体积。在第一个循环结束后，并不是整个纳米孔道都能够被甘油分子填充，而且在出流过程中，还有一部分甘油分子被滞留在孔道中无法出流。在加载过程中，由于高压的作用，沸石孔道可能会发生坍塌，Si—O—Si 键断裂变成 Si—O 键[9,10]。第一个加载/卸载循环结束后，系统未能恢复到加载前的状态一方面是由于系统中多孔材料的塌陷（这部分损失是不可逆的）[11]，而另一方面是由于液体分子被困在缺陷位中而不能完全出流。认为第一个加载过程中进入孔道的液体体积 ΔV_{in}^{1} 为最大的可渗入孔体积，取 ΔV_{in}^{1} 作为后续比较的基准值。

图 5－28 中绘制了十次加载/卸载循环下，脱气系统和未脱气系统在不同工况下的有效渗入比和相对流出率。由图可见脱气系统的有效渗入比和相对流出率均高于未脱气系统。一定量的残余气体可以帮助推动液体的出流，然而，过多的系统含气量则会导致系统的不稳定和不可重复使用。在较高的加载速率和系统温度下，有效渗入比和相对流出率都有所提升。

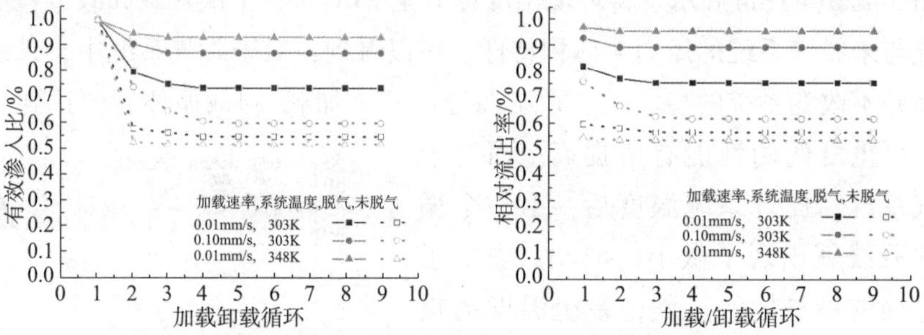

(a)有效渗入比　　(b)相对流出率

图 5－28　脱气系统与未脱气系统的有效渗入比与相对流出率对比图
（加载速率：0.01mm/s 和 0.10mm/s；系统温度：303K 和 348K）

5.4.3　残余气体量对液体出孔过程的作用机理

大体上，可以将功能流体与多孔材料混合液中的气体分为以下三类：一类是在混合多孔材料与液体的过程中引入的小气泡；一类是溶解在液体中的气体；一类是困在多孔材料孔道中的气体。对于一个未脱气系统，虽然多孔材料与液体的混合液制备完成后在干燥环境中放置了 12h，但是混合过程中引入的小气泡并不会自发地排出系统，溶解在液体中的气体和原本就存在于孔道中的气体也不会消除。因此在未脱气系统中，以上所述三类气体都存在。对于一个脱气系统，12h 的真空脱气处理将除去配液过程中引入的小气泡，也会脱除溶解于液体中的这部分气体，孔道内的气体虽不能完全脱除干净，但其残余气体量小于未脱气系统中纳米多孔材料孔道残余气体量。然而，系统完成真空脱气处理后，需要取出真空干燥箱，这个过程中，脱气后的混合液不可避免地会脱离真空环境，只需要短短数秒，空气中的气体会再一次溶解到混合液当中。假设脱气系统和未脱气系统中溶解的这部分气体量是相同的，因此，这两个系统气体量最主要的差别在于：未脱气系统中有大量的为溶解气泡(配合过程中引入的)，而脱气系统中没有。

在液体进出孔的过程中，以上所区分的三类气体所起的作用是不同的。根据 Qiao 等的研究，在小于几纳米的孔道中，气体分子更加倾向于团聚成团，当外压降低时，该团簇气体将帮助液体出流[8]。在纳米受限环境中，气体与液体分子是以分子链的形式排列在纳米管中的[12,13]，径向的约束使得给分子间很难发生交换[14]。因此，无论是脱气系统还是未脱气系统，纳米多孔材料孔道内的气体都可以帮助流体出孔。对于一个布满了未溶解的小气泡的系统，虽然气体的溶解度会随着压力的增大而提高，但难免会有未溶解小气泡被压入多孔材料孔道内，形成一段或长或短的气柱。当然，在受压过程中也一定会有液体进入到多孔材料孔道中去。图 5－29 描绘了两种不同含气量的系统的纳米孔道中的气液两相的共存关系。由于多孔材料孔道内本身就有残余气体，在纳米孔道的内侧，一定会存在一段气柱。在脱气系统中，由一整个液柱或液体分子组成的链条填充剩余管道空间；而在未脱气系统中，气柱或气体分子与液柱很有可能交替出现。在液固两相相互不浸润的系统中，固壁面对液体分子的斥力是卸载过程中推动液体分子出孔的重要动力之一。憎水性沸石材料孔道内的水分子更倾向于团聚成一个纳米液滴，其氢键向内伸展，只有极少的外挂 OH 键[15]。然而在固壁面与气体分子之间则不存在这种相互斥力。在受限纳米孔道中，插队的气体分子将打断液体分子链的连续性，原本液体分子之间的相互吸引力变成了液体分子与气体分子之间的

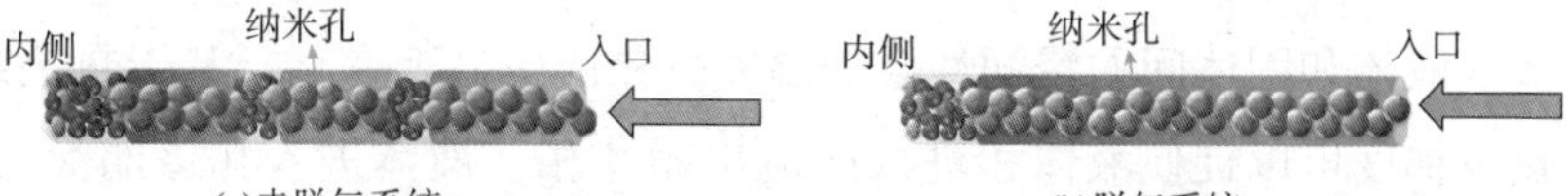

(a)未脱气系统　　(b)脱气系统

图 5－29　两种不同含气量的系统的纳米孔道中的气液两相的共存关系
(气体团簇，液柱或液体分子串)

排斥力。由于缺少了固壁面的斥力对液体分子的推动作用，而又增加了液体分子与气体分子之间的排斥作用，液体分子更倾向于被困在纳米孔道中。这种非浸润性液体被困在纳米孔道内的现象是相邻的气液分子及液固两相相互作用达到热平衡后的结果。

在未脱气系统中，纳米孔道里液体分子链与气体团簇或分子相互交替的这种排布方式是不稳定的，尤其是在高加载速率和高系统温度下，这种不稳定性将更甚。图5－26(c)(e)中压力－体积特性曲线上出现的波动就是由于在高加载速率与高系统温度的条件下，系统中多余的小气泡未能及时溶解就被压入了纳米孔道中，气体团簇相较于气体分子更容易出现。而液体分子链与气体团簇交替出现的情况从能量的角度来看是更加不稳定的。从分子热运动的角度，相邻的气体和液体分子将不停地以较高的速度和频率发生随机互碰撞，因此会逐渐地有气液分子交换的现象发生，尽管从概率统计的角度来讲，受限纳米环境下的气液分子间的交换比宏观状态下气液分子间的交换要慢得多。温度越高，气液两相间的相互作用越激烈，系统就越不稳定。在相对较大的孔道中，还有可能发生气窜现象。这很有可能是导致图5－26(e)中75℃下系统稳定性下降的原因。

综上，气体对NEAS的影响主要在于其对液体出孔过程的影响上。一方面，原本就存在于纳米孔道内的气体在受压过程中，有可能团聚成气体团簇，该气体团簇将在卸压过程中推动液体出孔。另一方面，NEAS中的多余气体，尤其是气泡，被压入纳米孔道后将打断孔道内液体分子链的连续性，降低液体出孔的推动力，从而降低系统的可重复使用性。另外，过多气体含量将降低系统的稳定性，尤其是在高加载速率与高系统温度的工况下。

5.5 系统温度对纳米流控填充配方性能影响

5.5.1 纳米流控系统温变响应机理

大多数液体和固体间的浸润性会随温度变化产生显著变化。基于热毛细对流效应，热量梯度可以促使液体相进入或流出固体相。液体进入孔道的渗透压 P_{in} 可由杨氏方程 $P_{in}=-4\gamma\cos\alpha/D$ 确定，式中，D 为多孔材料孔道的有效特征直径，γ 为气液界面张力，α 为液固相界面接触角。由于表面张力 γ 和接触角 α 均为温度的函数，渗透压 P_{in} 也是由温度确定的量。当外部压力为常数时，这个常数在某一温度下可能高于当前的 P_{in}，而另一温度下可能低于当前的 P_{in}，这就使得温度变化可以成为控制液体能否渗透，孔道能否浸润的“开关”。通过温度的控制与调节，可以驱动流体流入或流出孔道。另一方面，温度的变化也会引发材料的热胀冷缩效应，对于一个密闭系统，温度的变化会导致压力的变化，从而引发流体自发地流入或流出多孔介质孔道，实现压力的自适应与自调节功能。

在高温、高压井中，封隔器工作环境恶劣，胶筒受力复杂，很容易发生密封失效。将纳米流控系统优良的抗压变、耐温变的性能引入封隔器胶筒材料中，则可有效缓解封隔器密封失效的问题。

采用蜂窝骨架封装纳米流控系统后，图 5－1 所示的进孔平台期与出孔平台期之间的范围即为该种智能弹性胶筒材料的理想工作区间。临界渗透压 P_{in} 和临界出孔压力 P_{out} 即该种智能弹性胶筒材料的上下压力阈值。当封隔器胶筒受压高于上压力阈值（临界渗透压 P_{in}）后，封装在骨架内的液体突破液固相界面能，进入到多孔介质孔道当中，借助自身形状（体积）的变化来平衡外界压力变化，从而使压力稳定在一定范围内，封隔器胶筒施加在外围套管和内侧油管的交变应力也因此稳定在一个较小范围内。当封隔器胶筒受压降低，则液体会在液固两相斥力的作用下流出多孔材料孔道，封隔器胶筒体积膨胀，更好的密闭环空。

当环空温度发生变化时，会改变液固两相之间的浸润性，也会引发材料体积发生热胀冷缩的变化从而引发压力的变化，在所述工作区间内，压力变化会引发流体流入或流出多孔材料孔道，从而实现智能调节，最终实现对外体现压力不变或变化微小。下文采用 ZSM－5 型沸石与水所构成的纳米流控系统为例，来讨论在温度变化时，由该系统组成的封隔器胶筒材料的密封性能。

5.5.2 温度对系统可重复性的影响

图 5－30 所示为 ZSM－5 型沸石与纯水系统在不同系统温度下十次循环加载后的压力－体积特性曲线。由图可见，对于 ZSM－5 型沸石与纯水系统，前两次加载卸载循环结束后，卸载线并未回到加载起始的位置，系统的相对位移变化不为 0，说明压入沸石孔道内的水并未完全流出孔道。导致该现象的原因有两个：一是由于个别液体分子被困在多孔材料的孔道结构中，没有成功流出造成的损失；二是由于在加载受压过程中，多孔材料个别结构塌陷造成永久的不可恢复性损伤造成的损失。随着环境温度的提升，液固两相分子的动能提高，困在多孔材料孔道内的液体分子能够被激活而重新补充到下一轮的循环当中。如图 5－30（b）（c）（d）所示，第二三次加载的起始位置与首次加载的起始位置逐渐靠近，证

明了原因一的正确性。对于上述原因中的第二种情况，理论上在每个系统中一般只会发生一次，是在首次加载过程中出现，因为后续的循环过程与初次循环过程一致，可以认为在首次加载过程中没有出现塌陷的孔道是经受住了考验的。自第2次加载卸载以后，系统达到吞吐平衡，第3次至第10次的加载卸载压力－体积变化特性曲线完全重合，说明该系统受压后的变形与恢复过程完全可重复，系统可以重复使用。

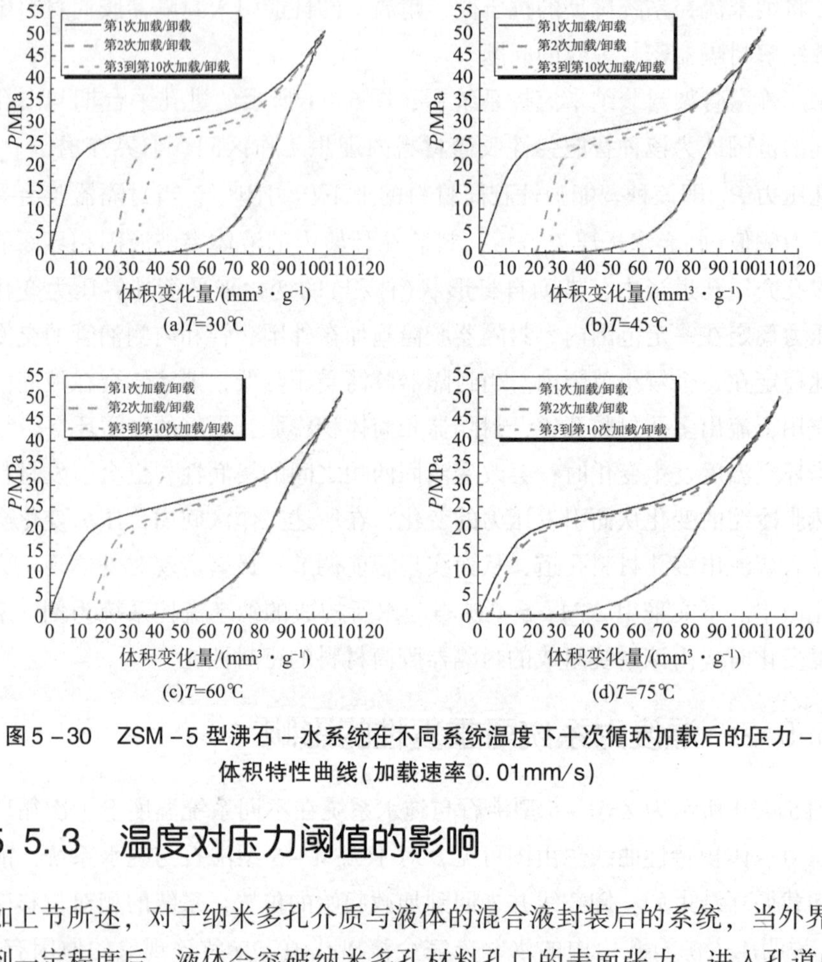

图5－30　ZSM－5型沸石－水系统在不同系统温度下十次循环加载后的压力－体积特性曲线(加载速率0.01mm/s)

5.5.3　温度对压力阈值的影响

如上节所述，对于纳米多孔介质与液体的混合液封装后的系统，当外界压力升高到一定程度后，液体会突破纳米多孔材料孔口的表面张力，进入孔道中去，这一压力值称为临界渗透压 P_{in}，体现为封隔器胶筒材料的上压力阈值。在卸载过程中，当外界压力低于临界出孔压力 P_{out} 时，液体在液固两相间相界面斥力的作用下流出多孔材料孔道，P_{out} 体现为该封隔器胶筒材料的下压力阈值。图5－31给出了ZSM－5型沸石与水系统在不同温度下，十次加载/卸载循环过程的上下压力阈值。

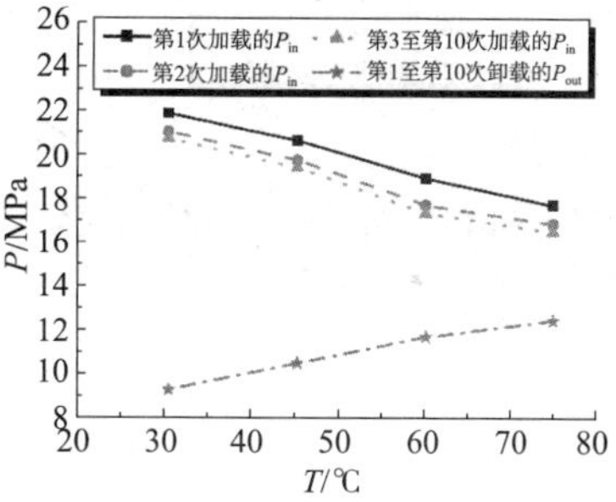

图 5－31 ZSM－5 型沸石与水系统十次加载/卸载循环下温度对压力阈值的影响

由图 5－31 可见，随着环境温度的提升，沸石－水系统的上压力阈值呈现线性减小的趋势。系统温度的提升意味着液体分子具有更高的分子动能，因此只需要较小的外界推动就可以克服表面张力的阻碍进入多孔材料孔道当中。当沸石－水混合液被密闭于前文所述的蜂窝骨架中，设温度是唯一引起环境压力变化的原因，则：若当前 P_0低于压力阈值 P_{in}，则液体暂未进入孔道，温度的升高将导致环境压力升高，而混合液系统压力阈值降低，环境压力与压力阈值差值减小。一旦环境压力高于压力阈值，液体分子将源源不断的流入多孔介质孔道中去，封隔器胶筒通过自身体积的变化平衡外界温变引起的压变。因此，当环境温度升高后，该封隔器胶筒材料的上压力阈值降低，提前平衡外界温变引起的压变，具有更加优良的抗温变性能。

结合图 5－30 中不同温度、不同循环次数下的卸载曲线，可以看出不同的加载/卸载循环对于液体的出孔过程并无影响。正如图 5－31 所示，相同温度下第 1 到第 10 次卸载的下压力阈值是相同的。然而，随着温度的升高，下压力阈值逐渐提升，但下压力阈值始终低于该温度下的上压力阈值。

综上，当系统温度在 30～75℃范围内变化时，以 ZSM－5 型沸石－水作为填充介质的封隔器胶筒材料，其上压力阈值随温度的提升逐渐降低，而下压力阈值随温度的提升逐渐增大，上下压力阈值之间压差减小。该封隔器胶筒材料的有效工作区间实际上是位于进孔平台的上限值与出孔平台的下限值之间的区域。上下压力阈值间的差值减小，意味着封隔器胶筒材料在服役期间的压力将稳定在更小的区间范围内，具有更好的工作性能。

5.5.4 温度对相对流出率的影响

液体的相对流出率 $\Delta V_i/\Delta V_{1st}$定义为当前循环过程中流出多孔介质的液体体积量 ΔV_i与首次加载中流入多孔材料液体体积量 ΔV_{1st}的比值。它表征了多孔介质在系统中工作时的吞吐能力，是一个重要的系统工作指标。图 5－32 提取并比较了不同温度下 ZSM－5 型沸石孔道中水的相对流出率。比较十次加载卸载过程液体的相对流出率，由图可见，随着温度的提高，液体的相对流出率逐渐增大。

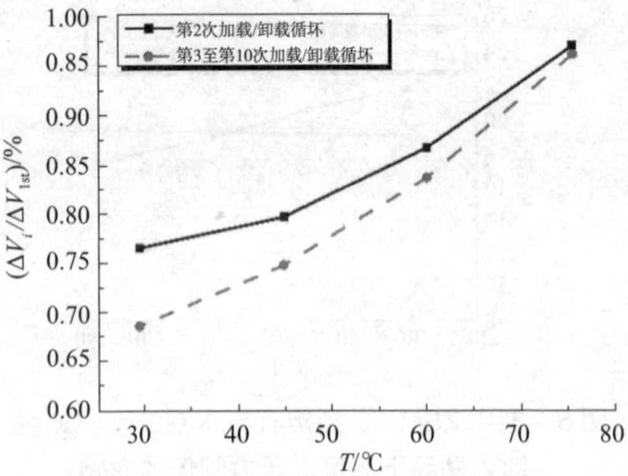

图5-32　不同温度下 ZSM-5 型沸石与水系统十次加载/卸载循环下的相对流出率

当系统温度增加到75℃时，循环次数对系统的有效渗入比和流出率的影响基本都可忽略。在系统温度为75℃时，系统吸收能量的潜力有很大提升。

温度对混合液系统相对流出率的提升主要作用在两方面。一方面，温度的升高会使得液体的黏性降低，在流入流出孔道过程中，液固两相间摩擦阻力更小，摩擦耗散的能量越低，这就意味着需要较低的能量就可以克服摩擦耗散能，流入流出相对容易；另一方面，随着系统温度的升高，气体溶解度减小，孔道内的残余气体在压缩过程中更容易聚集成一团(而不是溶解到液体当中)，在卸载过程中，团簇气体将推动孔内液体流出孔道，提高相对流出率。当沸石-水混合液被密闭于前文所述的蜂窝骨架中，由于温度对气体体积状态的影响远大于其对液体体积状态所带来的影响，则由温度的提升带来的液体体积的膨胀较小，由该体积膨胀带来的系统内压力增大则可忽略不计(系统内压力增大对液体出孔而言是不利因素)；但温度的提升会引发的相对流出率的提升是很明显且不可忽略的。

在系统中，相对流出率的提升意味着给下一轮循环提供更大的有效进孔空间。该空间则可用于平衡因温度升高而带来的体积的增量，封隔器胶筒材料的变形能力增强。反之，若环境温度降低，则油管、套管体积收缩，油套管之间的空隙变大。而此时封隔器胶筒材料的压力阈值升高、变形能力减弱，体积则会随温度的减小而增大，正好填补油套管之间因温度降低而引起的间隙增量，更好的保证油套环空的密封。

5.6　加载速率对纳米流控系统性能影响

外部载荷加载速率的变化极大程度上影响着液体在纳米孔道入口处的渗透压及其在孔道内的输运行为。为考量加载速率和温度对纳米流控填充配方的耦合作用，以沸石/水系统为例，分别在30℃、45℃、60℃和75℃的四种不同系统温度下测试沸石/水系统的压力-体积特性。在装卸过程中施加均匀载荷，加载速率控制为0.01mm/s、0.02mm/s、0.04mm/s、0.06mm/s、0.08mm/s和0.10mm/s。在每个工作条件下进行十次连续的加载/卸载循环。

5.6.1　ZSM－5沸石/水填充配方的应用特点

将压力室内的压力特定体积变化绘制为$P-\mathrm{d}V$曲线，以分析ZSM－5沸石/水系统的性能。其中，P被定义为系统中的压力，它是直接从压力传感器获得的。$\mathrm{d}V$定义为系统每单位质量沸石的体积变化，它等于活塞所占据的体积$A\times\mathrm{d}V$除以沸石的质量，其中A和$\mathrm{d}V$分别是活塞的横截面积和位移。

选择沸石/水系统在两种典型工况的10次加载/卸载循环下的$P-\mathrm{d}V$曲线，如图5－33所示。一种是系统温度在30℃的工作条件，加载速率为0.01mm/s，另一种是系统温度在75℃，加载速率为0.1mm/s的工作条件。从图中可以看出，在前两个加载/卸载循环后，卸载线没有恢复到加载的初始位置，说明流入沸石孔道的水分子在卸载后没有完全流出孔道。系统有效的孔隙体积存在损失，即压力平台区的有效变形量减少。这种现象在纳米流控系统的最初几个加载/卸载周期中是不可避免的。由于多孔介质的孔隙结构不完全规则，有缺陷的结构在高压下会坍塌。在这种情况下，有效孔体积会永久性减少。更重要的是，液体分子可能会残留在多孔介质的孔隙中，在卸载后不会成功流出，这导致在下一个循环中有效的孔体积存在损失。由于液体分子残留而导致的有效的孔体积损失不是不可逆的。随着系统温度的升高，残留的液体分子可能会重新流出孔隙[11]。根据实验结果，第3次到第10次加载/卸载循环的压力－体积变化特性曲线完全重叠。该系统在一定的工作条件下，在前两个周期后达到了平衡状态。由于系统在应用过程中应处于稳定且可重复的工作范围内，因此下面仅分析系统在每次实验中达到平衡状态后获得的数据。

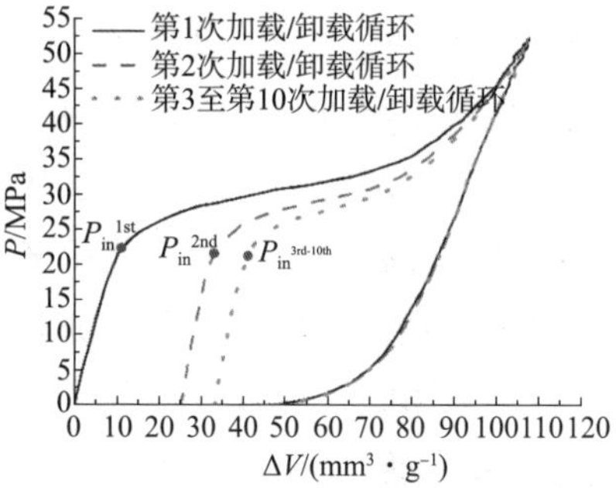

(a)系统温度30℃,加载速率0.01mm/s

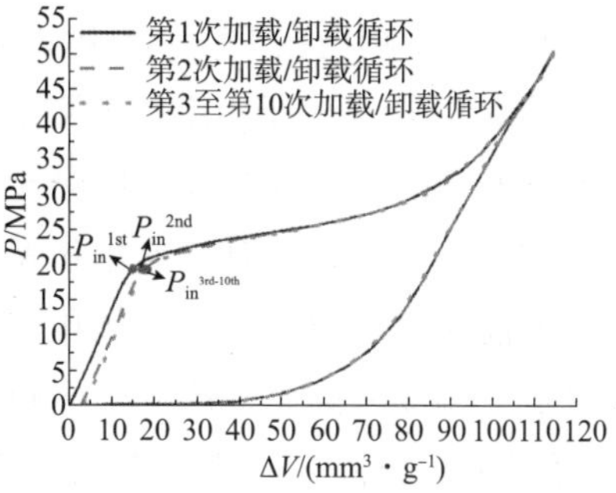

(b)系统温度70℃,加载速率0.10mm/s

图5－33　两种典型工况(10次循环)的ZSM－5沸石/水填充配方的$P-\mathrm{d}V$曲线

相对流出率 $\Delta V_{de}^{i}/\Delta V_{in}^{1}$ 是表征系统中液体流入/流出能力的重要工作指标。它被定义为第 i 次加载/卸载循环之后的液体流出量 ΔV_{de}^{i} 与第一次浸入过程中液体流入量的比率 ΔV_{in}^{1}。图 5 – 34 提取了当系统中液体达到稳定的流入/流出平衡时被测系统的相对流出率，其中 i 大于 3。比较了四种不同系统温度和六种不同加载速率的工作条件。

从图 5 – 34 可以看出，沸石/水填充配方的相对流出率随着加载速率和系统温度的升高而逐渐增加。系统温度越高，随着加载速率的增加，相对流出率的增加越平缓。当系统温度达到 75℃时，加载速率对相对流出率没有明显影响。

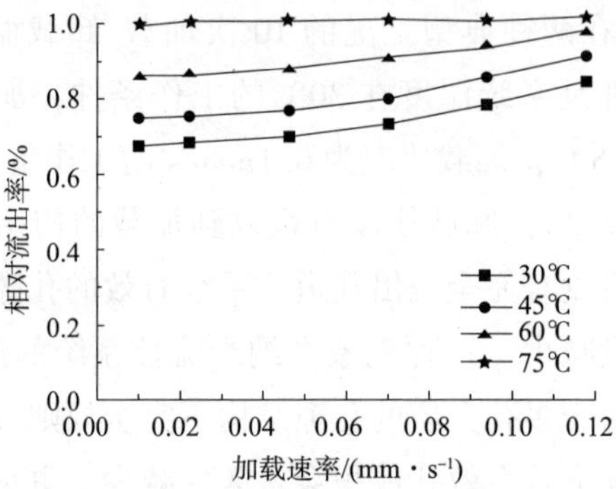

图 5 – 34　加载速率和系统温度对 ZSM – 5 沸石/水填充配方相对流出率的影响

由于水分子之间的强氢键，液相和固相之间的排斥力以及团簇气体的推动作用，液体可以从多孔介质中流出。加载速率的变化不会改变水分子之间的氢键和液固斥力，但会影响体系中气液相的状态。加载速率越高，弛豫时间越短，气体分子从孔隙中扩散出来的概率就越低。因此，气体分子更倾向于聚集成簇。文献中的研究结果表明，孔隙通道中的高压气体团簇是液体流出的驱动力[8,14,16]。因此，加载速率的增加将在一定程度上增加液体的流出量。温度对纳米流控系统中液体流出的主要影响还在于液 – 固和液 – 气相互作用两个方面。正如 Xu 等[17]报道的那样，在纳米碳/去离子水系统中测量的液相的标准黏度从 293 K 增加到 348 K。当系统温度升高时，标准黏度降低会导致流出过程更加容易。在水分子从孔隙中流出的过程中，温度较高时，液相和固相之间的摩擦阻力较小，因此用来克服摩擦而产生的能量耗散较低，液体从孔隙中流出更加容易。另一方面，随着气体溶解度的降低，温度升高，气体分子更倾向于聚集成团簇，导致液体分子更容易流出[11]。通过上述分析，加载速率和系统温度的提高都有利于气团的形成，有助于带动液体流出。然而，气团的形成有一个上限，实验结果证明了这一点。当系统温度达到 75℃时，加载速率的变化对液体的相对流出率基本没有影响。

在封隔器胶筒应用中，由加载速率和升温引起的纳米流控系统相对流出率的增加是有利的。外部加载速率的增加可能需要更高的变形能力来缓冲过量的能量。相对流出率的增加表明在下一个循环中有效孔体积更大。因此，封隔器胶筒的坐封能力更强。由于沸石/水填充物在使用过程中是密闭的，温度升高会导致液相体积膨胀。此外，增加的有效孔体积还可用于平衡由升温引起的体积膨胀。

5.6.2 ZSM－5 沸石/水填充配方的压力阈值

对于纳米流控系统，当外界压力升高到一定程度后，液体会突破纳米多孔材料孔口的表面张力。该压力值称为临界渗透压。当用作封隔器胶筒的填充配方时，临界渗透压体现为封隔器胶筒的压力阈值。压力阈值被定义为渗透等温线斜率与渗透前第一个倾斜变形阶段的斜率相比变化超过 20% 的第一个点。

图 5－35 显示了沸石/水系统在六种不同的加载速率和四种不同的系统温度下提取的压力阈值。由图可见，当加载速率在 0.01～0.1mm/s 范围内、温度在 30～75℃的范围内变化时，沸石－水配方弹性层的压力阈值可稳定在 21.5MPa±2.5MPa 范围内。随着加载速率的提升，压力阈值总体上呈逐渐升高的趋势。当加载速率小于 0.06mm/s 时，系统的加载/卸载过程接近准静态状态，加载速率对渗透压的提升作用并不是很明显。当加载速率大于 0.06mm/s 时，随着加载速率的进一步增加，渗透压增幅较大。在较高的加载速率下，孔隙入口附近液体分子的弛豫时间较短。弛豫时间越短，液体分子在离开大量水进入孔道时将遇到更高的能量壁垒，导致较高的压力阈值。当加载速率足够慢时，流体分子便有足够的反应时间调整好位置并以接近热平衡的状态进入孔道。这实际上是准静态过程的本质。

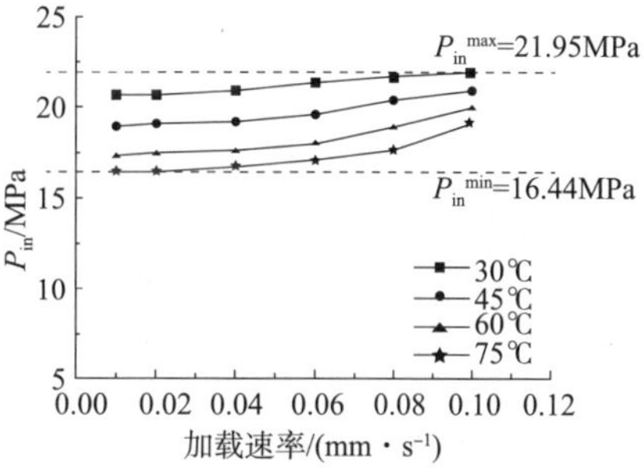

图 5－35 加载速率和系统温度对 ZSM－5 沸石/水填充配方压力阈值的影响

由于温度影响分子热运动的剧烈程度，影响液固相之间的润湿性[18]，并因此影响压力阈值的变化。系统温度对压力阈值的影响也如图 5－35 所示。可以看出，当系统温度升高时，沸石/水填料的压力阈值降低，这是按照润湿性随温度的变化规律而变化的。系统温度的提升使液体分子具有更高的分子动能，以克服毛细管排斥，并在较小的外部推力下进入孔隙。在应用过程中，温度的升高会导致系统压力的上升和系统压力阈值的降低。系统压力和压力阈值之间的差异增加。封隔器胶筒会提前变形，以平衡较高温度和较低压力下的压力变化，表现出优异的抗温变特性。

5.6.3 ZSM-5 型沸石-水填充配方的有效形变量

纳米流控封隔器胶筒的形变量可以通过沸石/水填充配方的形变量来表征。由于该配方在应用过程中工作在性能稳定的区间，因此我们只关注系统在达到吞吐平衡以后有效孔体积随加载速率变化的规律。图 5-36 提取并显示了在不同温度和加载速率下外部压力达到 50 MPa 时沸石/水填充配方的形变量。所选填充配方在最大压力下的形变量可达 72.14 mm^3/g，随着环境温度及加载速率的增大，其最大压力下的有效形变量逐渐增大，符合弹性层的应用需求。如前文所述，与传统的封隔器胶筒相比，纳米流控封隔器胶筒对加载速率更加敏感。因此，在较高的载荷速率下，变形量的增加只是有助于吸收过多的冲击能量。

正如之前研究已经讨论过的，由于孔道缺陷的存在和气体分子的影响，在浸入过程中，并非所有多孔介质中的孔都可以被液体分子占据。液体分子在入浸过程中可以进入的孔体积被定义为有效孔体积。有效孔体积是决定温度和加载速率变化时填充配方体积变化的主要因素。图 5-37 显示了沸石/水填充配方在不同温度和加载速率下的有效孔体积。在当前加载过程中，多孔介质的有效孔体积实际上取决于先前加载过程的液体流出量。因此，不同工况下有效孔体积的变化与相对流出率的变化相同。加载速率对有效孔体积的影响随着系统温度的升高而减弱。系统温度越高，有效孔体积越大。温度升高使液体和固体分子的振动更加剧烈。分子之间的相互作用变弱，液体分子被困在孔道结构中的概率降低，有效孔体积随着系统温度的升高而增加。因此，沸石/水填料的形变量随着温度的升高而增加。

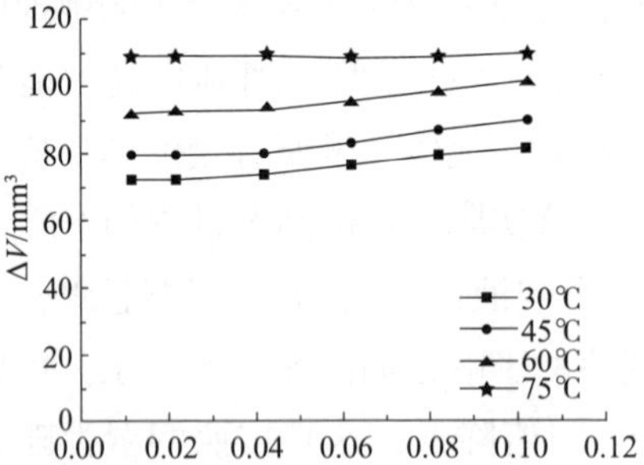

图 5-36 加载速率和系统温度对 ZSM-5 沸石/水填料有效形变的影响

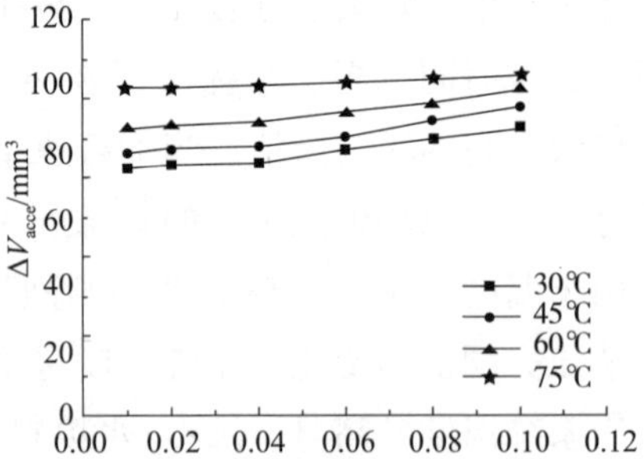

图 5-37 加载速率和系统温度对 ZSM-5 沸石/水填充物有效孔体积的影响

鉴于绝大部分材料都存在热胀冷缩的性质，所述系统的这种类似于“热缩冷涨”温变特性对于提升封隔器胶筒材料的在变温环境下的工作性能是非常有利的。若环境温度升高，则套管、油管及环空气体皆会膨胀，从而压迫封隔器胶筒。而所述材料的压力阈值随温度的升高而降低，意味着液体分子会提前进入纳米孔道中，平衡外界压力变化。同时，纳米流体封隔器橡胶的变形能力增加，这有助于吸收其他井下材料膨胀引起的变形增量。同时，所述材料有效形变能力会随着温度的升高而增大，可以更好地吸收其他材料膨胀引起的形变增量。反之，若环境温度降低，则套管、油管及环空气体皆会收缩，所述材料的压力阈值则会升高、有效形变量将会变小，这意味着原本在高温下进入了孔道的液体分子会由于温度的降低、系统相间浸润性的改变而被排出孔道，体积增大，从而填补其他材料收缩而引起的间隙增量，保证密封强度。

5.7 本章小结

纳米流控封隔器胶筒是基于纳米流控系统独特的压力－体积变化特性和蜂窝骨架优良的力学性能而研发的。以 ZSM－5 沸石/水纳米流控系统为例，对纳米流控封隔器胶筒的填充配方进行了实验研究，讨论了纳米多孔材料、功能流体、孔道残余气体以及加载速率对纳米流控系统性能的影响，并结合实验结果与已有文献报道的相关分子或离子微观运动过程，分析探讨了不同因素对纳米流控系统的作用机理。所得到的重要结论有以下几点：

(1)系统渗透压由孔径大小和材料表面润湿性能共同决定。对于有多级孔道结构的样品 B 和样品 C，NEAS 系统表现出双级(甚至多级)的渗透过程。在较大孔道被填充到一定程度、渗透压达到突破较小孔道界限时，流体分子开始进入较小孔道。双级/多级渗透过程的发现为同一系统中实现多级能量吸收开拓了前景。

(2)不同功能流体物性不同，与固体多孔材料组成 NEAS 系统后，系统性能与流体分子/流体团的大小以及流体与多孔材料间亲疏性能密切相关。对应相同的固体多孔材料，甘油系统的渗透压最低，去离子水系统的渗透压次之，饱和 KCl 溶液系统渗透压最高。甘油分子与固体壁面斥力较小，渗透压最低，其首次进孔有效孔体积最大，但后续相对出孔率最低；去离子水表面张力值高于甘油，因此去离子水系统渗透压与相对流出率也高于甘油系统；饱和 KCl 溶液由于系统内离子与水分子的团聚作用，其渗透压在三种系统中最高，有效孔体积最低，但相对流出率较高，与去离子水接近且随加载次数增加变化不大。

(3)残留在多孔材料孔道内的气体客观存在，且客观上很难去除。气体对NEAS的影响主要在于其对液体出孔过程的影响上。一方面，原本就存在于纳米孔道内的气体在受压过程中，有可能团聚成气体团簇，该气体团簇将在卸压过程中推动液体出孔。另一方面，NEAS中的多余气体，尤其是气泡，被压入纳米孔道后将打断孔道内液体分子链的连续性，降低液体出孔的推动力，从而降低系统的可重复使用性。另外，过多气体含量将降低系统的稳定性，尤其是在高加载速率与高系统温度的工况下。实际应用时，应结合实际情况，可通过预处理手段增加或减少孔道内残留气体量，也可置换孔道内残留气体成分，合理利用残留在多孔材料孔道中的气体，优化系统性能。

(4)以ZSM－5型沸石－水系统为填充介质，当环空压力及温度变化时，随着外压的增大/减小，液体能够自发地流入/流出多孔材料孔道，通过智能调节自身体积变化，实现对外所体现压力(也即自身受力)的平衡。压力－体积特性实验结果显示，当环境温度在30～75℃范围内变化时，系统具有良好的耐温变、抗压变性能，减小油套环空密封失效风险。随着环境温度的提升，系统的上压力阈值减小、下压力阈值增大，服役时的压力将稳定在更小区间范围内，其有效变形能力也将随着温度的升高而增大。这些特性随温度的变化趋势都有利于密封。

(5)ZSM－5沸石/水填充配方在前两个循环后达到吞吐平衡时，表现出稳定且可重复的工作状态。在目前的工作中，沸石/水填料的压力阈值稳定在19.195MPa±2.755MPa的范围内，变形量高达72.14 mm^3/g。虽然纳米流控封隔器胶筒与传统封隔器胶筒相比对加载速率变化更敏感，但这不会给这种新型封隔器胶筒的应用带来麻烦。当系统温度低于75℃时，加载速率对吞吐能力、压力阈值和形变能力有提升作用。在较高的加载速率下，这三个参数的增加能使封隔器胶筒密封性能更好。与传统的封隔器胶筒材料不同，纳米流控系统的温度变化特性类似于“热收缩和冷膨胀”。随着系统温度的升高，压力阈值降低，吞吐能力和形变能力增加。较低的压力阈值意味着填充配方提前发生形变以平衡外部压力的增加，较高的变形能力表明填充配方可以发生更多形变以吸收温度变化引起的形变增量。

通过调节纳米多孔介质与液体配方，可在较大范围内调节该封隔器胶筒材料的压力阈值、变形能力等工作特性，获得适用于服役条件的封隔器胶筒材料。该部分工作为纳米流控封隔器胶筒的应用提供了理论和数据支持。

参考文献

[1]Bankura A, V Carnevale, M. L Klein. Hydration structure of salt solutions from ab initio molecular dynamics[J]. The Journal of Chemical Physics, 2013, 138(1): 014501.

[2]Jarvis N. L, M. A Scheiman. Surface potentials of aqueous electrolyte solutions[J]. Journal of Physical Chemistry, 1968, 72(1): 74-78.

[3]Gallant R. W. Physical properties of hydrocarbons[J]. Hydrocarbon Processing, 1967. 46(5): 15.

[4]Holovko M, M Druchok, T Bryk. Computer modelling of hydration structure of highly charged ions and cationic hydrolysis effects[J]. Current Opinion in Colloid & Interface Science, 2004, 9(1-2): 64-66.

[5]Tommaso D. D, N. H de Leeuw. Structure and dynamics of the hydrated magnesium ion and of the solvated magnesium carbonates: insights from first principles simulations[J]. Physical Chemistry Chemical Physics, 2010, 12(4): 894-901.

[6]Shah A-u-H. A, K Ali, S Bilal. Surface tension, surface excess concentration, enthalpy and entropy of surface formation of aqueous salt solutions [J]. Colloids and Surfaces A: Physicochemical and Engineering Aspects, 2013, 417: 183-190.

[7]Jianbing Z, et al. Electrolyte solution transport in electropolar nanotubes[J]. Journal of Physics: Condensed Matter, 2010, 22(31): 315301.

[8]Qiao Y, G Cao, X Chen. Effects of gas molecules on nanofluidic behaviors[J]. Journal of the American Chemical Society, 2007, 129(8): 2355-2359.

[9]Watt-Smith Matthew J, et al. Simulation of Nonwetting Phase Entrapment within Porous Media Using Magnetic Resonance Imaging[J]. Langmuir the Acs Journal of Surfaces & Colloids, 2006, 22(11): 5180-5188.

[10]Kumzerov Y. A, et al. Freezing and melting of mercury in porous glass[J]. Phys Rev B Condens Matter, 1995, 52(7): 4772-4774.

[11]Zhang Y, et al. Experimental study on thermal effect on infiltration mechanisms of glycerol into ZSM-5 zeolite under cyclic loadings[J]. Journal of physics D: Applied physics, 2016, 49(2): 025303.

[12]Hummer G, J. C Rasaiah, J. P Noworyta. Water conduction through the hydrophobic channel of a carbon nanotube[J]. Nature, 2001, 414(6860): 188-190.

[13]John A T. Water flow in carbon nanotubes: transition to subcontinuum transport[J]. Physical review letters, 2009, 18(102).

[14]Sun Y, et al. Time-dependent Gas-liquid Interaction in Molecular-sized Nanopores[J]. Scientific Reports, 2014, 4(7521): 6547.

[15]Rigby S. P, K. J Edler. The influence of mercury contact angle, surface tension, and retraction

mechanism on the interpretation of mercury porosimetry data[J]. J Colloid Interface Sci, 2002, 250(1): 175-190.

[16]Zhang Y, Luo R, Zhou Q, et al. Effect of degassing on the stability and reversibility of glycerol/ZSM-5 zeolite system[J]. Applied Sciences, 2018, 8: 1065.

[17]Xu B, Wang B, Park T, et al. Temperature dependence of fluid transport in nanopores[J]. The Journal of chemical physics, 2012, 136: 184701.

[18]Yan Y, Li W, Wang W. The effect of wettability on the dynamical behaviors of single-walled carbon nanotube[J]. Advances in Mechanical Engineering, 2015, 7: 138249.

6 纳米流控系统数值模拟研究

在本章中，分子动力学模拟技术将用来研究功能流体在纳米孔内的流动现象，特别关注于功能流体在内能提升、孔径变化等因素下浸入憎水性纳米孔的特征规律，并讨论进孔后液体在固体纳米孔中的流动状态及切应力变化规律。

6.1 分子动力学模拟方法

分子动力学模拟是用统计力学方法来获得一个经典的多体系统的性质，体系中各原子体的运动轨迹遵守牛顿运动定律。对于非平衡系统，分子动力学模拟的主要过程包括初始条件和边界条件的确定、牛顿运动方程的数值求解和感兴趣量的提取。对于平衡系统，其分子动力学模拟过程与非平衡系统的主要差别在于边界条件和所提取的量与时间无关。

6.1.1 分子动力学模拟基本原理与主要技术

1)牛顿运动方程

由牛顿第二定律可得到原子的运动方程为:

$$a_i = \frac{\mathrm{d}^2 r_i}{\mathrm{d}t^2} = \frac{F_i + f_i}{m_i} \tag{6-1}$$

$$F_i = \sum_{j(j \neq i)} (-\nabla \Phi_{ij}) \tag{6-2}$$

式中，m_i、r_i、F_i 和 f_i 分别为第 i 原子的质量、位置、原子间作用力和其他的力；Φ_{ij}为反映原子 i、j 间相互作用的函数。在分子动力学计算中，通过差分求解牛顿运动方程可得到整个系统中原子的一系列位移。

2)分子(原子)间势函数

分子(或原子)间相互作用势的准确性对计算结果的精度影响极大，但总的来说，原子之间的相互作用势的研究一直发展得很缓慢，从一定程度上制约了分子动力学在实际研究中的应用。原子间势函数概念本身已把电子云对势函数的贡献折合在内，原子间势函数的发展经历了从对势到多体势的过程。对势认为原子之间的相互作用是两两之间的作用，与其他原子的位置无关，而实际上在多原子体系中，一个原子的位置不同，将影响空间一定范围内的电子云分布，从而影响其他原子之间的有效相互作用，故多原子体系的势函数须更准确地用多体势表示。

(1)对势

Lennard－Jones(L－J)势[1]：

$$\phi_{ij}(r_{ij}) = A_m\left(\frac{d}{r_{ij}}\right)^m - B_n\left(\frac{d}{r_{ij}}\right)^n \tag{6-3}$$

Born－Lande(B－L)势[2]：

$$\phi_{ij}(r_{ij}) = \frac{e^z}{4\pi\varepsilon}\frac{Z_iZ_j}{r_{ij}} + \frac{b}{r_{ij}^m} \tag{6-4}$$

Morse 势[3]：

$$\phi_{ij}(r_{ij}) = A[e^{-2\alpha(r_{ij}-r_0)} - 2e^{-\alpha(r_{ij}-r_0)}] \tag{6-5}$$

Johnson 势[4]：

$$\phi_{ij}(r_{ij}) = -A_n(r_{ij}-B_n)^3 + C_nr_{ij} - D_n \tag{6-6}$$

式(6－3)～式(6－6)中，r_{ij}为原子 i、j 的间距，其他的未知量为势参数。

Lennard－Jones 势是为描述惰性气体分子之间相互作用力而建立的，因此它表达的作用力较弱，描述的材料的行为也就比较柔韧。也有人用它来描述铬、钼、钨等体心立方过渡族金属。Born－Lande 势是用来描述离子晶体的。Morse 势与 Johnson 势经常用来描述金属固体，前者多用于 Cu，后者多用于 α－Fe。Morse 势的势阱大于 Johnson 势的势阱，因此前者描述的作用力比后者强，并且由于前者的作用力范围比后者长，导致 Morse 势固体的延性比 Johnson 势固体好。

(2)多体势

①EAM 势

Daw 和 Baskes 在 1984 年首次提出了嵌入原子法(EAM)[5]，EAM 势的基本思想是把晶体的总势能分成两部分：一部分位于晶格点阵上的原子核之间的相互作用对势，另一部分是原子核镶嵌在电子云背景中的嵌入能，它代表多体相互作用。构成 EAM 势的对势与镶嵌势的函数形式都是根据经验选取。

在嵌入原子法中，系统的总势能表示为：

$$U = \sum_i F_i(\rho_i) + \frac{1}{2}\sum_{j\neq i}\phi_{ij}(r_{ij}) \tag{6-7}$$

式中，$F_i(\rho_i)$为嵌入能；第二项为对势项，根据需要可以取不同的形式。ρ_i为除第 i 个原子以外的所有其他原子的核外电子在第 i 个原子处产生的电子云密度之和，可以表示为：

$$\rho_i = \sum_{j \neq i} \rho_i(r_{ij}) \tag{6-8}$$

其中，$\rho_j(r_{ij})$为第 j 个原子的核外电子在第 i 个原子处贡献的电荷密度，r_{ij}为第 i 个原子与第 j 个原子之间的距离。对于不同的金属，嵌入能函数和对势函数需要通过拟合金属的宏观参数来确定。

②MEAM 势

基于 EAM 势的势函数还有很多种，这些多体势大都用于金属的微观模拟。为了将 EAM 势推广到共价键材料，就需要考虑到电子云的非球形对称。于是，Baskes 等提出了修正型嵌入原子核法（MEAM）[6~8]。这种理论考虑到原子的 s、p、d、f 层电子云形状的不同而把电子云密度项分为 4 项：

$$\rho_i^{(0)} = \sum_{j(\neq i)} \rho_i^{a(0)}(r_{ij}) \tag{6-9}$$

$$(\rho_i^{(1)})^2 = \sum_{\alpha} \left[\sum_{j(\neq i)} \frac{r_{ij}^{\alpha}}{r_{ij}} \rho_j^{(1)}(r_{ij}) \right]^2 \tag{6-10}$$

$$(\rho_i^{(2)})^2 = \sum_{\alpha,\beta} \left[\sum_{j(\neq i)} \frac{r_{ij}^{\alpha} r_{ij}^{\beta}}{r_{ij}^2} \rho_j^{a(2)}(r_{ij}) \right]^2 - \frac{1}{3} \left[\sum_{j(\neq i)} \rho_j^{a(2)}(r_{ij}) \right]^2 \tag{6-11}$$

$$(\rho_i^{(3)})^2 = \sum_{\alpha,\beta,\gamma} \left[\sum_{j(\neq i)} \frac{r_{ij}^{\alpha} r_{ij}^{\beta} r_{ij}^{\gamma}}{r_{ij}^3} \rho_j^{a(3)}(r_{ij}) \right]^2 \tag{6-12}$$

总的电子密度则由下式：

$$(\rho_i)^2 = \sum_{h=0}^{3} t_i^{(h)} (\rho_i^{(h)})^2 \tag{6-13}$$

给出，其中 $t_i^{(h)}$ 是常系数。在 MEAM 里，嵌入能项采取形式：

$$F(\rho) = AE\rho\ln\rho \tag{6-14}$$

其中，A、E 是系数，因物质不同而不同。

③Stillinger – Weber 势

1985 年，Stillinger 和 Weber 提出了描述凝聚态硅体系原子间相互作用的多体势[9,10]，即 SW 势，该势在半导体材料中得到了广泛应用。Stillinger – Weber 取总势能为：

$$\Phi = \sum_{i<j} \nu_2(r_i, r_j) + \sum_{i<j<k} \nu_3(r_i, r_j, r_k) + L \tag{6-15}$$

两体势为：

$$\nu_2(r_i, r_j) = \varepsilon f_2\left(\frac{r_{i,j}}{\sigma}\right) \tag{6-16}$$

三体势为：

$$\nu_3(r_i, r_j, r_k) = \varepsilon f_3\left(\frac{r_i}{\sigma}, \frac{r_j}{\sigma}, \frac{r_k}{\sigma}\right) \tag{6-17}$$

原子间势函数的形式多种多样，对于不同的应用对象势参数又互不相同，所以势参数的确定在分子动力学模拟的应用中至关重要。势参数的确定通常有三种方法：一是通过实验值(例如晶格常数、弹性系数、振动谱等)拟和势参数；二是通过蒙特卡罗方法确定势参数；三是通过基于量子力学得到的各种微观信息来确定势参数。

3)有限差分算法

为了得到原子的运动，可以采用各种有限差分法来求解运动方程。由于分子动力学模拟中，力的计算工作量很大，所以常用的数值算法(如龙格－库塔法)已不再适用。计算时，一般采用每步只计算一次力的单步算法，以达到省时、稳定和精度高的要求，常用的算法有以下几种。

(1)Verlet 算法[11]

Verlet 提出的 Verlet 算法在分子动力学中运用最为广泛。它运用原子在 t 时刻的位置 $r(t)$ 和加速度 $a(t)$ 及 $t-\delta t$ 时刻的位置，计算出 $t+\delta t$ 时刻的位置，公式如下：

$$r(t+\delta t) = 2r(t) - r(t-\delta t) + \delta t^2 a(t) \tag{6-18}$$

这里，为简单计，省略了下标 i。显然，速度并没有出现在 Verlet 算法中。计算速度有很多种方法，一个简单的方法是用 $t+\delta t$ 时刻与 $t-\delta t$ 时刻的位置差除以 $2\delta t$。

Verlet 算法执行简明，存储要求适度，但它的一个缺点是位置 $r(t+\delta t)$ 要通过小项与非常大的两项 $2r(t)$ 与 $r(t-\delta t)$ 的差的相加得到式(6－18)，这容易造成精度损失。Verlet 算法中没有显式速度项，在下一步的位置没得到之前，难以得到速度项。另外，它不是一个自启动算法：新位置必须由 t 时刻与前一时刻 $t-\delta t$ 的位置得到。在 $t=0$ 时刻，只有一组位置，所以必须通过其他方法得到 $t-\delta t$ 的位置。获得 $t-\delta t$ 时刻的位置方法之一是应用近似式：

$$r(-\delta t) = r(0) - \delta t \nu(0) \tag{6-19}$$

(2)Velocity－Verlet 算法[12]

Swope 提出的 Velocity－Verlet 算法可以同时给出位置、速度与加速度，并且不牺牲精度。这种算法的优点是给出了显式速度项，并且计算量适中，目前应用比较广泛。

(3) Leap - frog 算法(蛙跳算法)[13]

Verlet 算法随着计算次数的增多将会使误差积累，Hockney 改进了 Verlet 算法，提出了 Leap - frog 算法：

$$\begin{cases} r(t+\delta t) = r(t) + \delta t \times v(t+\delta t/2) \\ v(t+\delta t/2) = \delta t \times a(t) + v(t-\delta t/2) \end{cases} \tag{6-20}$$

t 时刻的速度由下式给出：

$$v(t) = [v(t+\delta t/2) + v(t-\delta t/2)]/2 \tag{6-21}$$

Hockney 提出的 Leap - frog 算法，是 Verlet 算法的一种变化。Leap - frog 算法相比 Verlet 算法有两个优点：①包括显速度项；②计算量稍小。它也有明显的缺陷：位置与速度不是同步的，这意味着在位置一定时，不可能同时计算动能对总能量的贡献。

(4) Gear 算法[14]

Gear 提出了基于预测 - 校正积分方法的 Gear 算法。这种方法可分为三步：首先，根据 Taylor 展开式，预测新的位置，速度与加速度；然后，根据新的位置计算得到的力计算加速度 $a(t+\delta t)$，这加速度再与 Taylor 级数展开式预测的加速度 $a^c(t+\delta t)$ 进行比较，两者之差在校正步里用来校正位置与速度项。Gear 算法每步要计算两次作用力，但它允许的每个时间步长可以比其他算法要长 2 倍以上。

4) 系统初始条件

系统的初始位形和初始速度可以通过实验数据，或理论模型，或两者的结合来决定。如果被模拟的系统具有初始密度分布 $n(r)$ 和温度分布 $T(r)$，而没有固定的晶格结构，则每个原子的位置可以从初始密度分布 $n(r)$，用舍选法或 *Metropolis* 等方法得到每个原子的初速度，则可以从初始温度分布 $T(r)$ 下的 Maxwell - Boltzmann 分布来随机选取。Maxwell - Boltzrmann 分布可以用 0 ~ 1 之间均匀分布的随机数发生器的输出通过简单的变换而得到[15]。

5) 系统边界条件

(1) 周期性边界条件

周期性边界条件使得我们可以模拟相对小数量的原子来研究物质的宏观物性，沿所有方向的原子原胞的影像提供了周期性的排列。对于二维的例子，每个原胞有 8 个近邻，而对于三维则有 26 个最近邻胞。影像胞中的原子的坐标可以通过加上或减去胞边长的正整数倍得到。如果一个原子在模拟中离开这个胞，就等于它的影像原子从反方向进入这个胞。由此，胞中的原子数可以保持为一常值。对有些模拟，在所有方向都用周期性边界条件是不合适的。比如在研究表面的分子吸附时，在与表面垂直方向上不能用周期性边界条件，而仅在平行于表面的两个方向，需要应用周期性边界条件。

一般来讲，一个分子动力学模拟发生在某类容器中，我们称之为纳米尺度范围的模拟单元。假想对一个刚性的立方单元宏观尺度系统模拟，只有壁面附近的一小部分分子或原子会很难获得一致连续稳定的宏观上的特征场。为了消除因模拟体系的规模限制而引起的边界效应，通常在MD模拟中引入周期性边界条件。模拟体系成为无限的具有相同性质的分子体系的一部分，简称中心原胞，使得模拟区域在是三维空间周期性地重复出现，如图6－1所示。这样，虽然MD方法只模拟实际物质的很小一部分，但由于所模拟体系的像在三维空间中间中周期出现，整个体系变成无穷大。

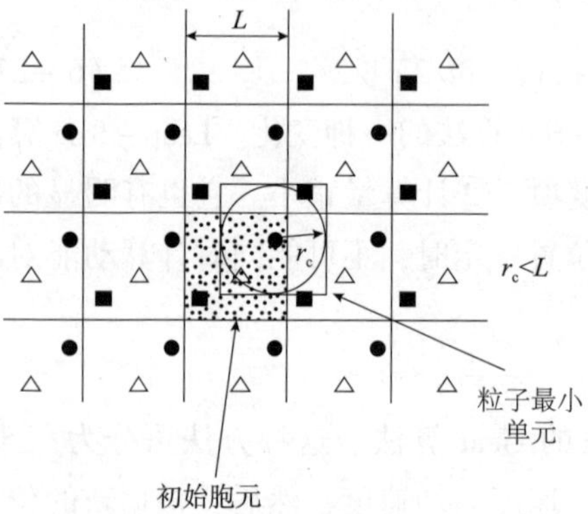

图6－1　周期性边界条件的图示

(2)非周期性边界条件

有些系统须用非周期性边界条件，比如液滴或原子团簇，本身就含有界面；又如非均匀系统或处在非平衡的系统，也可能要用非周期性边界条件；有时候，我们仅对系统的一部分感兴趣，比如表面的性质。在这种情况下，表面应用自由边界条件，而内部可以应用周期性边界条件。有时，我们又需要用到固定边界条件，比如在有些单向加载的模拟中；还有时要采用以上介绍的几种边界条件的结合应用，这就是混合边界条件。在具体的应用中要根据模拟的对象和目的来选定合适的边界条件。

6)分子动力学模拟的系综

(1)系综分类

①微正则系综

微正则系综，又称为NVE系综，它是孤立的、保守的、系统的统计系综。在这种系综中，系统沿着相空间中的恒定能量轨道演化。在分子动力学模拟的过程中，系统中的原子数N、体积V和能量E都保持不变。

一般来说，对于给定能量的精确初始条件是无法知道的，为了把系统调节到给定的能量，先给出一个合理的初始条件，然后对能量进行增减，直至系统达到所要到达的状态为止。能量的调整一般是通过对速度进行特别的标度来实现的，这种标度会使系统偏离平衡，必须给系统足够的时间以再次建立平衡。

②正则系综

正则系综又可称为 NVT 系综，在此系综中，系统的原子数 N、体积 V 和温度 T 都保持不变，并且总动量为零。保持系统的温度不变的通常方法是让系统与虚拟的热浴处于热平衡状态，由于温度与系统的动能有直接的关系，通常的做法是把系统的动能固定。这可以通过对原子的速度进行标度来实现，也可以对运动方程中出现的力加一个约束力项来实现。

③等温等压系综

等温等压系综，即 NPT 系综，就是系统的原子数 N、压力 P 和温度 T 都保持不变。温度的恒定和以前一样，是通过调节系统的速度或加一约束力来实现的，而对压力进行调节，就有些复杂。由于系统的压力 P 与其体积 V 是共轭量，要调节压力值可以通过标度系统的体积来实现。目前有许多调压的方法都是采用的这个原理。

(2)系综控制方法

①调温技术

在 NVT 系综或 NPT 系综中，即使在 NVE 系综模拟的平衡态中，也经常调整温度到期望值。如果我们希望知道系统的平衡态性质怎样依赖于温度，那么就必须在不同的温度下进行模拟。在寻求系统位形空间的势能最低点时，如计算像 C－60 等结构的真实平衡位形时，如果直接采用最速下降法、共梯度法或 Newton－Raphson 法等方法，则容易落入亚稳态。为克服这一困难，提出了分子动力学模拟退火法，其步骤是先升温熔化体系，然后缓慢降温，并进行 MD 模拟，当降至绝对零度时，系统便处于势能最低点，所以调温技术十分重要。

系统的温度 T 与动能 K 有关：

$$K = \sum_{i=1}^{N} m_i \mid v_i \mid^2 / 2 = (3N - N_c) k_B T / 2 \tag{6-22}$$

其中，N 为原子数；N_c 为约束数；k_B 为 Boltzmann 常数；v_i 是原子 i 的速度。

目前实现对温度的调节有 4 种方式，速度标度法[16]、Berendsen 热浴[17]、Gaussian 热浴[18]、Nose－Hoover 热浴[19,20]。

②调压技术

常压条件的例子很多，如压力诱导的相变，一些结构重构在等压模拟下比等体积下更容易实现。压力通常比一些量如总能量波动范围要大得多。这是因为压力与维里系数有关，而维里系数是位置与势能函数导数的乘积，它随 r 的变化比内能快得多。

宏观系统通过改变它的体积来保持压力为常值，体积变化量与等温压缩系数有关，易压缩的物质体积波动较大。反之，在常体积模拟中，压缩系数越小的物质，压力的波动越大。

在等压模拟中，可以通过改变模拟原胞的三个方向或一个方向的尺寸来实现体积的变化。类似于温度控制的方法，也有许多方法用于压力控制，总的来说有以下3种技术：Berendsen 方法[17]、Anderson 方法[21]、Parrinello－Rahnan[22,23]方法。

7)热力学量的计算

求出模拟系统中的原子在相空间的轨迹后，应用统计物理原理就可得到系统的宏观特性和结构特点。在此只讨论几种常用物理参量的统计形式。

(1)径向分布函数(*RDF*)[24]

径向分布函数或偶关联函数表征着结构的无序化程度，被广泛地应用于研究液态和非晶态的结构。可以由下式来定义：

$$g(r)=\frac{n(r)}{p_0V}B\frac{n(r)}{4\pi r^2p_0\Delta r} \tag{6-23}$$

式中，$n(r)$为距离原点 r 到 $r+\Delta r$ 之间的平均粒子数；V 为模拟的体积。*RDF* 表示的物理含义是：在空间位置 r 点周围的体积元中单位体积内发现另一个粒子的概率。由此看出，*RDF* 表征着结构的无序化程度。

(2)压力(P)[25]

$$PV=nkB+\frac{1}{3}\sum_i(r_i\times F_i) \tag{6-24}$$

式中，F_i 为作用在 i 原子上的力；r_i 为 i 原子的位置；V 为体系体积。

(3)扩散系数(D)[25]

物质的分子扩散系数表示它的扩散能力，其表达式为：

$$D=\frac{1}{3}\int_0^\infty[v_i(t)\times v_i(0)]\mathrm{d}t \tag{6-25}$$

式中，v_i 为 i 原子质心的速度。

(4)静态结构因子(*SSF*)[26]

静态结构因子也是判断结构无序化程度的物理量，其表示式为：

$$S(K)=(1/N)\left|\sum_{j=1}^{N}\exp(iK\cdot r_j)\right| \tag{6-26}$$

式中，N 为总原子数；K 为倒格矢；r_j 为原子的位置矢量；对理想晶体而言，*SSF* 为1，而对理想流体，则为0。

(5)配位数(*CN*)

所谓配位数，就是原子的第一最近邻原子的个数。配位数的多少，显示了该原子周围的原子分布的密度大小，从一定程度上，配位数的多少，也能反映该原子周围区域的密度的大小，它经常在一些分析中作为结构分析的一种辅助手段。

(6)均方根位移

粒子位移平方的平均值称为均方位移，其定义式为：

$$r^2(t) = \frac{1}{N}\left[\left[\sum_{i=1}^{N} \left| r_i(t) - r_i(0) \right|^2 \right] \right] \quad (6-27)$$

其中，$r_i(0)$为原子 i 在零时刻的位移；$r_i(t)$为原子 i 在 t 时刻的位移。

(7)键取向序参数

采用键取向序参数来确定金属及合金的液态结构中局域取向对称特征。在该方法中，1 个原子与周围原子的成键连接与 1 套球谐函数相关联。这里的成键不指化学键，而是与近邻原子某种方面的规定。

6.1.2 纳米流控系统分子动力学模拟计算步骤

1)建立合适的数值模型以充分地描述目标纳米孔初始结构

鉴于现实世界物质的极端复杂，对实际纳米级结构的主要特征进行数值建模能极大地降低计算成本，提高计算效率。在本文对纳米多孔材料内流体的研究中，我们主要考虑常规的圆柱形、有限深度的纳米孔。对流体在纳米孔的浸入和排出研究中，模拟纳米孔的圆筒形管一端对一外部水池开放，这样即可模仿实际多孔材料中受限制的流体总是与实际材料和外部环境相关联。同时，对于在纳米孔中流体的输运现象，一个有限长度的圆柱形孔在其两端附上周期性边界条件，即可满足无限长并与外部无相界面的纳米孔特征。

2)粒子间交互作用力的计算

在经典的分子动力学模拟中，粒子位置由它们的初始位置以及牛顿运动方程得出。通常来讲，粒子间交互作用力是基于独立粒子之间的势能进行计算得出的，可以用合适的经验势能函数进行模化。其中最常用的二体间势能函数是 Lennard - Jones(12 - 6)势能函数，对于单原子情况，定义如下：

$$u(r_{ij}) = 4\varepsilon\left[\left(\frac{\sigma}{r_{ij}}\right)^{12} - \left(\frac{\sigma}{r_{ij}}\right)^{6} \right] \quad (6-28)$$

式中，σ 反映原子间的平衡距离，为长度单位；ε 决定交互作用的强弱，为能量单位。二者均决定于物质的物理性质。当构成液体中的各原子(如 H_2O)或组成固体壁面中的原子(如 SiO_2 纳米管)有电荷存在，额外的电场势能项将添加到上述粒子交互作用力场势能中去。

L - J 力场势能通过强烈的核心区排斥力和尾部弱化的吸引力描绘了原子间

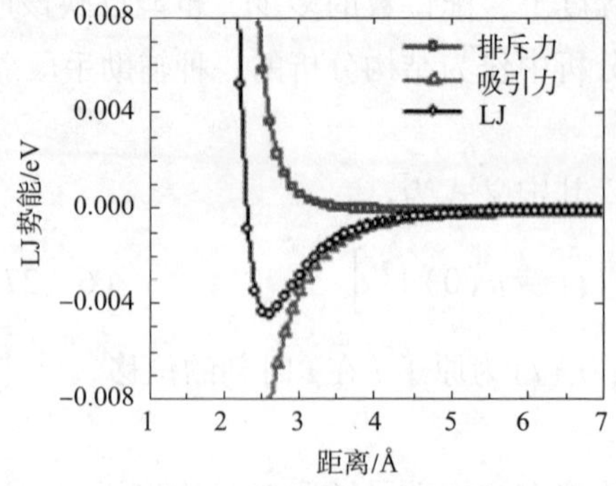

图 6-2　碳原子之间的总 LJ 势能，仅排斥力势能和仅吸引力势能曲线

的交互作用，就是说原子之间在近距离范围时产生斥力，而在长远距离产生吸引，如图 6-2 所示。势能项 $1/r^{12}$ 根据泡利排斥原理决定了短程力行为。同样地，势能项 $1/r^6$ 在长距离时起主导作用，参考范德瓦尔斯力的计算模拟两原子间的吸引力，这部分由偶极子之间的相互吸引产生。一般会引入截断半径 r_c 的概念，一旦原子间距离超过截断半径，基于L-J 势函数的相互作用力变得非常微弱，可以忽略为零。综合式(6-1)、式(6-2)及式(6-28)可以得到原子 j 施加到原子 i 上的力为：

$$f_{ij}=\frac{48\varepsilon r_{ij}}{\sigma^2}\left[\left(\frac{\sigma}{r_{ij}}\right)^{14}-\frac{1}{2}\left(\frac{\sigma}{r_{ij}}\right)^{8}\right]-\frac{q_iq_j}{4\varepsilon r_{ij}^2}\tag{6-29}$$

通过式(6-29)及牛顿第二定律即可轻易得出关心原子的加速度。另外，根据牛顿第三定律 $f_{ij}=-f_{ji}$，一对原子间作用力只用进行一次势能计算。

随着作用在各原子上的力被计算出后，各原子的位置也就能够通过对运动方程(6-20)的数值积分推导出。运动方程在时间尺度用选定的极小时间步长 δt 被离散化。这个系统还包括了原子边界和外部加载的势作用力，因此方程(6-1)必须通过数值求解，本文用速度蛙跳算法，即式(6-20)、式(6-21)进行求解。

3)设置合适的边界条件和整个分子系统的初始状态

为了消除因模拟体系的规模限制而引起的边界效应，通常在 MD 模拟中引入周期性边界条件。在进行 MD 模拟时，粒子不仅可以在中心元胞内运动，还可以离开中心元胞，进入邻近的像元胞。同样，邻近的像元胞中的像粒子也可以进入中心元胞。如果模拟时间足够长，模拟体系的所有粒子或像粒子可以在整个空间运动。在该过程中，周期性边界条件的作用是，当某个粒子从中心元胞一边离开中心元胞时，一定有一个像粒子从中心元胞的另一边进入该中心元胞。所以中心元胞的粒子种类和数量在模拟过程中保持不变。另外，即时某个分子的一部分离开中心元胞，另一部分仍留在中心元胞中，仍可利用周期性边界条件重现完整分子及周围分子，消除边界效应。

对近程相互作用，一个粒子所受的相互作用主要来自少数近邻粒子，相距较远的粒子数目虽多，但对相互作用的贡献很少。因此，计算近程相互时，通常只需计算与粒子相距小于截断半径 r_c 且位于截断球内的粒子的贡献，忽略截断球外

相距大于 r_c 的所有粒子的贡献。这就是截断近似。对 Lennard – Jones 势能函数，如截断半径取 $r_c=2.5\sigma$，则截断误差只有势阱深度的 1.6%。需要注意，MD 模拟中截断半径 r_c 不能超过中心元胞最小边长的 1/2，否则截断近似将与最近邻像约定冲突，模拟无法进行。

模拟开始前需要对原子速度进行初始化。初始化速度场按下式调整：

$$\sum_{i=1}^{N_{\text{atom}}}\frac{1}{2}m\,|v_i|^2=\frac{3}{2}k_{\text{B}}T \tag{6-30}$$

式中，T 是系统的目标温度，单位 K。初始动量设为 0 或按下式约束：

$$\frac{1}{N_{\text{atom}}}\sum_{i=1}^{N_{\text{atom}}}v_i=0\text{ 或 }v_{\text{target}} \tag{6-31}$$

粒子的速度和位置按式(6 – 30)更新，系统通过贝伦森恒温器在目标温度下达到平衡态。一旦系统达到平衡，系统特征将按微正则系统进行取样得出(粒子数目一定，系统体积和能量一定，NVE)。

4)统计解释模拟结果并得出结论

分子动力学模拟的物理特性用统计力学方法来测量得到，比如系统的一个物理性质可以选取一段时间内对瞬时值在时间上的平均获得。一段时间 M 内波动特性 A 的时均值定义如下：

$$\langle A\rangle=\frac{1}{M}\sum_{\mu=1}^{M}A_{\mu} \tag{6-32}$$

模拟过程中，能量、温度和压力经常被统计使用，以确保模拟过程的逼真有效。

在本文的分子动力学模拟中，为了获得模化圆柱内(纳米管内)的平均流动特性，圆柱形纳米管内空间被平均分割成一系列同心圆环体。在每个圆环区域，所有液体分子的流动性质平均化，从而获得流动参数的径向分布。以密度和轴向速度的径向分布为例：

$$\rho(r)=\frac{\sum_{j=J_N}^{J_M}\sum_{i=1}^{N}m_iH_n(r_{i,j})}{\Delta V_N(J_M-J_N+1)} \tag{6-33}$$

$$u_z(r)=\frac{\sum_{j=J_N}^{J_M}\sum_{i=1}^{N}H_n(r_{i,j})u_{i,j}^{z}}{(J_M-J_N+1)} \tag{6-34}$$

其中，

$$H_n(r_{i,j})=\begin{cases}1 & \text{如果}(n-1)\Delta r<r_i<n\Delta r\\ 0 & \text{其他情况}\end{cases} \tag{6-35}$$

式中 r_i——第 i 个分子的径向坐标；

Δr——每个圆环空间的径向厚度；

ΔV_N——第 N 个环形空间的体积；

J_N 和 J_M——用于平均计算的开始和终止时间步数。

当所有分子的轴向速度平均化计算，我们也就获得了流率值。

尽管在纳米管内的流动可能是非典型的，但为了更好地分析，我们引入了一个名义黏度 $\tilde{\eta}$ 来有效描述液固交互作用引起的流动特性。基于连续性流动理论，管内(半径 R，长度 L)的平均流速为 $\bar{v}=Q/A=R^2\Delta P/(8\eta L)$。其中，$Q$ 是体积流量；$\Delta P/L$ 是沿流动方向的压力梯度；η 是黏度。这样就能获得名义(等效)黏度 $\tilde{\eta}=\tau R/(4\bar{v})$。其中，$\tau=\Delta PR/(2L)$。虽然该方程是基于连续理论，但可以扩展到复杂流动以获取纳米尺度的名义黏度。该名义黏度还广泛应用在泥浆和钻井的流体领域，避免了黏度的复杂计算公式。

本文研究中分子动力学模拟是通过 LAMMPS 开源程序实施的，时间步长设置为 1fs。LAMMPS 是一个经典的开源分子动力学模拟包，可以有效进行分子水平进程的模拟，模化气相、液相和固相颗粒群体系。它可以利用各种力场和边界条件的设置，模拟原子、聚合物、生物分子、金属的、颗粒状的、粗晶粒的系统。Lammps 可以模拟的系统小到若干分子，大到百万上亿的粒子体系。

模拟过程中，体系温度用 Nose/Hoover 的扩展系统法在目标值附近保持恒温。在该算法中，每个粒子的运动方程中都被引入了一个外加的耦合项，代表各个粒子与恒温热浴的耦合，达到调控体系温度的目的。为了避免外部施加使模拟中的液体分子轴向位移产生的虚假的产热源，液体质心的平均轴向速度会从各液体分子速度的轴向分量中减去，以确保计算温度的准确。

6.2 纳米流控系统分子动力学模拟研究模型

6.2.1 多级孔道结构纳米流控系统分子动力学模拟研究模型与方法

本研究基于 CNT 构建了双管不同径和单管变径两种多级孔道模型。图 6－3(a)为双管不同径纳米流控系统（Double tube with different diameters of NEAS, DNEAS）模型，由两个不同孔径的碳纳米管和水分子组成；图 6－3(b)为单管变径纳米流控系统(Single tube with different diameters of NEAS，SNEAS)模型，由一个变径的碳纳米管和水分子组成。

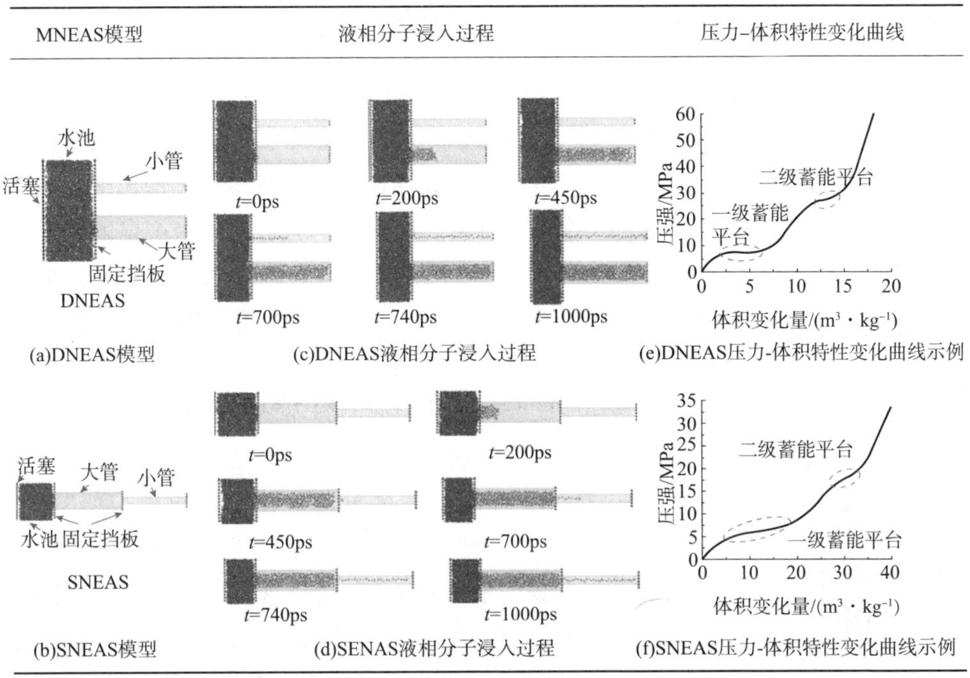

图 6-3 MNEAS 模型示意图

为模拟一个真实的 NEAS，在 xy 方向设置周期性边界，水池顶部与底部是刚性碳原子平面，底部平面可以沿着轴向移动，类似于一个刚性“活塞”用来控制水池的形变和水池的压力，水池与 CNT 接触的上部平面是固定的。采用 Velocity-rescale 热浴进行温度控制[21]，时间步长设置为 1fs，加载速率为 0.02m/s，系统温度为 300K，计算过程每 1ps 记录系统的实时形态及特征。

MNEAS 计算模型中碳纳米管孔径分布从 CNT(6，6)到 CNT(16，16)，孔径数值如表 6-1 所示，管长均为 11nm。模拟水池的水分子密度为 0.998g/cm^3，水分子的个数根据水池的大小确定。

表 6-1 碳纳米管参数

手性参数 (n，m)	管径 D/nm	手性参数 (n，m)	管径 D/nm
(6，6)	0.814	(12，12)	1.627
(8，8)	1.085	(14，14)	1.898
(10，10)	1.356	(16，16)	2.17

6.2.2 耦合温度及加载速率的纳米流控系统分子动力学模拟研究模型与方法

本节模拟的纳米管孔径分布从 CNT(10, 10)($D=0.81$ nm)到 CNT(22, 22)($D=2.69$ nm)，探讨液体分子浸入孔内过程中纳米孔尺寸和系统温度以及加载速率之间的交互作用。纳米管的长度设置为其孔径的6倍左右。对于在纳米管中的水分子，靠近纳米管壁附近是水分子的贫乏区，纳米通道内的水占据的圆柱体积的有效直径可以估算为 $\bar{d}=(D+D^{L})/2$。其中，D 是固体纳米管的直径；D^{L} 是纳米管内包含95%流体量的液体区域直径[27]；$\bar{d}$ 是纳米管可容纳水的有效测量尺寸。上述物理量将在下面相关的分析研究中用到。

系统温度意味着液体分子动能的改变，热引起的固体纳米通道的振荡也会对其中的液体输运行为产生影响。已有文献表明碳纳米管的振动可能被用于进行分子在纳米通道内的输运[28,29]。然而，在之前大部分的理论和数值模拟研究中，对于压力驱动的液体浸入过程，纳米通道(如单壁碳纳米管)的可变性被忽略了。这种可变性可能会影响原本的渗透行为及液体分子的输运特性[30]。因此，本章中也会考虑纳米管的可变性，即在渗透过程中的形变及振动。

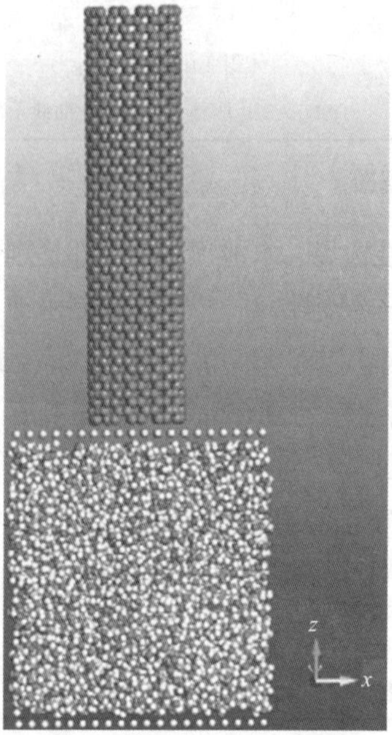

图6-4 数值模拟水分子浸入纳米管的模型示意图

分子动力学模拟的计算单元包括初始的中空的纳米管淹没在一个足够大的水分子池中。周期性边界条件设置在水池的4个侧面，水池在长度方向上的边界由2个刚性的原子平面构成，原子平面的尺寸与计算单元格的横截面积完全一致。其中1个原子平面可以沿着轴向方向移动，类似一个刚性“活塞”，以调整水池的形变及水池的压力。计算单元的纵向及侧面方向的边界条件设置为允许水分子可以自由越过的外边界。数值模拟模型的示意如图6-4所示。

水分子的总数量 N 是由水池容积内设置的平均密度(998.0kg · m^{-3})决定的。本章数值模拟中水分子的数量 N 变化范围是2000～150000，具体取决于纳米管的尺度。在加载之前，系统首先将进行一个弛豫过程以使系统能量最小化，以使水/纳米管在孔的进口处达到平衡稳定的状态。一旦充分弛豫后，整个液固系统将在时间步长为 1fs 的设置中计算，计算过程中每 1ps 记录系统的实时形态及特征。2 次记录之间作用在每个原子上的力和应力将平均化以平滑不必要的统计带来的数据波动。整个模拟过程一般运行最多 4.0ns 的模拟时间便可获得分析需要的足够记录数据。

模拟水池的初始压力为 0.1MPa，初始温度设置为指定温度，并在整个模拟过程中固定不变。模拟水池中的压力将在给定加载速率的原子平面的移动下升高，原子平面相应地挤压水池中的水分子。加载速率结合前人研究[31]及本文实验部分情况考虑，设置为 $5\times10^{-6}\sim2\times10^{-3}$ Å · fs^{-1}。最低加载速率可以认为是对系统产生尽可能小的动力学影响，整个压缩过程认为是准静态过程。在任意时间步长上，水压 P 按以下计算：在三维水池中选取 1 个尽量靠近纳米孔进口处的立方取样区域，压力 P 通过水分子之间的分子作用势计算得到，按维里（Virial）表达式：

$$P = N'k_BT/V + \sum_i^{N'} r_i \cdot f_i/3V \tag{6-36}$$

式中 N'——水分子在取样区中的总数；

k_B——Boltzman 常数；

T——系统温度；

V——样品区域的体积。

第二项是计算 N' 个水分子中二体之间作用对势对压力的贡献部分。

区域体积 V 应选得“足够大”，其中的分子和原子密度分布认为是一致的，因此该区域的当地压力可以用各向同性的维里方程计算。在每个时间步长，立方取样区域中的原子/分子的量（包括位移、速度、原子上作用力等）都被采集和记录，以计算瞬时的有效压力。我们认为，以该方式计算压力可以有效避免计算纳米管内各向异性压力的困难，同时也可以直接与实验值比较（在实验中水池的压力测量远比一个纳米通道中压力测量容易得多）。在加载过程中，压力 P 和计算单元的体积变化量 δV 均被采集和记录，从而可以确定渗透压。同时，笔者还监测了进入纳米孔的分子数随压力变化的关系，同样可以得出相应的渗透压。

因为模拟中的纳米管几何结构平滑且疏水性强，在卸载过程中，已浸入的水分子在外部载荷力卸掉后可以完全地流出纳米管，整个系统也允许得到足够的休整。并且一个加载/卸载循环结束后，纳米管的物理性质并未破坏，它可以在一个循环后完全恢复。在模拟过程中，卸载过程就是加载过程的逆过程。因此下文中，我们重点分析讨论加载过程，包括液相分子进入纳米孔和在纳米孔内流动的过程分析。

非键结合的原子间(分子间)范德瓦尔斯作用通过 12 - 6 Lennard - Jones 经验力场来描述。为了实现纳米管的可变性，纳米管原子之间力场设为可描述拉伸的 Morse 势，描述弯曲的余弦谐波函数作用势，描述扭曲的双余弦作用势和描述非键结合力的 Lennard - Jones 势[32,33]。水分子力场采用扩展的简单点电荷力场势(SPC/E)[34]。为考虑长程库仑力作用，本文采用 pppm(颗粒间及颗粒与网格技术)用均方根精度为 10^{-4} 来处理水分子间的长程库仑力作用。水和纳米管原子之间的交互作用通过纳米管原子与水中的氧原子间单独的 Lennard - Jones 作用势模化，与 SPC - E 水模型一致。氧碳之间作用力描述参数参见表 6 - 2，对应的宏观接触角 α 大约为 105.3°[35]。

表 6 - 2 SPC/E 水分子模型所用力场描述参数

参数	数值
ε_{OO}	0.2848kcal · mol^{-1}
σ_{OO}^{0}	3.6001Å
ε_{OC}	0.1157 kcal · mol^{-1}
σ_{OC}^{0}	3.8351Å
q_O	−0.82e
q_H	0.41e
k_2^b	450.0kcal · mol^{-1}
b_0	0.9572Å

6.3 孔径尺寸及组合方式对纳米流控系统渗透特性的影响

6.3.1 水分子浸入多级纳米孔道过程分析

通过对各分子物理量及局部区域系统的监测和比较，可以了解液体分子浸入纳米孔的微观过程。图 6 - 3(c)和图 6 - 3(d)是 MNEAS 中液相分子在不同时刻浸入 CNT 中瞬时过程，分别对应着水分子初始时刻(0ps)、浸入大管/底管时刻(200ps)、填满大管/底管时刻(450ps)、浸入小管/顶管时刻(700ps)、填满小管/顶管(740ps)时刻以及最终时刻(1000ps)。由图可见，在外界压力驱动下，水分子浸入多孔材料呈现分级渗透的过程：液相分子首先克服大孔径碳纳米管的能量壁垒浸入大孔径碳纳米管中，接着浸入次一级孔径碳纳米管中。

在 MD 模拟计算过程中统计压强与单位体积变化量，可以得到系统的压力 - 体积特性变化曲线。图 6 - 3(e)和图 6 - 3(f)是 NEAS 的压力 - 体积特性变化曲线示例。由图可见，在液相分子逐步浸入碳纳米管的过程中，两种模型下的 NEAS 均呈现梯级蓄能特性，在曲线图中具有一级蓄能平台以及二级蓄能平台。

6.3.2 孔径尺寸对 MNEAS 梯级蓄能特性影响

在 NEAS 中，液体分子在不同的渗透压下进入不同孔径的纳米孔道。但实际应用中，纳米多孔介质的孔径大小并非均一，且孔道结构复杂，NEAS 是否能够展现出明显的梯级蓄能特性取决于纳米多孔介质孔径分布与孔道结构。能够使 NEAS 展现梯级蓄能特性的纳米多孔介质的最小孔径差值为临界孔径差 Δd_{cr}。

采用 MD 模拟，对孔径大小由碳纳米管类型为 CNT(6, 6)至 CNT(16, 16)两两组合的 MNEAS 进行计算，探究使 MNEAS 展现梯级蓄能特性的临界孔径差 Δd_{cr}。在 DNEAS 中，孔径差值 $\Delta d^D = d_{大} - d_{小}$，其中，$d_{大}$ 为大管孔径；$d_{小}$ 为小管孔径。在 SNEAS 中，孔径差值 $\Delta d^S = d_{底} - d_{顶}$，其中，$d_{底}$ 为底管孔径；$d_{顶}$ 为顶管孔径。当 $\Delta d < \Delta d_{cr}$时，DNEAS 不展现梯级蓄能特性。

DNEAS 由两个不同孔径的碳纳米管和水分子组成，模型如图 6 - 3(a)所示，图 6 - 5(a)和(b)示例了大管类型为 CNT(16, 16)、CNT(14, 14)与不同孔径小管组合下的两组 DNEAS 的压力 - 体积特性变化曲线。由图可见，当大管类型为 CNT(16, 16)，对应孔径为 2.17nm 时，与小管孔径大于 2.034nm 的 CNT 组合得到的 DNEAS 无明显的梯级蓄能特性；当大管类型为 CNT(14, 14)，对应孔径为

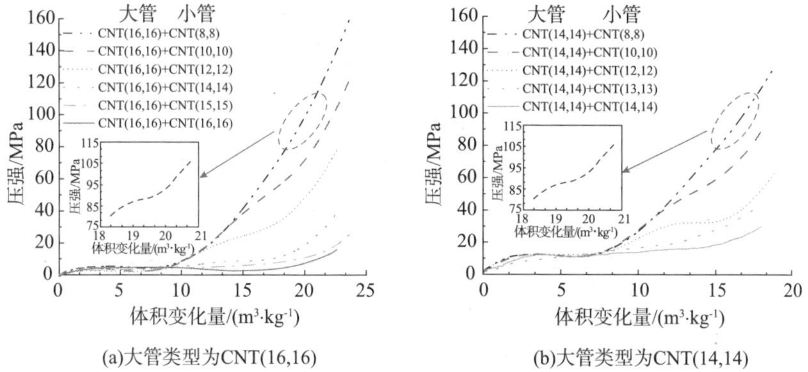

图 6 - 5 DNEAS 压力 - 体积特性变化曲线

1.898nm 时，与小管孔径大于 1.763nm 的 CNT 组合得到的 DNEAS 无明显的梯级蓄能特性。需要特别说明的是，大管与小管为 CNT(16, 16) + CNT(8, 8)以及 CNT(14, 14) + CNT(8, 8)的组合下，系统是存在梯级蓄能特性的，由图 6-5(a)(b)的局部放大图可以看出。其二级蓄能台阶长度较短是因为该台阶对应水分子进入 CNT(8, 8)的碳纳米管。而模型中所有碳纳米管的长度是相同的，因此孔径最小的 CNT(8, 8)的体积最小，其对应的二级蓄能台阶最短。

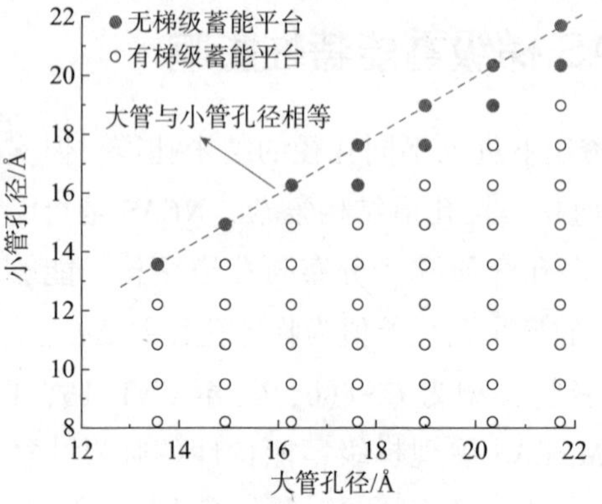

图 6-6 DNEAS 存在梯级蓄能特性孔径分布图

根据 DNEAS 的计算结果，绘制大管与小管孔径对梯级蓄能特性影响的分布图，如图 6-6 所示。由图可见，当 $d_{大} \leqslant 1.763$nm[对应 CNT(13, 13)]时，DNEAS 的临界孔径差 $\Delta d_{cr}^{D} = 0.136$nm；当 $1.763\text{nm} < d_{大} \leqslant 2.17$nm [对应孔径范围为 CNT(13, 13)至 CNT(16, 16)]时，$\Delta d_{cr}^{D} = 0.272$nm。当 $\Delta d^{D} < \Delta d_{cr}^{D}$ 时，DNEAS 梯级蓄能特性消失。

如前所述，纳米多孔介质的孔道结构并非均一的，为研究此类系统中液体分子浸入多级孔道的过程，建立了基于单根变径碳纳米管的 SNEAS 模型，模型如图 6-3(b)所示。图 6-7(a)和(b)示例了底管类型为 CNT(16, 16)、CNT(14, 14)与不同孔径顶管组合下的两组 SNEAS 的压力-体积特性变化曲线。由图可见，当底管类型为 CNT(16, 16)，对应孔径为 2.17nm 时，与顶管孔径大于 1.763nm 的 CNT 组合得到的 SNEAS 无明显的梯级蓄能特性；当底管类型为 CNT

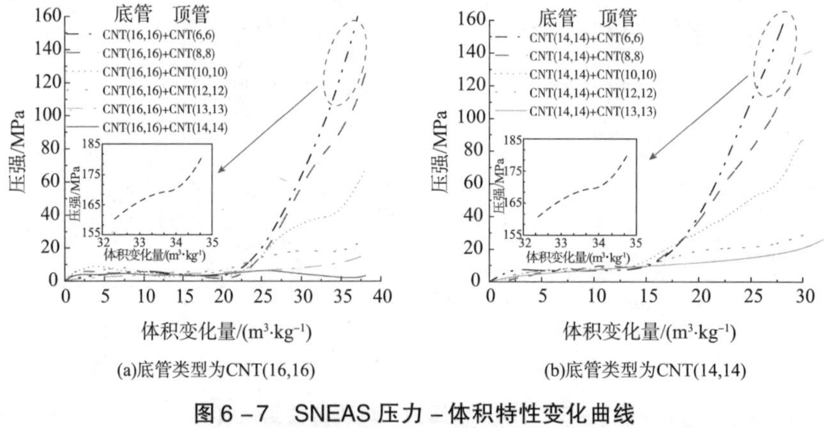

图 6-7 SNEAS 压力-体积特性变化曲线

(14, 14)，对应孔径为1.898nm时，与顶管孔径大于1.627nm的CNT组合得到的SNEAS无明显的梯级蓄能特性。

根据SNEAS的计算结果，绘制底管与顶管孔径对梯级蓄能特性影响的分布图，如图6-8所示。由图可见，当$d_{底} \leqslant 1.627\text{nm}$[对应CNT(12, 12)]时，SNEAS的临界孔径差$\Delta d_{cr}^{S} = 0.136\text{nm}$；当$1.627\text{nm} < d_{底} \leqslant 2.17\text{nm}$[对应孔径范围为CNT(12, 12)至CNT(16, 16)]时，SNEAS的临界孔径差Δd_{cr}^{S}与底管孔径$d_{底}$呈下列关系：$\Delta d_{cr}^{S} = 0.75d_{底} - 1.22(\text{nm})$。当$\Delta d^{S} < \Delta d_{cr}^{S}$时，SNEAS梯级蓄能特性消失。

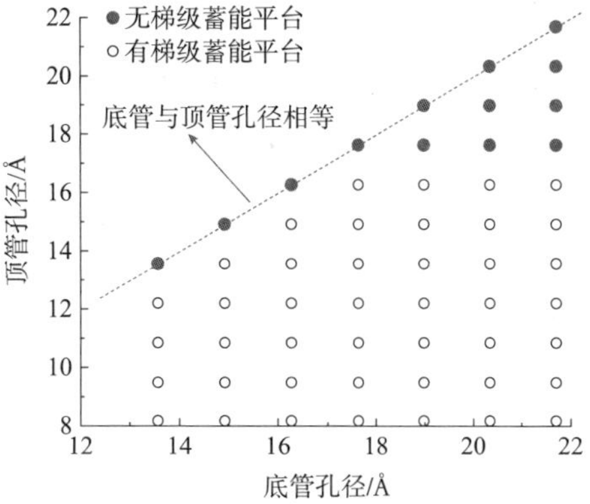

图6-8　SNEAS存在梯级蓄能特性孔径分布图

由于水分子在浸入纳米孔道的过程中，其与固壁面之间存在黏性耗散，在水分子填满孔道的过程中，压强逐渐增大。若一个NEAS中具有两种不同孔径的多孔介质，当水分子浸入小孔径的渗透压小于水分子填满大孔径时的渗透压时，NEAS不展现梯级蓄能特性。图6-9示例了CNT(14, 14)+CNT(13, 13)双管不同径及单管变径模型所组成的NEAS，及其对应的CNT(14, 14)、CNT(13, 13)两个碳纳米管的NEAS的压力-体积特性变化曲线，图示各模型中，水池大小及各尺寸的碳纳米管长度均相同。由图6-9可见，单管CNT(14, 14)的填满压强$P_{f(14)}$高于单管CNT(13, 13)的临界渗透压强$P_{in(13)}$。将CNT(14, 14)与CNT(13, 13)组合为DNEAS或SNEAS时，分子在充满CNT(14, 14)的过程中压强已达到CNT(13, 13)的临界渗透压，因此系统不展现梯级蓄能特性。经核算，DNEAS的压力-体积特性等于其对应的单级NEAS压力-体积特性的线性叠加，而SNEAS的压力-体积特性与两个单级系统线性叠加后的结果略有偏差，其原因在后文分析说明。

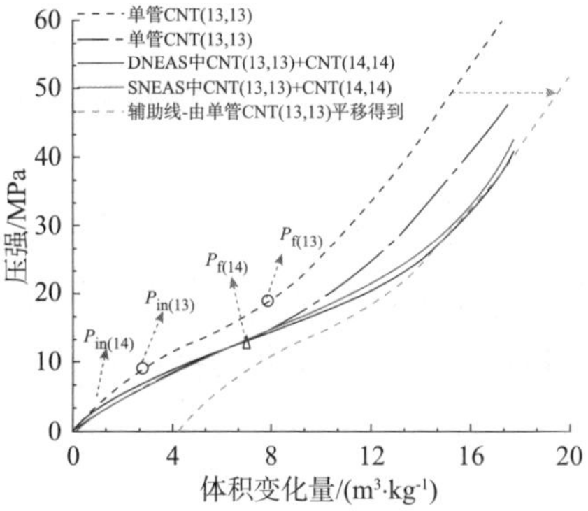

图6-9　未展现二级蓄能平台及其对应单个碳纳米管的压力-体积变化特性曲线[$P_{in(13)}$：CNT(13, 13)系统的临界渗透压；$P_{f(13)}$：CNT(13, 13)系统的填满压强；其余类似。]

6.3.3 临界渗透压影响研究

临界渗透压(Critical Infiltration Pressure，P_{in})是功能流体突破液固相界面间的表面张力进入纳米孔道时的压力值，可衡量浸入纳米孔难易程度，也可以认为是液相对固体表面浸润性的有效指标。

液体进孔压力 P_{in} 来源于纳米孔入口的能量壁垒，浸入压力可以通过理论计算由表面张力、液/固/气接触角和纳米孔的特征尺度的函数表达式得出。本文通过两种方法来获取数值模拟得到的渗透压，一种是考量压力 P 与单元体积应变 $\delta V/V$ 之间的关系，从 $P-\delta V/V$ 曲线中获得渗透压；另一种是通过统计压力 P 与进入纳米管内的水分子数 Num 之间的变化关系，从而获取渗透压。以代表性的 CNT(10，10)为例，压力 P 作为计算单元体积应变 $\delta V/V$ 和进孔水分子数 Num 在加载速率为 5×10^{-6}Å · fs^{-1}下的函数。计算表明，$P-\delta V/V$ 曲线和 $P-Num$ 曲线都显示了两个明显的阶段：对水和纳米管压缩阶段的准线性过程，以及进孔阻力被克服后的准线性浸入过程。

本文将两种方法求得的 P_{in} 进行对比，发现两种方法所得结果非常接近，说明两种描述曲线均能正确反映渗透过程。下文讨论中，将用 $P-\delta V/V$ 曲线斜率的突变和 $P-Num$ 曲线的平台综合确定渗透压 P_{in}。P_{in} 与孔径、温度和加载速率等因素有关，后续将讨论各因素的耦合作用影响。

图 6-10(b)是不同孔径组合下的 DNEAS 中大管与小管的 P_{in} 随孔径的变化关系曲线。由图可见，水分子浸入碳纳米管的 P_{in} 随着孔径的增大呈现下降的趋势。为分析大管与小管孔径变化对两者 P_{in} 的相互影响，提取出大管 P_{in} 随小管孔

小管＼大管	CNT(16,16)	CNT(14,14)	CNT(12,12)	CNT(10,10)
CNT(16,16)	● ○			
CNT(14,14)	● ○	★ ☆		
CNT(12,12)	● ○	★ ☆	◆ ◇	
CNT(10,10)	● ○	★ ☆	◆ ◇	▲ △
CNT(8,8)	● ○	★ ☆	◆ ◇	▲ △
CNT(6,6)	● ○	★ ☆	◆ ◇	▲ △

注：实心符号表示大管临界渗透压，空心符号表示小管临界渗透压

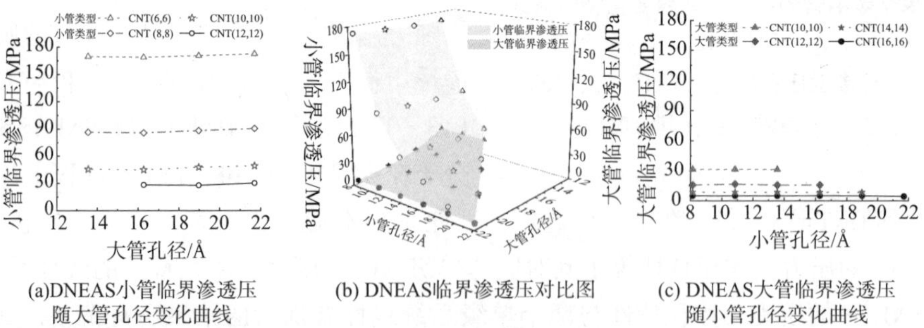

(a)DNEAS小管临界渗透压随大管孔径变化曲线

(b) DNEAS临界渗透压对比图

(c) DNEAS大管临界渗透压随小管孔径变化曲线

图 6-10 DNEAS 临界渗透压

径变化关系曲线和小管 P_{in} 随大管孔径变化曲线，如图 6－10(a)和(c)所示。从图中可以看出，在 DNEAS 中，大管与小管的渗透过程相对独立，一级渗透压对应大管的渗入过程，二级渗透压对应小管的渗入过程，孔径变化对各级的 P_{in} 影响不大。

图 6－11(b)是不同孔径组合的 SNEAS 临界渗透压曲线。SNEAS 中的纳米孔道存在由大到小的变径，液体分子首先浸入底管大孔道，然后浸入顶管小孔道。在 SNEAS 中，液体分子在浸入顶管小孔道之前，需要流经并充满底管大孔道，在流动过程中，剪切应力、名义黏度等参数会受到底管孔径的影响。为分析顶管与底管之间的相互作用，提取底管 P_{in} 随顶管孔径变化关系曲线和顶管 P_{in} 随底管孔径变化曲线，如图 6－11(a)和(c)所示。由图 6－11(c)可见，在相同的底管孔径下，底管 P_{in} 不会受到顶管孔径的影响，液相分子浸入底管孔径存在的能量壁垒与底管孔径有关，当底管孔径不变时，改变顶管孔径并不会引起底管 P_{in} 的变化。由图 6－11(a)可见，在相同的顶管孔径下，顶管 P_{in} 随着底管孔径的增大呈增大的趋势。水中的氢键决定水的密度、表面张力、沸点等关键性质，表面张力的变化会直接导致 P_{in} 的变化。由于纳米尺度的限制效应，水分子在进入纳米孔道时会失去部分氢键，导致氢键数目减少。进一步统计顶管入口处氢键数目，分析底管对顶管渗透压影响的深层机理。

顶管 \ 底管	CNT(16,16)		CNT(14,14)		CNT(12,12)		CNT(10,10)	
CNT(14,14)	●	○						
CNT(12,12)	●	○	★	☆				
CNT(10,10)	●	○	★	☆	◆	◇		
CNT(8,8)	●	○	★	☆	◆	◇	▲	△
CNT(6,6)	●	○	★	☆	◆	◇	▲	△

注：实心符号表示底管临界渗透压，空心符号表示顶管临界渗透压

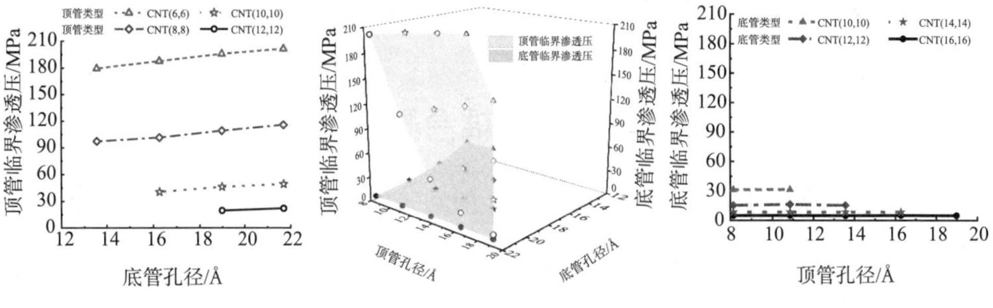

(a)SNEAS顶管临界渗透压随底管孔径变化曲线　(b)SNEAS临界渗透压对比图　(c)SNEAS底管临界渗透压随顶管孔径变化曲线

图 6－11　SNEAS 临界渗透压

图 6－12 是不同孔径组合下 SNEAS 中顶管入口处的每个水分子中均化的氢键数目。对于单个碳纳米管，孔径越大，浸入碳纳米管时失去的氢键数目越少，宏观上导致润湿性降低，体现为 P_{in} 下降。对于 SNEAS 来说，底管 P_{in} 随着孔径的

增大而减小，进入底管中的水分子中的氢键数目会随着底管孔径的增大而增大，在顶管孔径相同时，氢键数目多的水分子浸入顶管所需要的临界渗透压更高。因此，在相同的顶管孔径下，顶管 P_{in} 随着底管孔径的增大而增大。

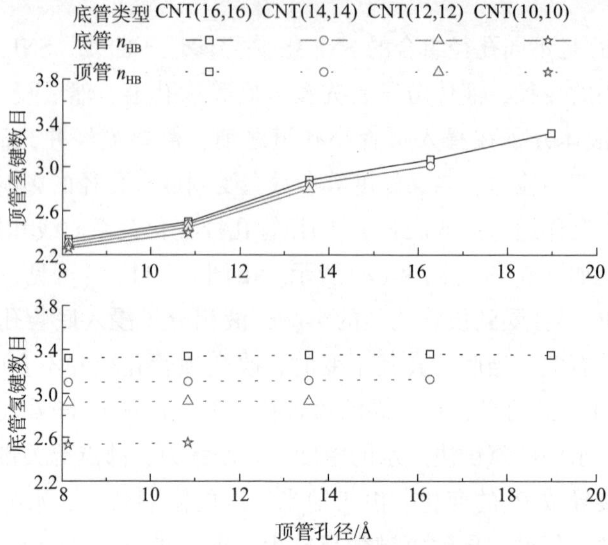

图 6-12 不同孔径组合下 SNEAS 中顶管入口氢键数目

6.4 系统温度及加载速度对纳米流控系统渗透特性的影响

6.4.1 系统温度与孔径的耦合影响

从之前的研究中我们得出对给定尺寸的纳米管，渗透压 P_{in} 随环境温度的升高而降低。我们模拟了不同孔径的纳米管在不同温度下的渗透过程，提取其渗透压 P_{in} 与温度 T 的普遍关系，绘制于图 6-13 中。

如图 6-13 所示，无论是何种孔径的纳米管，渗透压 P_{in} 均随着温度的升高而降低。这表明在某一高温值下，渗透过程的压力壁垒可能降低为很小的值，甚至为 0。这揭示了系统从憎水性到疏水性的转变可以依靠温度的控制来完成。在温度一定时，渗透压 P_{in} 随纳米孔孔径的增大而下降。孔径的增大可以容纳更多水分子的浸入，减小水分子与纳米孔壁面上的摩擦阻力，降低进孔能量壁垒，使渗透压降低。

基于分子动力学模拟获得的渗透压 P_{in}，利用杨氏－拉普拉斯方程可以计算所有孔径在不同温度下的等效表面张力 $\bar{\gamma}$，如图 6－14 所示。当纳米管尺寸一定，表面张力随温度升高而降低。在给定的温度下，纳米孔径越大表面张力越小。Lu 等[36]详细阐述了液体尺寸对表面张力的影响，其研究结果与本文模拟结果一致。对不同纳米孔径，比如 CNT(10，10)和 CNT(13，13)，$\bar{\gamma}-T$ 曲线的斜率是不同的，表明温度对不同尺寸的纳米管浸润性的影响不尽相同。孔径越小，等效表面张力对温度越敏感。

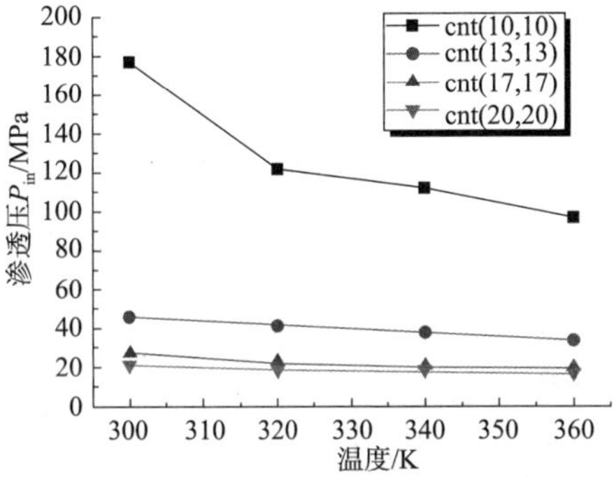

图 6－13　渗透压随环境温度变化的函数关系（准静态过程，$v=5\times10^{-6}$Å·fs^{-1}）

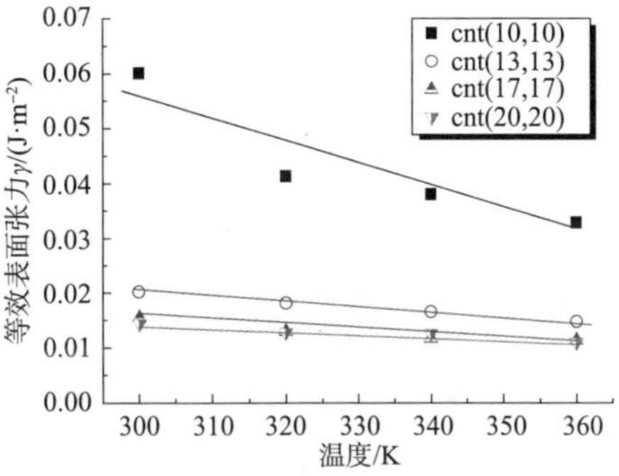

图 6－14　渗透过程等效表面张力随温度变化的函数关系（不同纳米孔径下）

6.4.2　加载速率耦合温度、孔径的影响

上小节的讨论揭示了准静态渗透过程中热力和孔径的影响。但在实际应用中，比如用纳米流体能量吸收系统（NEAS）吸收冲击能，液体分子可以在高速冲击载荷作用下渗透进入纳米孔并移动输运。在该过程中，相当一部分机械功将持续地被固体壁面和渗透的液体分子间摩擦而耗散掉，摩擦耗散产生的热能将提升系统的温度。

剪切应力的耗散是加载速率的函数，因此加载速率耦合着热影响（能量影响）。本文模拟研究中，我们将渗透过程中的系统温度保持在固定的温度下来探寻加载速率对渗透压的影响。需要说明的是，模拟过程系统温度被人为地固定为常数。初始的渗透过程中可以被近似地认为是准静态过程，因为该阶段产生的焦耳热微不足道。

图 6－15 和图 6－16 给出了表观渗透压 P_{in} 在不同温度、不同纳米孔尺寸下随着加载速率（活塞）$\bar{v}$ 的增加的变化规律。可以看到，渗透压 P_{in} 随加载速率变

快而单调增加，尤其对小孔径纳米孔更明显，这体现了纳米孔尺寸与加载速率间的耦合影响。我们知道，当液体流动突然变缓时会发生压力的激增现象，这个现象在流体力学中称为水击现象。压力的突变 ΔP 大小可以用 $\Delta P \propto \rho c \bar{v}$ 衡量，其中，ρ 为液体的密度；c 为给定温度下液体内的当地音速。当活塞动态加载时，储水池中的液体分子经历了一个类似急剧减速的过程，导致了纳米管进孔处总压的升高(压力的激增)。气液相交界的弯液面类似一个弹性膜缓冲器一样，可以明显地平滑尖锐压力的脉动。另外，液相的可压缩性、纳米孔在高压下几何形变引起的可进入润湿直径的减少引发液相中更高的当地音速 c[37]，从而导致压力的显著升高。需要说明的是，纳米孔进口局部压力的急剧升高不会导致固相和液相间的浸润性变化。这个压力的激增由液相物理特性的变化和固相几何结构引起，反映了动态外部加载过程固液相系统的瞬态反应。因此，更高的加载速率导致更高的"表观"渗透压 P_{in}。实际上，更高的加载速率导致液相更强的可压缩性以及纳米孔的几何变形，反过来会引起更显著的压力激增。这样，表观渗透压和加载速率之间相当于发生了正反馈。

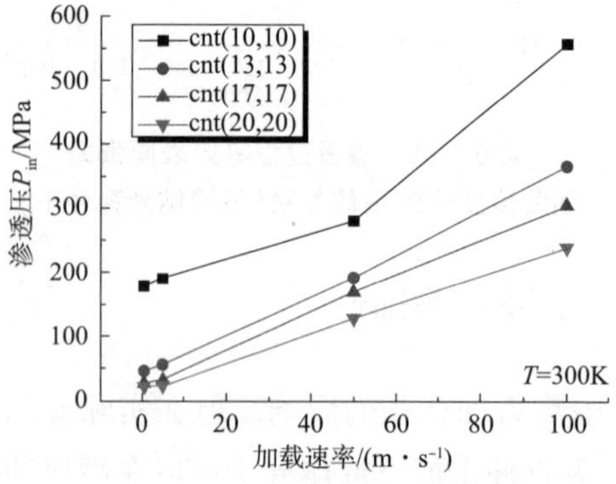

图 6－15　渗透压随加载速率变化关系
(不同孔径纳米孔)

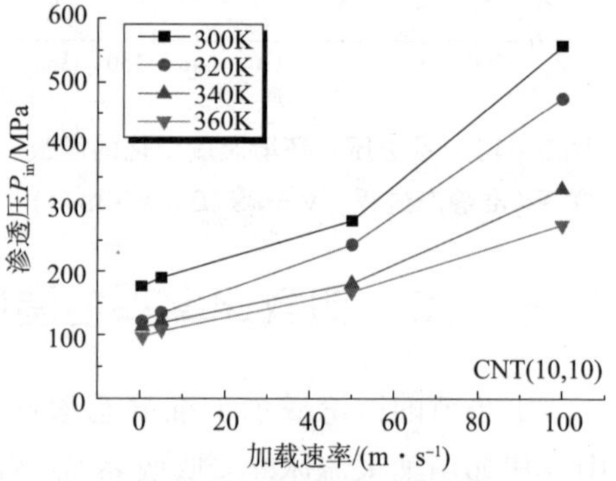

图 6－16　渗透压随加载速率变化关系
(不同环境温度)

图 6－17 对比了刚性/柔性纳米管表观渗透压随加载速率的变化。我们发现在较低的加载速率下，刚性纳米管和柔性纳米管的表观渗透压存在差异；但随着加载速率的升高，渗透压的差异 ΔP_{in} 逐渐消失。换而言之，更快的加载速率能限制纳米管的热振荡变形。图 6－18 对比了刚性/柔性纳米管表观渗透压随温度的变化。由图可见，随着温度的升高，柔性纳米管与刚性纳米管的表观渗透压差缩小。可见温度的提升也会抑制纳米管的热振荡和变形。综上分析，可以得到加载速率和热影响的耦合作用关系：对所研究的所有不同尺寸的纳米管，在低加载速率下热能通过水分子物理性质的改变和柔性纳米管的径向热振荡来影响渗透过

程。而在较快的加载速率下，在气膜到达其能够承受的临界值之前，水池中压力足以抑制纳米管的热振荡，使得柔性纳米管显示出固定特性。高温下对热影响的主要作用体现在水物理特性的变化上。下文将通过氢键的变化和入口处水分子径向密度分布和第一溶剂层位置的分析揭示液体入孔时微观过程及各因素的影响和作用机理。

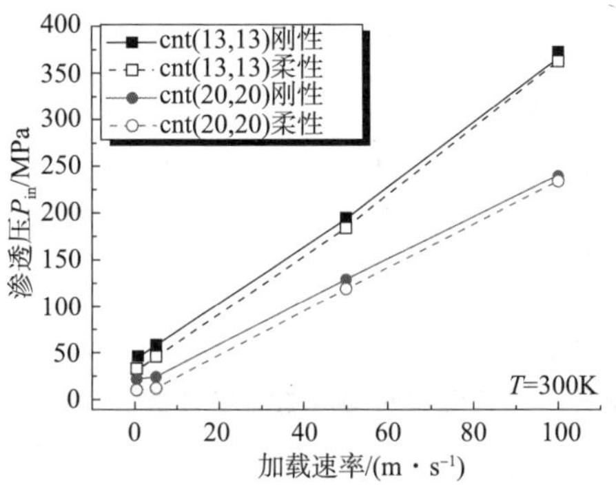

图 6－17　刚性/柔性纳米管表观渗透压随加载速率变化的对比

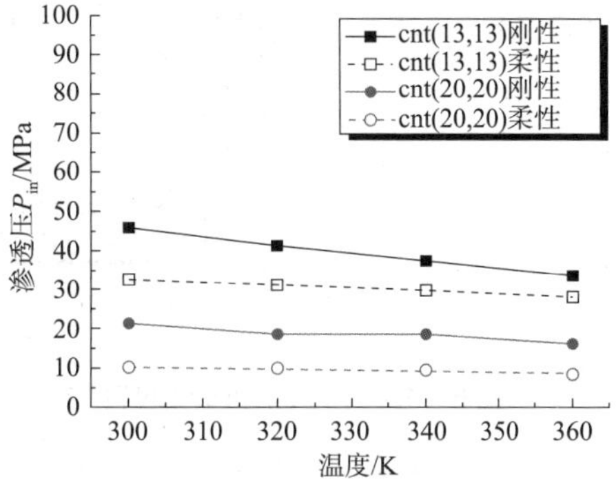

图 6－18　刚性/柔性纳米管表观渗透压随温度变化的对比

6.4.3　氢键的热响应

事实上，当 T 升高时，水分子将拥有更多的动能，因此在克服纳米管入口处的能量壁垒进入纳米管时需要的外界助推力就小。在图 6－19 中所示的模拟结果中，当 T 从 300 K 升高到 360 K 时，P_{in} 至少降低了 1/3。从原子角度，水中的氢键决定了许多水的关键性质，比如：密度、表面张力、沸点、黏度等。当满足以下两种情况之一，我们视作将有氢键产生：一种是两个水分子间的 O—O 键之间的距离小于 3.5Å；另一种是 O—H…O 之间键角小于 30°[38]。使用 TIP4P 水分子模型，在室温、大环境下每个水分子的氢键 n_{HB} 约为 3.59 个[39]，与本文中模拟的计算结果相近。图 6－19 展示了不同温度下，刚性和柔性纳米管，在 CNT(17，17)入口处的每个水分子中时均化的氢键密度。由于纳米尺度的限制效应，一般情况下，水分子在进入纳米孔道时都会失去部分氢键，导致氢键数目 n_{HB} 减少。对于刚性纳米管的算例，当温度 T 从 300K 升高至 360K 时，n_{HB} 将由 3.48 减小至 2.97。从表面张力来看，这个变化将导致润湿性在一定程度上的改变，这也是 P_{in} 随温度升高而降低的一个主要原因。

在柔性纳米管中，纳米管管壁的热振荡将会进一步动摇水分子间的氢键[40]，使得分子运动更为便利[28]。如图 6－19 中所示，当考虑了纳米管的柔性，当温度从 300 K 升高至 360 K 时，n_{HB}将由 3.28 减小至 2.77。在较小的纳米管中，管壁的径向振幅要小于较大的纳米管，可以推测温度对较小纳米管中氢键的影响将小于在较大纳米管中的情况。图中虚线是宏观水分子具有的平均氢键数。

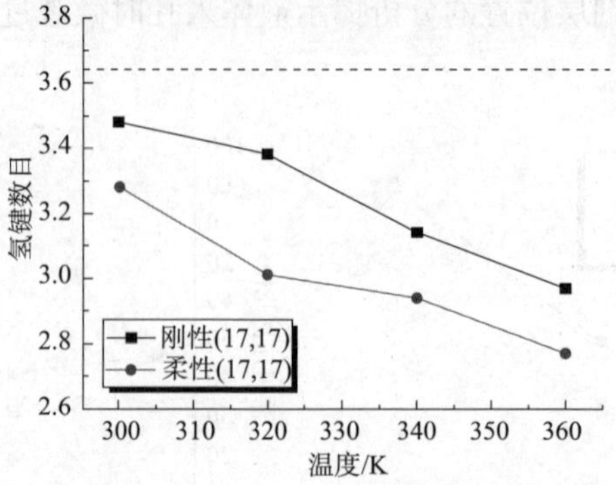

图 6-19　浸入纳米管 CNT(17，17) 水分子的氢键数时均值随温度的变化

6.4.4　入口处径向密度分布和第一溶剂层位置

图 6-20 和图 6-21 给出了在固定纳米管(13，13)的不同温度和加载速率对进孔分子的径向密度分布(radial density profiles，RDP)的影响。本文特别关注第一溶剂层(first solvation shell，FSS)的位置。本文以轴线位置为基准来统计第一溶剂层位置与厚度，d^B为第一溶剂层距离纳米管壁面的平衡距离，用于帮助估算纳米管的有效孔径。在刚性纳米管中，第一溶剂层位置基本随温度和加载速率变化而保持不变。同时，纳米孔入口处分子密度随环境温度升高而相应降低，表明温度升高引起的分子热运动加剧，孔内每个分子将占据更多空间。而随着加载速率的升高，分子进孔速度增大，相应受到的剪切力也变大。孔内分子间距相应拉大，密度分布下降。

对比刚性纳米管，本文发现柔性纳米管的第一溶剂层更加远离纳米管轴线距离，其纳米管内分子的密度分布也相应降低，如图 6-22 所示。

如果我们从柔性的纳米管壁面起开始测量距离并计算 RDP，第一溶剂层距离将重合，而密度仍然是温度的函数。这是因为柔性纳米管将在径向为液相的浸入提供更宽松的空间，使得纳米管壁面与进孔水分子之间的距离保持基本不变。由于现在我们采用从纳米管轴线开始测量 RDP，有效孔径将按照到纳米管壁面的 FSS 及其平衡距离 d^B计算。在图 6-22 中，相同室温温度下，柔性纳米管的有效孔径大于刚性纳米管的有效孔径，这也是引起柔性纳米管 P_{in}降低的原因之一(由杨氏方程知)。另外，由图 6-22 可见，柔性纳米管(13，13)的有效孔径随环境

温度 T 的升高明显增大，这与图 6－13 中 P_{in} 随温度的变化趋势一致。

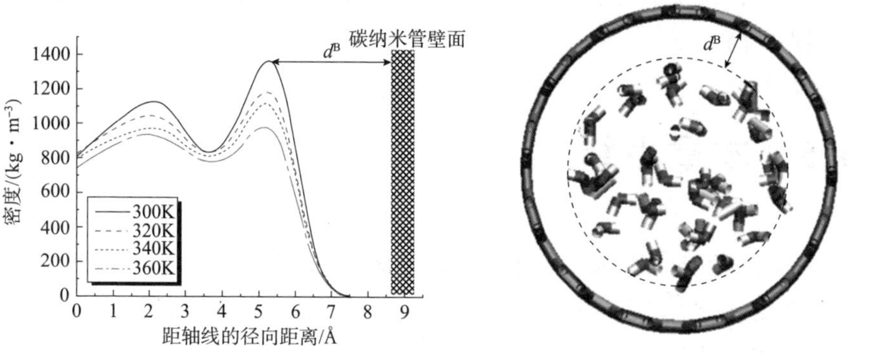

(a)径向密度分布　　(b)纳米孔内横向截面的水分子分布示意图

图 6－20　不同环境温度下纳米孔入口处分子径向密度分布规律，CNT(13，13)

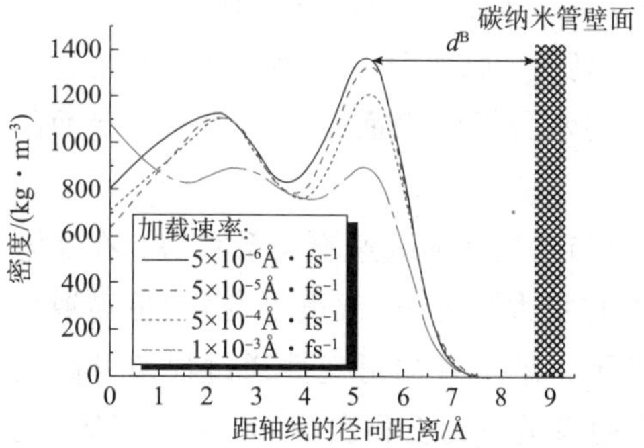

图 6－21　不同加载速率下纳米孔入口处分子径向密度分布规律，CNT(13，13)，T=300 K

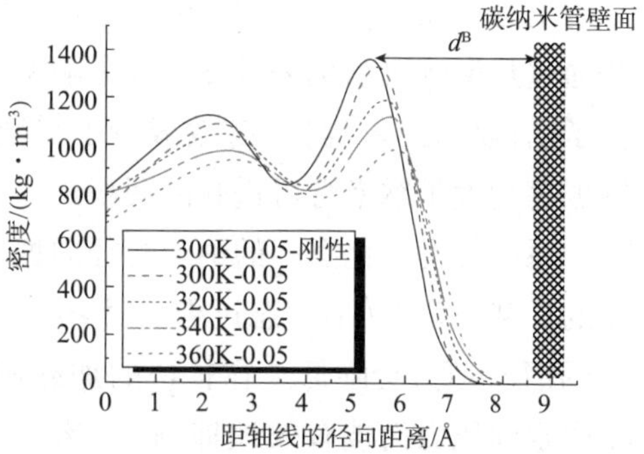

图 6－22　柔性纳米管与刚性纳米管在不同温度下的径向密度分布

6.4.5　小结

本节主要讨论了热影响引起的液体和固体微结构变化对有效浸湿性能力的影响，即渗透压临界值 P_{in}。研究发现，提升水－纳米管系统的热能可以降低临界压力壁垒，使液体分子更容易浸入疏水性纳米管内。详细的分子结构分析揭示了浸润性的增强主要是通过热影响对系统关键变量的影响实现，包括纳米管壁面的热振荡增大了纳米管可进孔的面积，高温增强水分子的热运动从而弱化了分子内键结力(H 键)，同时高温主导有效减少了受限空间水分子的表面张力。

热影响引起的纳米管径向振荡也与孔径和加载速率关系密切。在非常低的加载速率下(准静态过程)，渗透压 P_{in} 在更大孔径下(温度不变)和更高温度下(孔径不变)会降低。在非常快的加载速率下，纳米管的可变性通过快速升高的受限空间压力而被有效地抑制了，纳米管的渗透行为变得更像“固定不变形”的刚性纳米管。另外，在较小的单壁纳米管中，渗透压 P_{in} 更大且随加载速率的增加而愈发非线性升高。

6.5 本章小结

本章通过分子动力学模拟对水分子在外部载荷下渗透浸入纳米管并在其中流动输运的现象进行了机理性探究，得到了液体分子进入纳米孔的压力变化过程及影响因素的作用机理。

首先研究了系统温度变化引起的液体和固体微观结构变化对有效浸湿性能力的作用。研究发现，提升水-纳米管系统的热能可以降低临界压力壁垒，使液体分子更容易浸入疏水性纳米管内。详细的分子结构分析揭示了浸润性的增强主要是通过热影响对系统关键变量的影响实现，高温增强水分子的热运动从而弱化了分子内键结力(氢键)，有效减少了受限空间水分子的表面张力，纳米管壁面的热振荡增大了纳米管可进孔的面积。

系统温度变化引起的纳米管径向振荡也与孔径和加载速率关系密切。在非常低的加载速率下(准静态过程)，渗透压 P_{in} 在更大孔径下(温度不变)和更高温度下(孔径不变)会降低。在较快的加载速率下，纳米管的可变性通过快速升高的受限空间压力而被有效地抑制了，纳米管的渗透行为变得更像“固定不变形”的刚性纳米管。另外，在较小的纳米管中，渗透压 P_{in} 更大且随加载速率的增加而非线性升高。

通过分子动力学模拟研究了纳米流体在纳米尺度孔内的输运行为，讨论了孔径尺寸、流速变化的影响。剪切应力是控制纳米流体流动过程的主导因素，它也是系统属性的函数。剪切应力受在纳米孔通道边界层形成的“第一溶剂层”控制。笔者引入了名义剪切黏度来描述流动行为。数值模拟分析表明，液体分子在纳米孔内流动的剪切应力随孔径和流速的增大而增大。表观剪切黏度随孔径增大而增大，但随流速的增加而减小。为了能在纳米尺度的流体输运过程中耗散更多的能量，推荐用更大尺寸的孔径材料和更高的流体输运速率。

对双管不同径和单管变径两种孔径组合模型与水构成的 NEAS 梯级蓄能特性进行研究，获得了两种变径组合模式下 NEAS 展现梯级蓄能特性的临界孔径差及其原因。当水分子浸入小孔径的渗透压小于其填满大孔径的渗透压时，NEAS 不展现梯级蓄能特性。多级孔道结构的变径方式影响系统各级临界渗透压，继而影响其梯级蓄能特性。单管变径纳米流控系统中，底管孔径减小导致液相分子浸入顶管时氢键数目减少，顶管临界渗透压随着底管孔径的减小而减小。

这些机理性研究为纳米流体系统的设计、优化和应用提供了一定的理论指导和规律借鉴。

参考文献

[1]钱学森. 物理力学讲义[M]. 北京：科学出版社，1962：223－227.

[2]冯端等. 金属物理学第一卷结构与缺陷[M]. 北京：科学出版社，2000：31－76.

[3]Cotterill R M J. Doyarna M. In：Hasiguti R eds. Energierand Atornic Configuration of Line Defects and Plane De－fects. Lattice Defects and their Interactions[M]. New York：Gordon and Breach Science Publishers Inc，1967；62－75.

[4]Johnson R A，Wilson W D. In：Gehlen P C，et al，eds. Defect Calculations for Fcc and Bcc Metals. InteratomicPotentials and Simulation of Lattice Defects[M]. New York：Plenum，1971；301－305.

[5]Daw M S，Baskes M I. Embedded atom method derivationand application to impurities，surfaces，and other defects inmetals[J]. Phgsical Review B，1984，29(12)：8486－8495.

[6]Baskes M I. Modified embedded－atomn potentials for cubicmaterials and impurities[J]. Physical Review B，1992，46(5)：2727－2742.

[7]Baskes M I，Johnson R A. Modified embedded－atom poten－tials for hcp metals[J]. Modelling Simul Mater Sci Eng，1994，2：147－163.

[8]Baskes M I. Calculation of the behaviour of Si ad－dimers on Si(001)[J]. Modelling Simul Mater Sci Eng，1997，5：149－158.

[9]郑正明，杨根庆，程兆年，等. Si (001)表面层及近表面层原子行为的分子动力学模拟研究 [J]. 物理学报，1994，43(3)：609－615.

[10]Stillinger，Weber. Computer simulation of local order in condensed phases of silicon [J]. Phys Rev，1985，B31：5262－5271.

[11]Verlet L. Computer ‘experinents’ on classical fluids. I. Thermodynamical properties of Lennard－Jones molecules[J]. Physical Revieuu，1967，159：98－103.

[12]Swope W C，Anderson H C，Berens P H，Wilson K R. A computer sirnulation method for the calculation of equilibriumconstants for the formation of physical clusters of rmolecules：application to small water clusters[J]. Journal of Chemical Physics，1982，76：637－649.

[13]Honeycutt R W. The potential calculation and some applications[J]. Methods in Computational Physics，1970，9：136－211.

[14] Gear C W. Numerical Initial Value Problems in Ordinary Differential Equation[J]. Englewood Cliffs, NJ: Prentice - Hall, 1971: 1 - 54.

[15] Berendsen H J G, Postma J P M, Gunsteren W F V, et al. Molecular dynamics with coupling to an external bath[J]. Journal of Chemical Physics, 1984, 81: 3684 - 3690.

[16] Hoffmann K H, Schreiber M. Computational Physics[M]. BerlinHeidelberg: Springer - Verlag, 1996: 268 - 326.

[17] Berendsen H J C, Postma J P M, Gunsteren W F V, et al. Molecular dynamics with coupling to an external bath[J]. Journal of Chemical Physics, 1984, 81: 3684 - 3690.

[18] Hoover W G. Computationaz Statistical Mechanics[M]. NewYork : Elsenicer, 1991. 121 - 128.

[19] Nose S. A unified formulation of the constant temperaturemolecular dynamics methods[J]. Journal of chemical physics, 1984, 81: 5 - 11.

[20] Hoover W G, Canonical dynamics: Equilibrium phasc - spacedistributions[J]. Physical Review A, 1985, 31: 1695 - 1702.

[21] Anderson H C. Molecular dynamics simulations at constantpress and / or temperature[J]. The Journal of Chemical Physics, 1980, 72: 2384 - 2393.

[22] Parrinello M, Rahman A. Polymprphic transitions in singlecrystals: A new molecular dynamics method[J]. Journal of Applied Physics, 1981, 52(12): 7182 - 7190.

[23] Parrinello M, Rahman A. Strain fluctuations and elastic constants[J]. Journal of Chemical Physics, 1982, 76: 2662 - 2670.

[24] Andrew R L. Molecular Modeling: Principle and Practice[M]. Berlin Heidelberg: Springer - Verlag, 1996. 357 - 359.

[25] 温诗铸. 纳米摩擦学[M]. 北京：清华大学出版社，1998：60 - 80.

[26] Nguyen T, HO P s, Kw OK T. Grain boundary melting transition in an atonistic simulation model[J]. Physical Review Letiers, 1986, S7 (15): 1919 - 1922.

[27] Cao G. X, et al. Water infiltration behaviours in carbon nanotubes under quasi - static and dynamic loading conditions[J]. Molecular Simulation, 2008. 34(10 - 15): 1267 - 1274.

[28] Xue Y. Q, M. D Chen, Dynamics of molecules translocating through carbon nanotubes as nanofluidic channels[J]. Nanotechnology, 2006, 17: 5216 - 5223.

[29] Barreiro A, et al. Subnanometer motion of cargoes driven by thermal gradients along carbon nanotubes[J]. Science, 2008, 320(5877): 775 - 778.

[30] Andreev S. Effect of flexibility on hydrophobic behavior of nanotube water channels[J]. J. Chem. Phys, 2005, 123(19): 194502. 1 - 10.

[31] Chen, X, et al. Nanoscale Fluid Transport: Size and Rate Effects[J]. Nano Letters, 2008, 8 (9): 2988 - 2992.

[32] Werder T, et al. Molecular dynamics simulation of contact angles of water droplets in carbon nanotubes[J]. Nano Lett, 2001, 1(12): 697 - 702.

[33] Zambrano H. A, et al. Thermophoretic motion of water nanodroplets confined inside carbon nanotubes[J]. Nano Lett, 2009, 9(1): 66 – 71.

[34] Berendsen H. J. C, J. R Grigera, T. P Straatsma. The missing term in effective pair potentials [J]. J. Phys. Chem, 1987, 91: 6269 – 6271.

[35] Taylor R. S, L. X Dang, B. C Garrett. Molecular dynamics simulations of the liquid/vapor interface of SPC/E water[J]. J. Phys. Chem, 1996. 100(28): 11720 – 11725.

[36] Lu H. M, Q Jiang. Size – dependent surface tension and Tolman's length of droplets[J]. Langmuir, 2005, 21: 779 – 781.

[37] Streeter V. L, E. B Wylie, K. W Bedford. Fluid mechanics[M]. International 9th Revised Ed edition ed. McGraw – Hill Higher Education, 1998.

[38] Qiao R, N. R Aluru. Atomistic simulation of KCl transport in charged silicon nanochannels: Interfacial effects[J]. Colloids Surf. A, 2005, 267: 103 – 109.

[39] Jorgensen W. L, J. D Madura. Temperature and size dependence for Monte Carlo simulations of TIP4P water[J]. Mol. Phys, 1985, 56(6): 1381 – 1392.

[40] Fecko C. J, et al. Ultrafast hydrogen – bond dynamics in the infrared spectroscopy of water[J]. Science, 2003, 301(5640): 1698 – 1702.

7　封隔器及封隔器胶筒研究概述

7.1　封隔器发展

封隔器是用来密封环空或隔离目的层段的井下工具，通常通过油管或电缆下井，在完井、注水、压裂、酸化、防砂、机械采油、气举等采油工艺技术中被普遍使用。

封隔器的产生和发展与石油工业息息相关，美国的“种子袋”封隔器是世界上最早使用的封隔器，早期的封隔器性能不高且功能单一[1]。随着钻井开采工艺逐渐发展，为适应深采、热采等工艺中的高温、高压等复杂工况，封隔器正向着多功能、高性能、强适应性、大通径、可回收性、长寿命及可靠性等方面发展。

目前，国外封隔器在高温、高压及适应受损害套管等方向取得一定的进展，如使用内密封结构来提高其工作可靠性。国外研究封隔器的企业很多，成型的封隔器产品有几百种，具有成型的系列和种类。如美国贝克公司研发的静液压“FH”和“FHL-1”型可取式封隔器，挪威 NODECO 与 OAK 公司合力研发的可重复座 RR 型三管封隔器，布朗 RR2 型永久式封隔器等。国外应用切割技术研制了可拆卸式封隔器，以满足封隔器更广泛的使用需求，解决永久式封隔器和可取式封隔器使用的局限性。爪哇西海油田研制的水泥封隔器，结合测井电缆和泵等辅助设备，可比传统修井机二次完井节约费用 40% ~80%[2]。

在传统封隔器的基础上，多种新型封隔器被研发制造出来，并在现场广泛使用。如高效膨胀式封隔器(遇油/遇水自膨胀封隔器)、智能井用封隔器、溶胀式封隔器、跨隔封隔器、双压差逐级解封封隔器、磁性黏弹体封隔器、可钻可取式注水封隔器、金属封隔器。

我国对封隔器研究起步较晚，前期主要参考国外封隔器理论，开发设计适合我国油气田特点的新型封隔器及配套工具。1962 年，为了摆脱国外技术垄断，我国在大庆油田场地，自主研制开发了 475 - 8 型水力压差封隔器，为我国封隔器的研制发展奠定了基础。1976 年—1986 年，我国石油行业发展迅猛，石油开采方式由自喷井开采转变为机械采油，随后十年，为完成稳油控水增产目标，我国先后研制出注水、产油、储采等作业专用封隔器，期间针对老油田采油率低等问题，中原井下研究所与四川石油局研制了开窗侧钻导斜封隔器，有效解决了深井、变形井和事故井的难题[3]。仅从 1986 年至今的短短几十年内，我国授权的与封隔器相关的专利就已将近 1640 条，主要包括以下三个方面：

(1)新型封隔器的结构设计；

(2)局部零件改进；

(3)配套设施的设计改进。

从以上众多研究成果可以看出，我国对封隔器在研制开发和改进方面的重视，也说明了封隔器在石油行业的重要作用。

7.2 封隔器的基本结构

随着井下情况越来越苛刻和复杂，为了满足千差万别的井下条件和工艺要求，现在市面上有各种各样的封隔器，根据其工作原理可大致分为四种：压缩式封隔器、扩张式封隔器、自封式封隔器、组合式封隔器。但是不同的封隔器其基本结构相似，都包含密封机构、坐封机构、锚定机构、锁紧、扶正机构等。适用于不同环境下的封隔器会根据工况适当的增加或减少相应的机构，各机构的用途如下：

(1)密封机构

密封机构的主要功能是在机械或者液压等形式的轴向作用下形成密封，防止流体通过。密封机构是封隔器核心机构，其主要由密封元件、支撑元件、防止密封元件肩突的防突元件等构成。密封元件的材料和形状直接影响其在压缩后与套管之间形成的接触压力及接触面积，从而影响封隔器的密封性，经过研究发现，圆筒状的密封元件能够更好地压缩。图 7－1 所示为传统压缩式封隔器胶筒形状。

(2)锚定机构

锚定机构的功能是固定封隔器，防止封隔器在井壁或者管柱上发生位移从而保证其正常工作。图 7－2 为一种常见水力锚，这种机构主要由锚爪和卡瓦来实现。锚爪和卡瓦分布在圆柱面上，起锚定作用的面通常被设计成齿形。卡瓦根据齿形方向所引起的作用可分为单向卡瓦和双向卡瓦。

图 7-1　压缩式封隔器胶筒

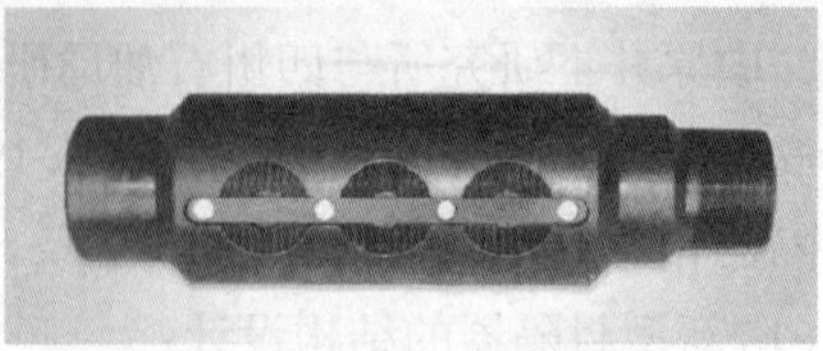

图 7-2　水力锚

(3)坐封机构

坐封机构是使封隔器进入密封状态的机构。对于压缩式封隔器来说，坐封时通过液压或机械的方式施加轴向载荷从而压缩胶筒，使其径向扩张，通过胶筒与套管之间形成接触来达到密封的效果。一般来说，在结构不变时，增加坐封活塞的级数可以适当增加坐封力。

(4)锁紧机构

锁紧机构是使封隔器保持密封状态的机构。通常由外中心管、销钉、各种内锁紧机构组成。对于可取式封隔器，考虑到解封过程的可实施性，在设计时要充分考虑入锁与解锁过程的便捷性。

(5) 扶正机构

扶正机构是通过扶正密封元件来确保密封元件正常工作的机构。扶正机构一般由扶正弹簧罩、弹簧座、弹簧构成，工作时通过外端扶正块来保证其正确进入工作状态。图 7-3 所示为一种常用扶正器。在转动管柱或提放管柱坐封封隔器时，扶正块对封隔器壁产生摩擦力，以确保坐封机构进入工作状态。

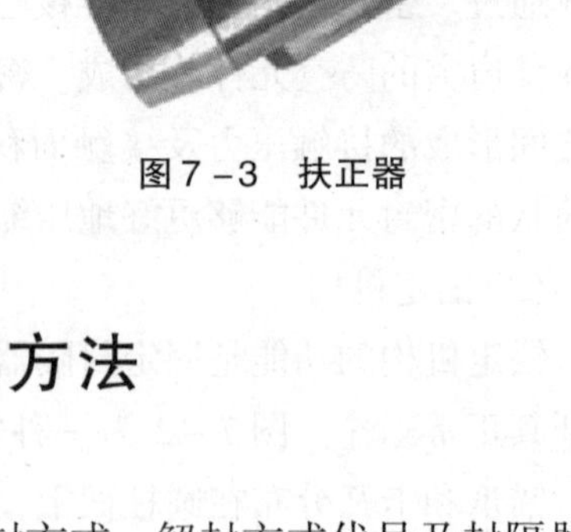

图 7-3　扶正器

7.3　封隔器的型号及表示方法

封隔器的型号按分类代号、支撑方式、坐封方式、解封方式代号及封隔器钢体最大外径、工作温度、工作压差等参数进行编制[4]，表示方法如下：

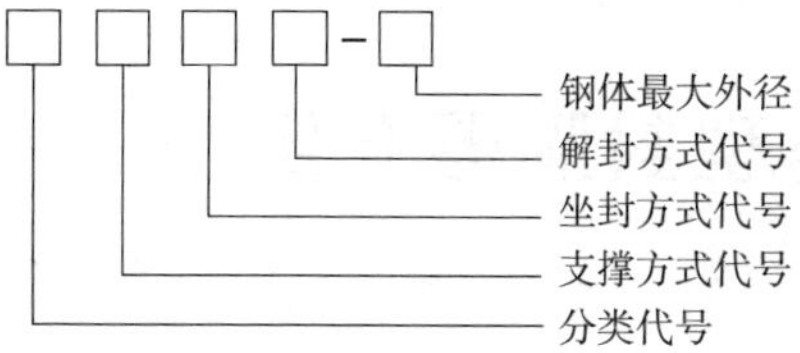

(1)分类代号

用分类名称第一个汉字拼音的大写字母表示，方法应符合表7－1。

表7－1　封隔器封隔方式一览表

分类名称	自封式	压缩式	楔入式	扩张式
分类代号	Z	Y	X	K

(2)支撑方式代号

支撑方式代号用阿拉伯数字表示，方法应符合表7－2。

表7－2　封隔器支撑方式一览表

支撑方式名称	尾管	单向卡瓦	无支撑	双向卡瓦	锚瓦
支撑方式代号	1	2	3	4	5

(3)坐封方式代号

坐封方式代号用阿拉伯数字表示，方法应符合表7－3。

表7－3　封隔器坐封方式一览表

坐封方式名称	提放管柱	转管柱	自封	液压	下工具
坐封方式代号	1	2	3	4	5

(4)解封方式代号

解封方式代号用阿拉伯数字表示，方法应符合表7－4。

表7－4　封隔器解封方式一览表

解封方式名称	提放管柱	转管柱	钻铣	液压	下工具
解封方式代号	1	2	3	4	5

(5)钢体最大外径

钢体最大外径用阿拉伯数字表示，单位为mm。

例如：Y211－114型封隔器的封隔件工作原理为压缩式，靠单向卡瓦支撑，提放管柱坐封，提放管柱解封，钢体最大外径为114mm。

7.4 几种类型封隔器介绍

7.4.1 Y111 系列封隔器

(1)用途：主要用于分层堵水，找水和试油等工艺管柱。

(2)结构：Y111 系列封隔器主要由上、下接头，销钉，调节环，O 形密封胶圈，胶筒，隔环，中心管，承压接头，坐封剪钉，键等组成，如图 7－4 所示。

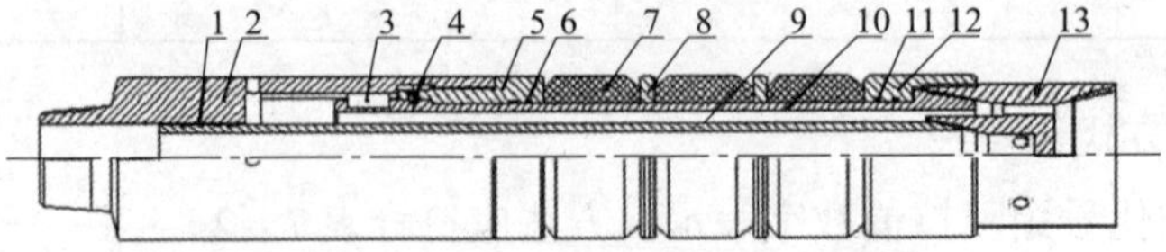

图 7－4 Y111 系列封隔器结构示意图

1、6、11—O 形密封胶圈；2、3—上、下接头；3—导向键；4—剪钉；5—承压接头；7—胶筒；8—隔环；9—内中心管；10—外中心管；12—调节环

(3)主要技术参数如表 7－5 所示。

表 7－5 Y111 系列封隔器技术参数

参数	型号		
	Y111－102	Y111－114	Y111－150
总长 / mm	725	790	1040
最大外径/ mm	102	114	150
内通径/ mm	50	62	78
坐封载荷/ kN	60～80	60～80	60～80
工作温度/ ℃	120	120	120
工作压力/ MPa	8	8	8
适用套管/mm	127	139.7	177.8
胶筒型号	YS100－12－15	YS113－12－15	YS146－12－15

(4)工作原理：封隔器下入设计位置时，上提管柱一定高度，然后下放管柱，由于管柱支撑到井底或套管内壁，部分油管的重量压缩封隔器密封件，使密封件径向胀开，达到密封油套环形空间的目的。起封隔器时，上提管柱，封隔器即可恢复原状，便可起出。

7.4.2 Y211 系列封隔器

(1)用途：用于分层找水、堵水和试油。

(2)结构：如图7－5所示，Y211系列封隔器主要由上、下部接头，胶皮筒，隔环，轨道中心管，锥体，扶正卡瓦，弹簧，托环和轨道等部分组成。

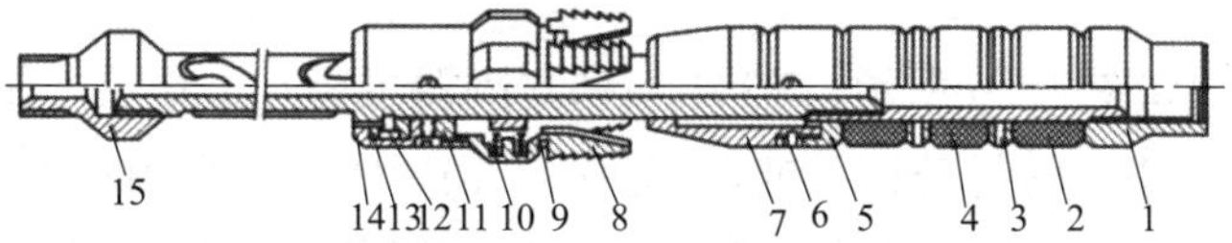

图7－5 Y211系列封隔器结构示意图

1—上部接头；2—胶皮筒；3—隔环；4—轨道中心管；5—锥体帽；6—销钉；7—锥体；8—扶正卡瓦；9—卡瓦箍；10—弹簧；11—卡瓦沟钉；12—轨道销钉；13—摆动环；14—托环；15—下部接头

(3)主要技术参数如表7－6所示。

表7－6 Y211系列封隔器技术参数

参数		型号		
		Y211－104	Y211－114	Y211－148
总长／mm		1565	1575	1720
最大外径／mm		104	114	148
内通径／mm		40	54	62
扶正块外径／mm	张开	120	133	170
	压缩	105	116	150
胶筒型号		YS100－12－15	YS114－12－15	YS148－12－15
工作压力/MPa	上压	25	25	25
	下压	8	8	8
工作温度／℃		120	120	120
坐封载荷/kN		60～80	60～80	60～80
防坐距/mm		480	500	500

(4)工作原理：封隔器下井时，轨道销钉位于J形轨道上，卡瓦被限制，做较小的轴向移动，其外径始终小于锥体，当封隔器下至预定位置后，上提坐封高度。边旋转油管，边下放管柱，使轨道销钉进入长轨道，整个轨道总成部分上移，推动卡瓦牙上移，在锥体作用下，卡瓦扩张，卡于套管内壁形成支点，胶筒在油管重量下受压膨胀，密封油、套管环形空间。一般需6～8 t的压缩力。解封

时，只要上提油管，卡瓦在锥体燕尾槽作用下缩回，同时轨道销进入短轨道，胶筒靠自身弹力收缩恢复原状，即可起出。

7.4.3 Y341 系列封隔器

(1)用途：主要用于分层试油、分层采油、分层注水和分层找水、堵水等施工管柱中。

(2)结构：如图 7-6 所示，Y341 系列封隔器主要有上接头、O 形密封胶圈、锁套、解封剪钉座、解封剪钉、锥环、锁环、锁紧座、上平衡活塞、缸套、外中心管、内中心管、下平衡活塞、密封环、胶筒、隔环、上调节环、下调节环、坐封活塞、活塞套、下接头等部件组成。

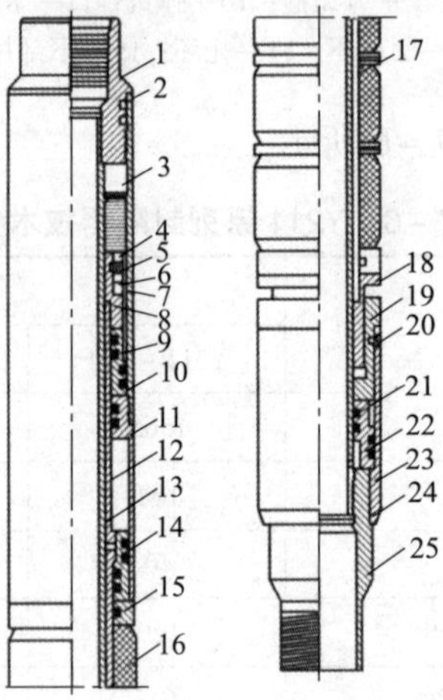

图 7-6 Y341 系列封隔器结构示意图

1—上接头；2、9、21、24—O 形密封胶圈；3—锁套；4—解封销钉座；5—解封销钉；6—锥环；7—锁环；8—锁紧座；10—上平衡活塞；11—缸套；12—外中心管；13—内中心管；14—下平衡活塞；15—密封环；16—胶筒；17—隔环；18—上调节环；19—下调节环；20—坐封销钉；22—坐封活塞；23—活塞套；25—下接头

(3)工作原理：坐封时，从油管内打入高压液体加液压，液体压力经内中心管的孔眼作用在坐封活塞上，上推下调节环使坐封销钉被剪断，坐封活塞便推动下调节环、上调节环、外中心管和锁紧座、锁环、锥环、解封剪钉、解封剪钉座等一起上行压缩胶筒，使胶筒直径变大，封隔油管和套管的环形空间。当泄掉油管内的液压时，因胶筒的弹力作用使锥环顶开锁环，并卡在锁套内的锯齿螺纹处(锁环和锁套的齿形相同，方向相反)，使下调节环、上调节环、外中心管和锁紧座、锁环、锥环、解封剪钉、解封剪钉座等不能退回，于是胶筒就始终处于封

隔油管和套管的环形空间的状态。

需要起出封隔器解封时，上提油管柱，因上接头、锁套、缸套、内中心管、下接头等与管柱相接向上运动，而锁紧座、外中心管、上调节环和下调节环等依靠胶筒与套管的摩擦力则不动。结果解封销钉被剪断，解封销钉座、锥环、锁环被卡在锁套内，随管柱向上运动；而锁紧座、外中心管、上调节环、下调节环和坐封活塞在胶筒的弹力作用下退回，胶筒也就收回解封。

7.4.4 K344 系列封隔器

(1)用途：K344 系列封隔器主要在向井内分层挤注液体的情况下采用。由于它结构简单、便于制造、密封可靠，并能一次多级下井，因此，广泛应用于分层压裂、分层酸化、分层注水及找串封串工艺中。

(2)结构：如图 7-7 所示，K344 系列封隔器主要由上接头、O 形密封胶圈、胶筒座、硫化芯子、胶筒、中心管、滤网罩和下接头等部件组成。

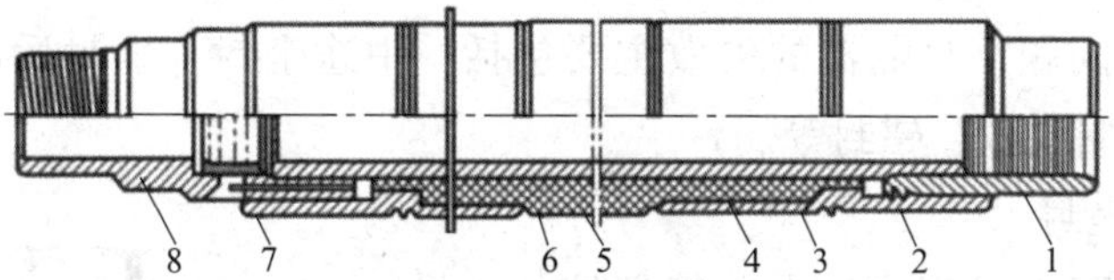

图 7-7 K344 系列封隔器结构示意图

1—上接头；2—O 形密封胶圈；3—胶筒座；4—硫化芯子；5—胶筒；6—中心管；7—滤网罩；8—下接头

(3)主要技术参数如表 7-7 所示。

表 7-7 K344 系列封隔器主要技术参数

型号	适用范围/mm	最大外径/mm	最小通径/mm	总长度/mm	工作压力/MPa	坐封压差/MPa	最高温度/℃	用途
K344-113	122~132	110	62	929	25	0.6~0.9	70	分层注水、分层防砂
K344-114	118~132	114	58	911	45	1.3	55	压裂、防砂
K344-160	153~166	150	76	1016	25	0.6~0.9	70	注水、化堵、防砂

(4)工作原理：当封隔器下至井下预定深度坐封时，从油管内打入高压液体

加压，高压液体经过中心管的孔眼和滤网作用在上活塞和下活塞上，推动活塞上行压缩胶筒，使胶筒直径变大，密封油套环形空间。

压裂时先将压裂管柱下至预计井深，安装好井口采油树后，小排量正反循环替液洗井，替液完成后加大泵注排量，当液体通过启动(节流)器时产生的油套压差大于启动压力后封隔器坐封，继续泵注对下层进行压裂。下层压裂施工结束后投球于启动(节流)器上，油管打压使封隔器坐封，保持平衡油管压力，从油套环形空间对上层进行压裂。上层压裂结束后，泄掉油管的平衡压力，封隔器自动解封，这时可以对产层进行混合测试，测试结束后实现双层合采。

7.5 封隔器失效形式

随着封隔器的不断发展，解决了油田勘探、开发过程中的棘手问题，但同时由于封隔器产品的性能不够成熟及恶劣的作业工况，使得封隔器在使用过程中出现重大的失效问题。封隔器的失效主要包括：中途坐封、坐封后回弹解封、蠕动、串封、密封失效、错封等。

(1)中途坐封

封隔器在下入过程中，由于管柱较长，封隔器出现偏心现象，使得封隔器与套管、井壁相互摩擦，同时井底液体不断冲击于管柱底部，使得瞬时的压差剪断坐封剪钉，启动封隔器坐封机构，导致封隔器在未到达设计的位置就完成了坐封，具体如图7－8所示。

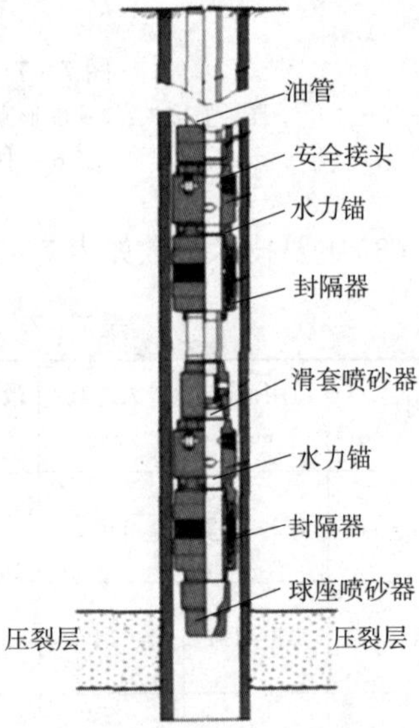

图7－8　封隔器中途坐封

目前的解决方案主要有：平稳下放管柱减少瞬时冲击，研制扶正器使管柱处于套管、井壁的中间，研制防中途坐封机构。

(2)坐封后回弹解封

封隔器在完成坐封后，还未进行压裂工艺作业之前，封隔器胶筒回弹失去密封分隔功能，出现此问题的原因主要有：油气井深度过大，从而井下地层压力过大，从而剪钉强度无法承受地层压力而被剪断，致使胶筒回弹；结构设计不合理，导致坐封锁紧机构失去功能。现在解决此问题的方法主要是设计可靠的锁紧机构，增设液压平衡机构及控制下部管柱重量。

(3)蠕动

压裂施工过程中，施工管柱会经历各种复杂工况，多变的井下工况引起管柱内、外压力和温度的不断变化，这种变化导致管柱处于变长、变短的不平衡状态下，因此带动封隔器来回蠕动，使封隔器胶筒一直处于有动态摩擦磨损状态，加快胶筒的破坏，最终失去密封性能[5]。目前解决这种问题的方法为：设计双向卡瓦结构，封隔器上下两端增添安装卡瓦、水力锚等装置。

(4)串封

出现这样的失效主要是因为封隔器胶筒密封不到位和封隔器旁通循环阀打开，在封隔器两端高压液体的作用下发生管柱移动。目前解决的方法为：增加卡瓦、水力锚以此避免管柱的移动。

(5)密封失效

密封失效主要是指封隔器在施工压裂阶段，封隔器胶筒与套管、井壁间的密封能力不能有效封隔封隔器两端的压裂液，压裂液从胶筒与套管、井壁间的密封面渗流穿过，导致压裂液窜层，压裂工艺失败。出现这样的问题主要有封隔器胶筒受高压被压溃、坐封载荷不足、锁紧机构失去功能等原因。

封隔器长期处于井下高温、高压、腐蚀等复杂工况下，使得封隔器胶筒产生肩部突出、胶筒溶胀、热氧老化等现象，最终导致封隔器胶筒应力松弛，与套管、井壁间的接触应力不足而发生密封泄漏；坐封载荷的不足直接导致接触应力不足使得密封失效[6]；而锁紧机构失效使得封隔器胶筒在承受两端压差的时候，液体压力通过封隔器与套管、井壁的间隙作用于密封的胶筒肩部，再次压缩胶筒的同时撕开密封面，最终胶筒与套管、井壁间出现缝隙，导致密封失效。

(6)错封

采用管柱丈量的方式测量井深，但是管柱在下井过程中由于受到重力作用，导致管柱伸长，使得下井前测量的深度和下井时的深度不一致，从而导致位置不精准，为了解决这样的难题，现在基本采用声呐测量封隔器的深度。

7.6 封隔器胶筒研究概述

目前，对封隔器的研究主要集中在封隔器系统的改进、受力分析、密封系统的工作性能分析和室内实验等方面。其中，密封是评价封隔器能否正常服役的关键，区别于常规线弹性材料，封隔器密封元件胶筒是由橡胶材料制成，具有超弹性和黏弹性，受载荷、温度等条件的影响，材料的性能千差万别，且易发生应力松弛，所以封隔器胶筒密封性能一直是专家学者研究的热点。

7.6.1 封隔器胶筒理论研究

理论分析研究是根据橡胶大变形和弹性力学理论研究胶筒的力学行为。曾宪平基于胶筒变形的基本原理，进一步推导了胶筒微分方程及其解，求解出胶筒恰好被压缩膨胀至与套管壁接触所需要的轴向力[7]。王兴计算求解了压缩 THT 型封隔器胶筒刚刚接触井壁的坐封力及中心管和套管壁对胶筒的约束力，并用第四强度理论计算了胶筒应力，以此作为胶筒不发生强度破坏时坐封载荷的校核[8]。

基于弹性力学理论和拉梅厚壁筒理论，张福祥等对压缩式胶筒做了计算，理论计算了“压开”胶筒的最小坐封力和在不损坏胶筒前提下许可的最大坐封力与工作压差[9]。邓雄、梁政采用拉梅公式和空间轴对称弹性力学解，理论推导出胶筒径向位移计算公式，但发现公式求解值远远大于实际结果，基于此邓雄分析拉梅公式在计算深井封隔器胶筒时误差较大，对于浅井中两端受到限制的封隔器胶筒力学计算，要获得其精确解，需考虑弹性力学空间轴对称理论及物理非线性等问题[10]。

李旭等推导接触应力计算公式时考虑胶筒与套管间、胶筒与中心管间摩擦力作用，都推导出了胶筒在约束变形阶段的接触应力计算公式，并基于第四强度理论计算了胶筒的第四相当应力，校核了胶筒的强度安全性[11]。党黎明等考虑胶筒大变形，理论推导了坐封力作用下，胶筒在不同硬度组合时的压缩距和接触应力计算表达式[12]。

为了推导公式，封隔器胶筒研究人员将胶筒形状尽量简化，而忽略掉防突结构，端部倾角等因素，通常将其简化为简单的圆筒体进行分析，这和胶筒实际外形有较大不同，给结果带来一次误差。在公式的理论推导过程中，通常引入线弹性力学的求解表达式并进一步简化处理，而给结果带来二次误差。故广泛使用的封隔器胶筒力学理论计算公式与实际结果往往存在较大差异，一般仅用来作为胶筒力学性能在工程上的经验计算、定性分析及一般性指导。

7.6.2 封隔器胶筒试验研究

由于胶筒理论研究比较困难，很多研究人员也通过试验获得第一手数据来分析胶筒力学性能。吐哈油田钻采工艺研究院在套管壁周围布置应力传感器，试验研究胶筒套管壁之间接触应力分布规律及数值大小[13]。

封隔器坐封过程中，胶筒不断膨胀变形与套管接触，由于胶筒和管壁间相对运动及摩擦作用，准确测得胶筒管壁间接触应力难度较大，目前研究人员主要有应变筒电测法，应变环电测法，直接接触式测量法和光弹测定法等方法来测定接触应力[14]。夏元白等在胶筒试验中对套管的应变做了测量，通过最小二乘法处理数据，获得了套管壁应力计算表达式及分布规律[15]，刘天良等在胶筒模拟试验中采用应力传感器测定了胶筒与套管壁间接触压力分布规律[16]。

王海兰试验时刚性件采用外部可见点贴应变片的方法采集应变，胶筒采用传统的压电式压力传感器与位移传感器结合的方法进行测试，在特制套管钻孔安装应力传感器，测试接触应力[17]。大庆石油学院的王当芳等通过采用影像云纹法对胶筒的轴向压缩量和径向膨胀量进行测定，采用应力环电测法测量接触应力[18]。岳澄等结合高温电阻应变测试及有限元分析技术，通过高温工况下胶筒室内试验，获得胶筒与套管壁间的接触应力分布情况[19]。

高温下胶筒的试验都需要专门的升温装置，冷传基应用电阻带与导热油混合法对升温设备进行设计，其优点是加热升温速度快，且温度能均匀分布[20]。胶筒与管壁或井壁的摩擦力对系统的密封影响很大，管翠翠、王尊策等设计了封隔器胶筒与套管内壁间摩擦力测试试验工装，通过计算机测定不同轴向力下胶筒与套管壁间摩擦力大小[21]。此外，张劲，李伟等采用非接触式光学测量方法测定了橡胶变形，进而研发出了橡胶材料温度相关力学行为测试系统，其结合试验研究可得到拉伸应力和应变之间的精确关系[22]。

7.6.3　封隔器胶筒有限元研究

由于试验研究成本较高，周期长，而且胶筒试验的结构方案有限，故采用试验研究胶筒密封性能的方法有很大的局限性，而目前在胶筒力学行为分析这一方面，有限元分析技术被广泛使用。有限元分析技术成本低，且能对不同胶筒结构方案对比优选，并支持胶筒结构参数优化设计，在研发新的胶筒产品时，可仅对优选出的最终方案提供相应的试验验证，从而在保证产品质量可靠的同时大大节约研发费用，降低试验成本和周期，提高产品开发效率。

目前国内外封隔器研究者逐渐完善着封隔器的有限元分析技术方法，以满足封隔器现场工况的复杂性，封隔器有限元分析方面的研究重点主要在于仿真计算模型的确定、材料本构模型和超弹单元的选取等方面上。

封隔器仿真模型方面，早期的研究者在有限元分析时，忽略了很多因素，没有建立起完整的封隔器系统仿真分析模型，对于摩擦及非线性接触方面考虑也不全面，如季公明、周先军等的有限元分析模型为胶筒、套管和隔环的装配体，仿真模型没有考虑中心管，摩擦作用也只考虑了胶筒与胶筒间，胶筒与套管间的作用[23]。目前主流的胶筒密封性能有限元分析都是通常建立中心管、套管、挡环、胶筒和防突装置的有限元模型，在各接触零部件间定义接触关系进行有限元分析，该仿真分析模型认为封隔器是管柱系统的一部分，这与现场工况更为一致，故可取得较准确的分析结果。考虑封隔器胶筒密封系统是典型的轴对称模型，通常将有限元数值模型简化为平面轴对称计算，如李晓芳等研究三胶筒封隔器时，将密封结构进行对称简化计算[24]。

橡胶材料本构模型常用的有两种：一种是 Mooney－Rivlin 模型，该模型在模拟中小变形的橡胶材料的力学行为时可获得较高的求解精度，被普遍接受且大量地使用在封隔器有限元模拟中，如尹飞等采用该模型，数值模拟出封隔器坐封后的应力、应变分布及接触状态[25]；另一种是 Yeoh 模型，该模型在仿真分析含炭黑填充 NR 的橡胶材料的力学行为时可获得较好的仿真效果，如韩国有等选择该模型研究类封隔器胶筒材料的应力与应变关系，并通过试验验证了其有限元计算[26]，然而其仿真发生大变形时，其仿真效果很差，Yeoh 模型在胶筒仿真分析中应用还较少。

采用有限元手段研究封隔器胶筒结构参数、材料参数和摩擦系数等因素对密封性能的影响是目前研究的重点。如刘永辉通过有限元仿真封隔器结构、胶筒材料参数、载荷施加方式等对胶筒系统密封性能的影响，优化了胶筒结构参数[27]。丁亮亮等通过完成影响胶筒密封性能因素敏感性分析得出，要实现容易坐封的目的，胶筒硬度应尽量小，而高度应尽量高[28]。杨秀娟、贾善坡等使用罚函数法，考虑黏－滑摩擦接触，研究胶筒摩擦接触问题的仿真方法，获得摩擦系数与接触应力之间的变化规律[29]。马卫国等针对双胶筒研究加载方式对胶筒密封的影响，研究发现相比双向加载，单向施加载荷胶筒与套管壁间接触应力更大[30]。

此外，防突结构的封隔器密封性能的影响很大，越来越多的研究者在借助有限元分析软件，对胶筒防突结构开展研究，如张德彪等通过采用有限元分析技术对比仿真计算了有防突结构和无防突结构的封隔器胶筒密封性能[31]，进而实现了胶筒结构的优选。目前对防突结构有限元仿真较多的是紫铜片这种防突结构的分析，刘松等利用有限元软件 Abaqus 对一种包络紫铜的新型封隔器胶筒结构进行数值模拟，获得了紫铜片在不同厚度时对应的峰值接触应力，并完成了紫铜厚度的优选[32]。

李维等对封隔器在高温工况的力学性能进行了仿真模拟，其有限元计算表明当温度由常温升至300℃高温时，胶筒与井壁接触应力也增大，李维等进而认为高温下材料的“软化”可能有助于胶筒的密封[33]。另一方面，胶筒高温下存在高温蠕变，导致应力松弛，这将不利于密封，此方面研究还比较少。

此外，练章华等将 VB 技术与有限元分析结合起来，开发了封隔器坐封仿真计算模型，这对于现场推广应用有限元分析成果，提高封隔器可靠性有着重要意义[34]。

现在的有限元分析模型通常都是简化成平面轴对称模型，这固然可以取得一定的成果，但对于某些结构，平面分析模型精度还达不到，如带放气孔的胶筒，带弹簧防突的胶筒等结构，这些结构仅仅靠平面模型无法得到体现，给结果造成了偏差。胶筒的作业环境通常是高温高压，研究高温工况下胶筒的工作性能很有必要。

7.6.4 封隔器胶筒结构优化

结合有限元分析及试验对封隔器胶筒结构参数进行优化，能够兼顾效率、成本和可靠性，大大提高了封隔器的密封性能。龙连春等用 Marc 非线性分析软件对封隔器胶筒及金属构架的力学行为进行数值模拟，以胶筒最大主应力及金属构架最大 Mises 应力作为综合目标，采用二次规划方法求解，优化后胶筒的最大主应力降低到原始结构的 32%[35]。张晓林等在《封隔器胶筒结构优化及优化方法比较》一文中，以接触应力和胶筒体积作为优化目标，运用有限元完成胶筒结构优化设计，其在分析胶筒坐封过程中通过对比使用了不同优化方法，发现一阶优化法的精确度较高[36]。

刘永辉等使用超弹性单元 HYPER74 模拟胶筒，用平面单元 PLANE42 模拟套管、中心管以及隔环[37]，研究胶筒端面倾角和高度等结构参数对接触应力的影响，得出胶筒倾角在 40°～50°之间，单胶筒高度取值为 80mm 上下可获得较大接触应力，结构较优。杜常桥等使用 MARC 有限元软件仿真分析了轴向载荷、工作压差及结构参数对胶筒接触应力的影响，并给出了提高胶筒密封性能的建议及胶筒结构参数的推荐值[38]。伍开松等采用 ANSYS 有限元分析软件中的参数化设计语言 APDL，对胶筒几何特征参数与峰值接触应力间关系进行了研究，其分析表明，一定范围内胶筒高度与峰值接触应力成反比，总厚度对接触应力影响很大，而子厚度对接触应力影响较小，倾角既不能太大也不能太小，其有最优解[39]。

7.7 本章小结

随着我国大部分油田开采进入中后期，与快速发展的经济社会不匹配，导致我国成为石油进口的代表国家。近些年来，无论内地油田开采工艺和海上油田开采技术都有了明显的进步，但和发达国家相比，某些开采工艺技术尚不成熟，或者存在着较大缺陷，已经难以适应越来越复杂的开采环境。同时，不可否认的是，我国现阶段的石油开采工艺相关设备存在着科技含量低和严重依赖进口的困境。众所周知，石油是不可再生资源的代表，而我国的存量是有限的，很多油田已经进入了二次、三次甚至更多次的开采，最大限度的将有限资源高质量地变成经济发展的助力是当前研究的重要课题，提高石油的采收率是实现这个最大限度的根本途径。

封隔器是石油开采工艺中使用最广泛的一种井下工具，为石油开采正常生产和各种井下工艺措施的顺利进行提供了有效的保障。胶筒是封隔器发挥封隔环空、隔绝产层等密封作用的核心部件，其性能的优劣以及可靠与否直接影响石油开采工艺措施的成功率和开采成本。胶筒在井下工作不仅受高温、高压、流体腐蚀等外界环境影响，还与自身结构尺寸、施载方式等因素有关，密封胶筒是封隔器发挥封隔环空、隔绝产层等密封作用的关键部件，它的失效会导致油气井早期报废，造成巨大的经济损失。

本章对封隔器的发展进行了简要的介绍，并对封隔器的结构、型号及失效形式进行了细致的描述，着重介绍了目前较为常用的 Y111 系列封隔器、Y211 系列封隔器、Y341 系列封隔器和 K344 系列封隔器。同时对封隔器胶筒的研究现状做了归纳总结，结合封隔器和胶筒近些年的研究进展，为后续封隔器胶筒的研制提供了一定的理论基础，对提高胶筒工作的可靠性，避免胶筒失效而造成巨大经济的损失具有重要的参考应用价值。

参考文献

[1]王鸿勋，张琪．采油工艺原理[M]．北京：石油工艺出版社，1981：12.

[2]Harris M L. Innovative Through - Tubing Cement Packer Technique[C]//SPE Asia Pacific Oil and Gas Conference and Exhibition. OnePetro, 2002.

[3]曾小荣. CYY443-146 导斜封隔器及管柱研制应用成功[J]. 钻采工艺，1999(03)：3-5.
[4]集团公司井控培训教材编写组. 采油采气专业人员井控技术[M]. 东营：中国石油大学出版社，2013：12.
[5]邱宗斌，武志学，段腾龙. 水平井分段压裂封隔器失效原因及解决措施[J]. 设备管理与维修，2016(07).
[6]刘祖林，张向宁，陈波，等. 带金属护肩封隔器的密封特性研究[J]. 石油机械，2015(05)：96-100.
[7]曾宪平. 油管柱的受力与变形[J]. 石油钻采工艺，1981，3(3)：39-54.
[8]王兴. 高温高压完井封隔器力学性能分析[D]. 西安石油大学，2013.
[9]张福祥，姜学海，相建民，等. 裸眼中测压缩式封隔器胶筒材质与力学分析及其改进[J]. 石油钻探技术，2007，04：15-18.
[10]邓雄，梁政. 测试井封隔器胶筒径向变形探讨[J]. 西南石油学院学报，1998，20(1)：61-63.
[11]李旭，窦益华. 压缩式封隔器胶筒变形阶段力学分析[J]. 石油矿场机械，2007，10：17-19.
[12]党黎明，刘巨保，李治森，等. 压缩式封隔器三级胶筒多重非线性力学分析[J]. 石油矿场机械，2014，06：5-10.
[13]刘天良，施纪泽. 封隔器封隔时胶皮筒接触应力的模拟试验研究[J]. 断块油气田，2001，7(4)：51.
[14]伍开松，佘月明，张新政，等. 用接触有限元研究胶筒系统的力学行为[J]. 石油矿场机械，2006，03：23-26.
[15]夏元白，张平，孙广领，等. 井下封隔器封隔时套管应力的测试与计算[J]. 石油矿场机械，1997，05：12-16.
[16]刘天良，谢洪德. 封隔器卡瓦损伤套管的模拟实验研究[J]. 石油矿场机械，2001，30(2)：49-51.
[17]王海兰. 井下封隔器工作行为仿真研究[D]. 西南石油学院，2004.
[18]王当芳，黄兆芝，李敏，等. 压缩式封隔器胶筒密封性能的试验研究[J]. 石油机械，1990，04：24-31.
[19]岳澄，王燕群，邵立国，等. 高温封隔器胶筒与套管接触压力的实验研究[J]. 实验力学，1999，03：390-394.
[20]冷传基，徐英彪，王静. 扩张式封隔器胶筒高温密封性能试验装置研制[J]. 科技信息，2013，12：401-402.
[21]王尊策，管翠翠，温后珍，等. Y341-114 型注水封隔器胶筒与套管摩擦力试验研究[J]. 石油矿场机械，2012，07：66-69.
[22]张劲，李伟等. 封隔器超弹性胶筒力学性能的试验研究[J]. 机械工程学报，2011，47(8)：71-76.

[23]周先军，平利，季公明．封隔器胶筒接触应力分布有限元计算[J]．钻采工艺，2002，04：59－60.
[24]李晓芳，杨晓翔，王洪涛．封隔器胶筒接触应力的有限元分析[J]．润滑与密封，2005，05：90－92.
[25]尹飞，高宝奎，金磊．压缩式封隔器坐封力学有限元分析[J]．石油机械，2012，02：39－41.
[26]韩国有，李楠，李强，等．基于有限元的封隔器密封性能影响因素分析[J]．石油矿场机械，2012，06：17－20.
[27]刘永辉．封隔器胶筒性能有限元分析及结构改进[D]．西南石油大学，2006.
[28]丁亮亮，练章华，彭建云，等．深层气井封隔器胶筒力学行为仿真[J]．石油机械，2012，09：92－95.
[29]杨秀娟，闫相祯，贾善坡．封隔器胶筒大变形的粘－滑摩擦接触分析[J]．机械强度，2006，02：229－234.
[30]马卫国，张亚昌，张德彪，等．双胶筒封隔器胶筒密封性能分析[J]．石油机械，2010，11：51－53.
[31]张德彪，侯军，马卫国，等．防突结构对封隔器密封性能的影响分析[J]．石油机械，2010，12：53－55.
[32]刘松，吴静，董晓明．压缩式封隔器胶筒结构改进及密封性能分析[J]．石油矿场机械，2013，04：67－70.
[33]李维，郑有成，常洪渠，等．新型压缩式耐高温管外封隔器高温力学性能分析[J]．钻采工艺，2011，06：63－64.
[34]练章华，乐彬，宋周成．封隔器坐封过程有限元模拟分析[J]．石油机械，2007，09：19－21.
[35]龙连春，杜家政，隋允康．封隔器胶筒的分析与优化设计[J]．北京工业大学学报，2006，S1：52－57.
[36]张晓林，张棣，武玉贵，等．封隔器胶筒结构优化及优化方法比较[J]．石油机械，2013，06：101－105.
[37]刘永辉，付建红，林元华，等．封隔器胶筒结构参数优化分析[J]．机械工程师，2007，07：66－67.
[38]杜常桥，李世民，吕宏茹．封隔器胶筒应力数值模拟与结构优化研究[J]．断块油气田，2008，02：104－106.
[39]伍开松，翟志茂，古剑飞，等．封隔器胶筒几何参数优选[J]．石油矿场机械，2008，10：68－71.

8 蜂窝骨架充填纳米流控系统弹性材料

蜂窝骨架充填纳米流控系统弹性材料(以下简称纳米流控弹性材料)是由有蒙皮橡胶蜂窝骨架包覆支撑纳米流控系统构成。纳米流控系统是一种悬浊液，具有独特的压力－体积特性曲线，在有蒙皮橡胶蜂窝骨架中充填纳米流控系统后将显著提升结构整体承压性能和能量吸收能力。

8.1 工作原理

纳米流控材料是指在有蒙皮橡胶蜂窝骨架中充填具有独特压力－体积特性的纳米流控系统，以此提升蜂窝结构动态压缩性能。

纳米流控系统是将憎水性多孔介质与非浸润性液体经过一定比例混合而成，是一种悬浊液，如图 8－1(a)所示。常见的疏水性纳米多孔介质有沸石、分子筛等，常见的非浸润性液体有甘油、去离子水、KCl 溶液等。多孔介质具有很多纳米级(1～100nm)孔道，能够容纳液体分子进出。纳米流控系统工作原理如图 8－1(b)所示。由于固－液界面张力的作用，在常温常压下，液体分子不会自发流入纳米孔道内。但当外界压力大于液体分子进入多孔介质纳米孔道的临界进孔压力时，两相表面张力被突破，液体分子进入纳米孔道中并逐渐充满纳米孔道，在这一过程中系统压力会保持在一个相对稳定的范围，即图 8－1(c)中进孔压力平台区。不同的憎水性多孔介质与非浸润性液体组合有不同的临界进孔压力，通过调配可使临界进孔压力到达上百兆帕。当外界压力卸载之后，由于固－液两相间互不浸润，进入纳米孔道的液体分子将会在表面张力的作用下流出多孔介质孔道。可见纳米流控系统可通过调节自身体积变化平衡外界压力变化。

纳米流控系统压力－体积曲线与有蒙皮橡胶蜂窝骨架面外压缩时平均接触应力－压缩比曲线具有相似性，将二者耦合到一起构成纳米流控弹性材料将兼具二者优秀的力学性能，将显著提升结构整体承压性能。

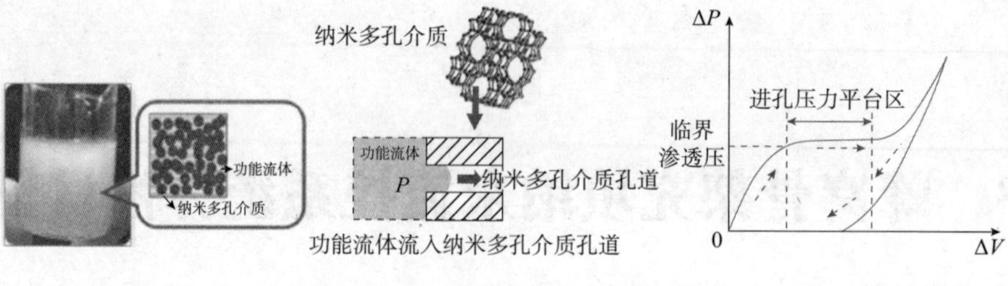

(a)外观示意图　　(b)工作原理示意图　　(c)压力-体积曲线

图 8－1　纳米流控系统示意图[1-3]

8.2　纳米流控弹性材料静力学特性研究

8.2.1　纳米流控弹性材料有限元模型参数设置

由于纳米流控系统为液固混合物，需要一种骨架将其包覆支撑成型。采用橡胶材质的蜂窝骨架包覆纳米流控系统，所构成纳米流控弹性材料兼具纳米流控系统与蜂窝骨架的优良特性。本节将纳米流控系统充填入零级、一级空橡胶蜂窝骨架中构成纳米流控弹性材料，建立纳米流控弹性材料有限元模型，为后续探明纳米流控弹性材料承压能力建立基础。

图 8－2 为纳米流控弹性材料三维模型图，其内部充填 ZSM－5 型沸石－水系统。空橡胶蜂窝骨架材料选用氢化丁腈橡胶，橡胶本构方程选用 Mooney－Rivlin 模型，本构方程参数为 $c_{10}=1.92556$、$c_{01}=0.96278$；内部结构赋予图 8－3 所示的 ZSM－5 型沸石－水系统的压力－体积特性曲线[4]。

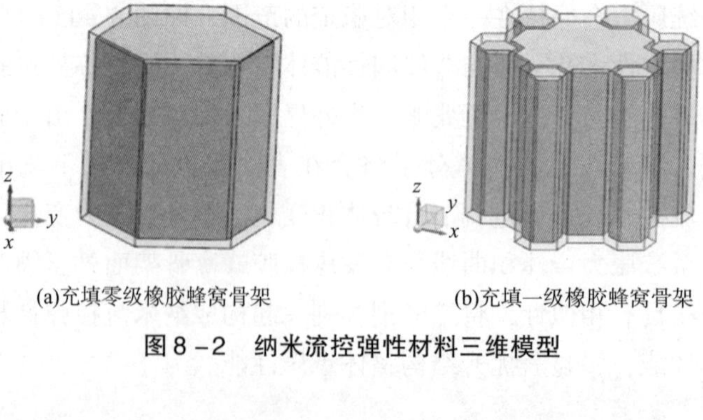

(a)充填零级橡胶蜂窝骨架　　(b)充填一级橡胶蜂窝骨架

图 8－2　纳米流控弹性材料三维模型

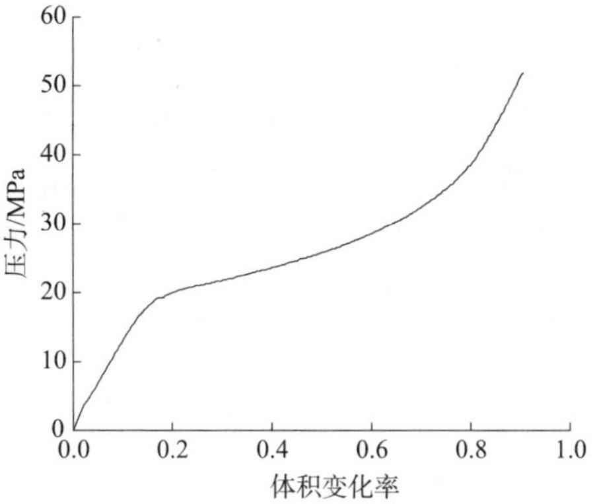

图 8－3 纳米流控系统压力－体积特性曲线

8.2.2 零级空橡胶蜂窝骨架对纳米流控弹性材料静力学特性影响

以胞元边长 $l=3$mm，壁厚 $t=0.1$mm、0.2mm、0.3mm，高度 $h=6$mm 的正六边形空零级橡胶蜂窝骨架为例，在其内部结构赋予图 8－3 临界渗透压为 20MPa 的纳米流控系统压力－体积特性曲线，探究零级空橡胶蜂窝骨架对纳米流控弹性材料静力学特性影响规律。

图 8－4 为静态压缩载荷作用下纳米流控系统充填胞元边长 $l=3$mm、壁厚$t=0.2$mm、高度 $h=6$mm 零级蜂窝骨架弹性材料等效应力云图，为更直观表达模型

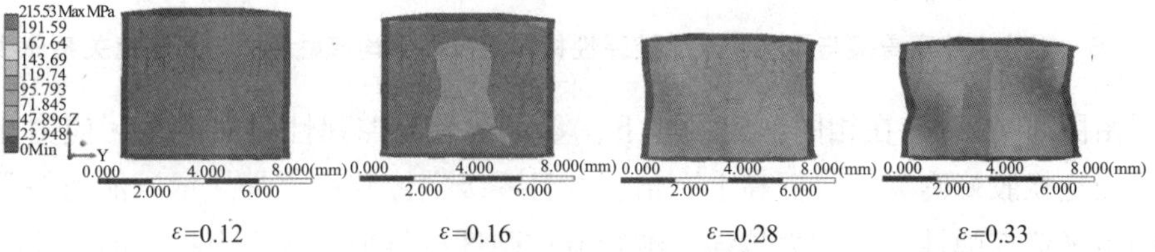

(a)模型从垂直 xy 方向1/2处剖开

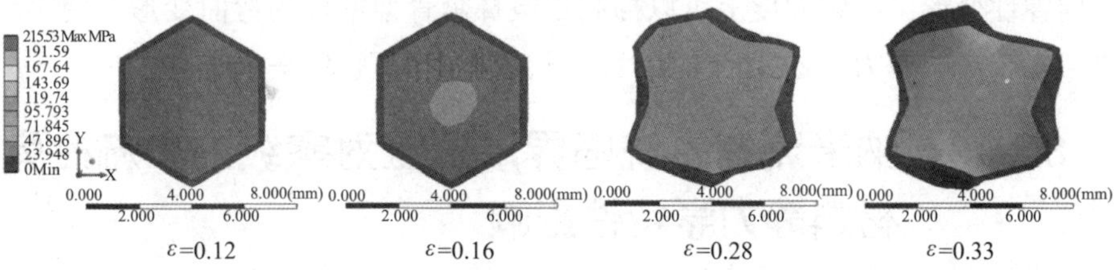

(b)模型从垂直 yz 方向1/2处剖开

图 8－4 静态压缩载荷作用下纳米流控系统充填零级蜂窝骨架弹性材料等效应力云图

内部等效应力变化，从垂直 xy 方向、垂直 yz 方向 1/2 处剖开展示，如图 8-4(a)(b)所示；为便于直观比较模拟结果，将两组等效应力云图的标尺统一。

由图 8-4(a)(b)可知零级纳米流控弹性材料外部橡胶蜂窝骨架等效应力较小，内部纳米流控系统等效应力较大，且随着压缩比的增大，等效应力从中心向四周扩散。当外部零级橡胶蜂窝骨架侧壁曲折，且压力达到纳米流控系统临界渗透压时，纳米流控系统中液体会自发地流入或流出多孔材料孔道，对外部零级蜂窝骨架压力进行调节，并起到一定保护作用。

提取图 8-4 纳米流控系统充填零级蜂窝骨架弹性材料在压缩过程中上表面接触应力，以及同尺寸(胞元边长 $l=3\text{mm}$，壁厚 $t=0.1\text{mm}$、0.2mm、0.3mm，高度 $h=6\text{mm}$)的零级空橡胶蜂窝骨架压溃变形过程中压缩比 ε 和上表面平均接触应力$\bar{\sigma}$，为便于探究零级空橡胶蜂窝骨架对纳米流控弹性材料静力学特性影响规律，将所得数据绘制于一幅图上，如图 8-5 所示。

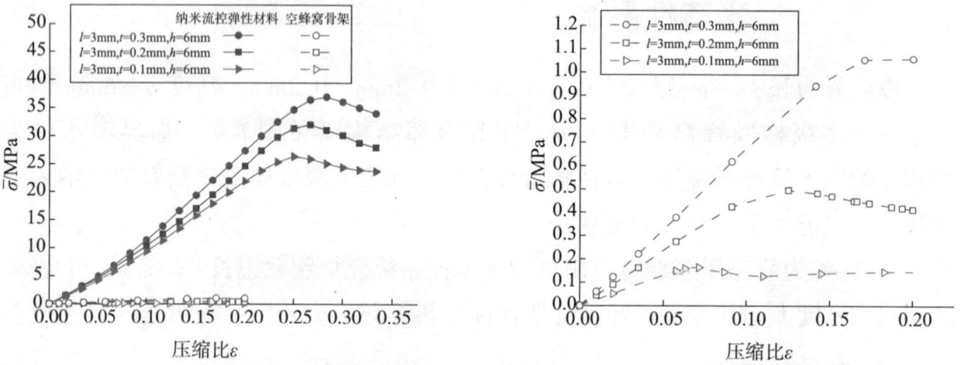

图 8-5　零级空蜂窝骨架与零级纳米流控弹性材料上表面平均接触应力与压缩比关系曲线图

由图 8-5 可知在相同胞元尺寸下，零级纳米流控弹性材料平台区应力相较于零级空橡胶蜂窝骨架可提高上百倍，并且零级空橡胶蜂窝骨架承压能力越强构成的纳米流控弹性承压能力越强。纳米流控弹性材料平台区应力提升的主要原因为纳米流控系统在未达到临界渗透压时，可视为近似不可压缩，当其受压时会发生横向弹性变形，一定程度上可以抑制零级蜂窝骨架壁板的弯曲变形，使零级蜂窝骨架在较高的压力下才能产生弹性坍塌，进而提高整体平台区应力。

8.2.3　纳米流控系统临界渗透压对零级纳米流控弹性材料静力学特性影响

纳米流控系统是由纳米多孔材料介质与功能流体通过一定比例混合而成，纳米多孔材料孔径的大小不同，纳米流控系统临界渗透压也不同，本节以胞元边长

$l=3$mm、壁厚 $t=0.2$mm、高度 $h=6$mm 的正六边形空零级橡胶蜂窝骨架为例，在其内部结构赋予对不同临界渗透压的纳米流控系统，对零级纳米流控弹性材料平台区应力变化情况展开研究。

纳米流控系统可通过调控纳米多孔材料孔径控制纳米流控系统临界渗透压。本节选取图8－6所示不同临界渗透压的纳米流控系统压力－体积特性曲线，将其赋予零级橡胶蜂窝骨架内部结构，以获得填充液(纳米流控系统)临界渗透压变化对充填零级橡胶蜂窝骨架平台区应力影响规律。

图8－7、图8－8为不同临界渗透压的纳米流控系统充填零级蜂窝骨架单胞、多胞后，上表面平均接触应力与压缩比关系曲线图，由图可知，采用不同临界渗透压的纳米流控系统充填零级蜂窝骨架单胞、多胞后，所得平台区应力变化规律相同，且平台区应力随纳米流控系统临界渗透压增大而增大。可根据实际应用情况，通过选择合适的纳米流控系统临界渗透压对零级纳米流控弹性材料平台区应力进行调控。

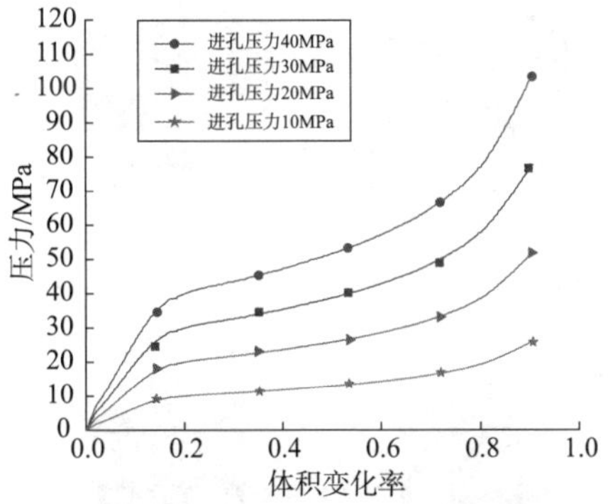

图8－6　纳米流控系统压力－体积特性曲线

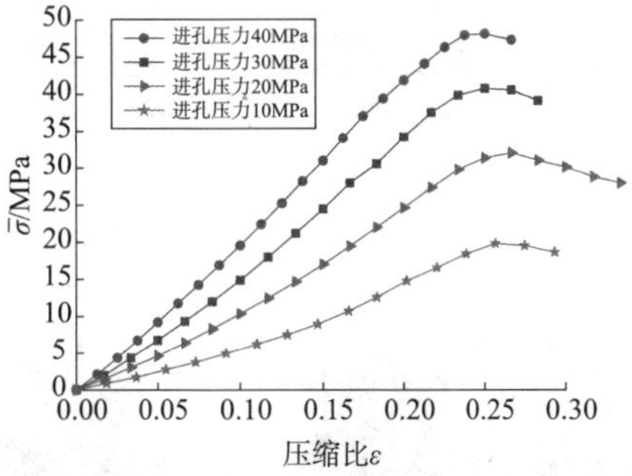

图8－7　纳米流控系统充填零级蜂窝骨架单胞上表面平均接触应力与压缩比关系曲线图

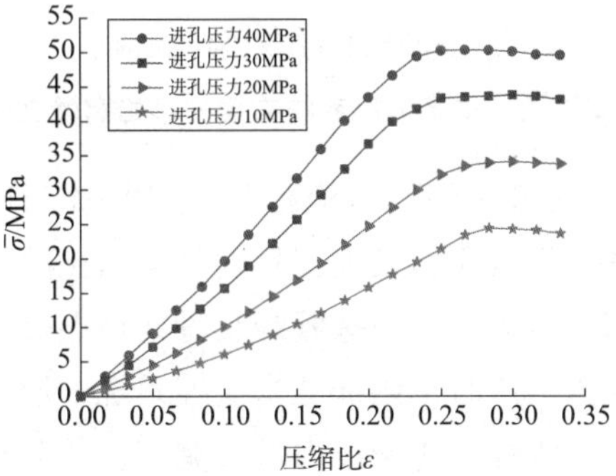

图8－8　纳米流控系统充填零级蜂窝骨架多胞上表面平均接触应力与压缩比关系曲线图

8.2.4 一级空橡胶蜂窝骨架对纳米流控弹性材料静力学特性影响

本节以胞元边长 $l = 3$mm，边长比 $l_1/l = 0.3$，壁厚 $t = 0.1$mm、0.2mm、0.3mm，高度 $h = 6$mm 的一级橡胶蜂窝骨架为例，在其内部结构赋予图 8-3 纳米流控系统压力-体积特性曲线，观察一级纳米流控弹性材料进入平台区的压力，并将一级空橡胶蜂窝骨架与一级蜂窝骨架弹性材料进行对比分析。

图 8-9 为静态压缩载荷作用下纳米流控系统充填胞元边长 $l = 3$mm，边长比 $l_1/l = 0.3$，壁厚 $t = 0.2$mm，高度 $h = 6$mm 一级蜂窝骨架等效应力云图，为更直观表达模型内部等效应力变化，从垂直 *xy* 方向、垂直 *yz* 方向 1/2 处剖开展示，如图 8-9(a)(b)所示；为便于直观比较模拟结果，将两组等效应力云图的标尺统一。

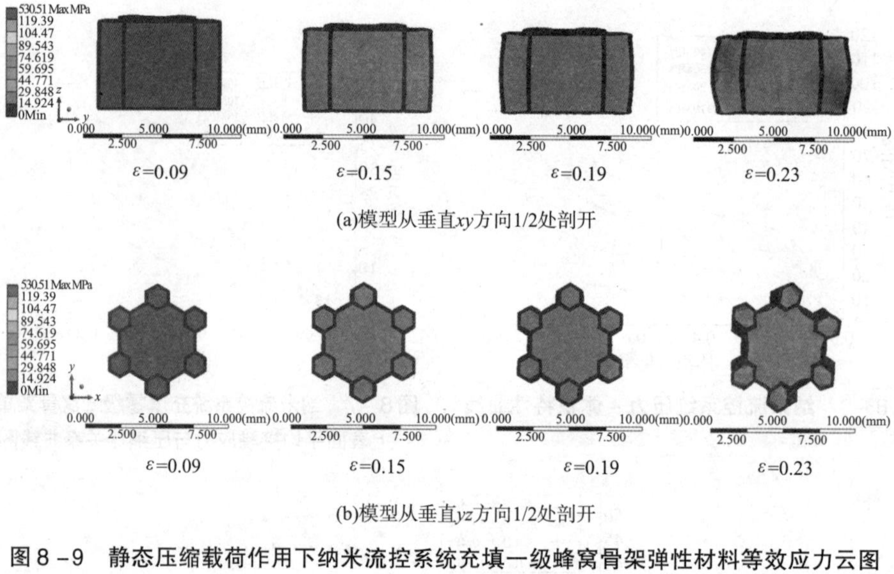

(a)模型从垂直xy方向1/2处剖开

(b)模型从垂直yz方向1/2处剖开

图 8-9 静态压缩载荷作用下纳米流控系统充填一级蜂窝骨架弹性材料等效应力云图

对比图 8-9(a)(b)可知一级纳米流控弹性材料外部橡胶蜂窝骨架等效应力较小，内部纳米流控系统等效应力较大，且随着压缩比的增大，等效应力从中心向四周扩散。随着压缩比增大，一级橡胶蜂窝骨架顶点蜂窝侧壁曲折，压力变化达到纳米流控系统临界渗透压时，内部纳米流控系统中液体会自发地流入或流出多孔材料孔道，对外部一级蜂窝骨架压力进行调节，并起到一定保护作用。

提取图 8-9 纳米流控系统充填一级蜂窝骨架弹性材料在压缩过程中上表面接触压力，以及同尺寸(胞元边长 $l = 3$mm，边长比 $l_1/l = 0.3$，壁厚 $t = 0.1$mm、

0.2mm、0.3mm，高度 $h=6\text{mm}$）的一级空橡胶蜂窝骨架压溃变形过程中压缩比 ε 和上表面平均接触应力 $\overline{\sigma}$，为便于探究一级空橡胶蜂窝骨架对纳米流控弹性材料静力学特性影响规律，将所得数据绘制于一幅图上，如图 8－10 所示。

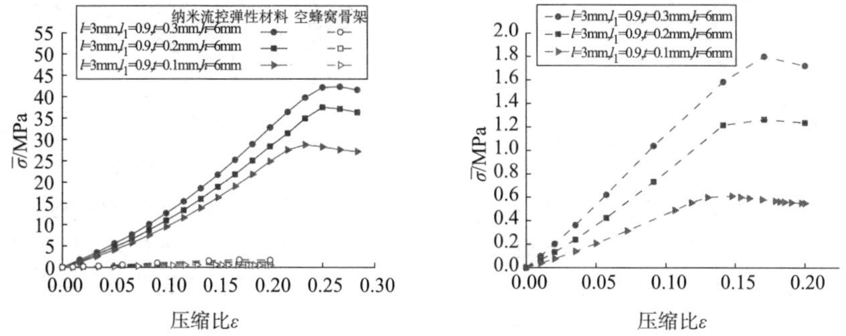

图 8－10　一级空蜂窝骨架与纳米流控弹性材料上表面平均接触应力与压缩比关系曲线图

由图 8－10 可知在相同胞元尺寸下，纳米流控弹性材料平台区应力相较于一级空橡胶蜂窝骨架可提高上百倍，并且一级空橡胶蜂窝骨架承压能力越强构成的纳米流控弹性承压能力越强。与纳米流控系统充填零级蜂窝骨架弹性材料相比，纳米流控系统充填一级蜂窝骨架弹性材料进入平台区时压缩比略小，上表面平均接触应力略大。其原因主要为一级空橡胶蜂窝骨架顶点蜂窝径向尺寸较小，在相同的高度下一级顶点蜂窝壁易产生曲折，与零级空蜂窝骨架相比较早进入平台区。

8.2.5 纳米流控系统临界渗透压对一级纳米流控弹性材料静力学特性影响

本节以胞元边长 $l=3\text{mm}$，边长比 $l_1/l=0.3$，壁厚 $t=0.2\text{mm}$，高度 $h=6\text{mm}$ 的空一级橡胶蜂窝骨架为例，在其内部结构赋予如图 8－6 所示不同临界渗透压的纳米流控系统压力－体积特性曲线。

图 8－11、图 8－12 为不同临界渗透压的纳米流控系统充填一级蜂窝骨架单胞、多胞上表面平均接触应力与压缩比关系曲线图，由图可知，采用不同临界渗透压的纳米流控系统充填零级蜂窝骨架单胞、多胞后，所得平台区应力变化规律相同，即平台区应力随纳米流控系统临界渗透压增大而增大。其规律与零级纳米流控弹性材料相同，但由于一级空蜂窝骨架承压性能优于零级空蜂窝骨架，因而在充填同一纳米流控系统时，一级纳米流控弹性材料产生的平台区应力略高于零级纳米流控弹性材料。

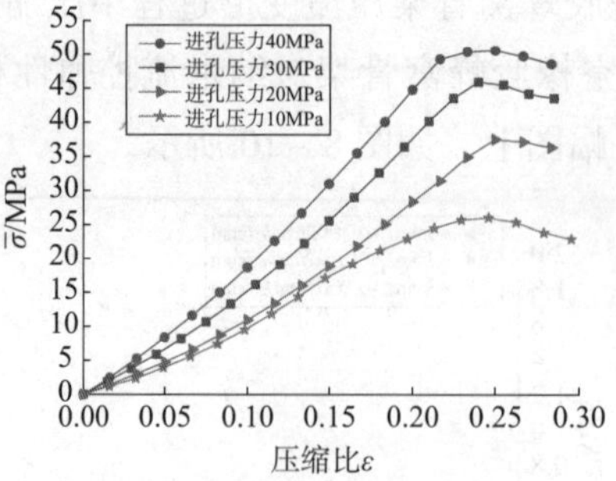

图 8－11　纳米流控系统充填一级蜂窝骨架单胞上表面平均接触应力与压缩比关系曲线图

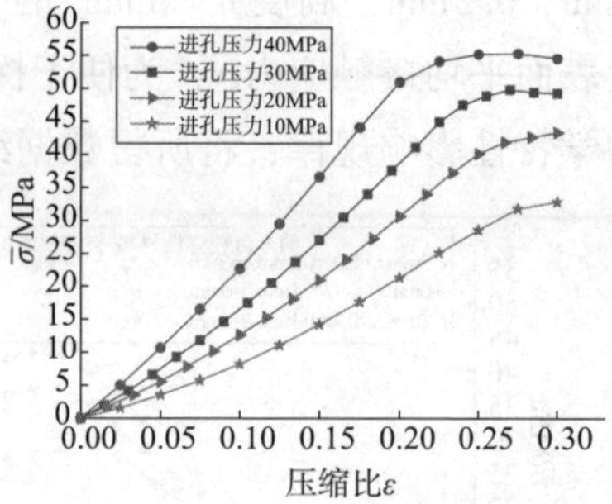

图 8－12　纳米流控系统充填一级蜂窝骨架多胞上表面平均接触应力与压缩比关系曲线图

8.3　纳米流控弹性材料动态压缩性能研究

本小节基于胞元边长 $l=4\text{mm}$，壁厚边长比 $t/l=0.125$，扩展角 $\theta=120^{\circ}$ 的橡胶蜂窝骨架，通过改变纳米流控系统特性及压缩速度，探究蜂窝骨架充填纳米流控系统弹性材料面外压缩性能。

8.3.1　纳米流控系统特性对蜂窝充填材料承压特性影响分析

纳米流控系统是由纳米多孔介质与非浸润性液体混合而成，纳米多孔介质孔径大小及非浸润性液体分子大小，是纳米流控系统临界渗透压高度的主要影响因素；纳米多孔介质有效孔体积是纳米流控系统进孔压力平台区长度的主要影响因素。选择五种纳米流控系统临界渗透压高度（10MPa、20MPa、25MPa、30MPa、40MPa）、五种纳米流控系统进孔压力平台区长度（0.20 mm^3/g、0.25 mm^3/g、0.30 mm^3/g、0.35 mm^3/g、0.40 mm^3/g），其中，当临界渗透压为25MPa时改变五种进孔压力平台区长度，当进孔压力平台区长度为0.30 mm^3/g 时改变五种临界渗透压。压缩速度 $v=10\text{m/s}$。对上述工况进行面外压缩有限元仿真，探究纳米流控系统特性对蜂窝充填材料承压性能影响规律。

图 8－13 为不同临界渗透压高度下蜂窝充填材料上表面平均接触应力－压缩比关系图。由图可见，在压缩初期，蜂窝充填材料平均接触应力经历一个线性快速增长阶段，在达到纳米流控系统临界渗透压后，蜂窝充填材料进入一个平台区。平台区对应的平均接触应力值相较于纳米流控系统临界渗透压值平均增大约

5MPa，表明蜂窝充填材料耦合了有蒙皮橡胶蜂窝骨架及纳米流控系统两者的特性，显著提升了结构承压能力；且蜂窝充填材料上表面平均接触应力－压缩比关系曲线与纳米流控系统压力－体积特性曲线相似，表明纳米流控系统特性是蜂窝充填材料承压能力的主要影响因素，橡胶蜂窝骨架主要起包覆支撑以及补强的作用。在平台区阶段结束时，蜂窝充填材料再次进入一个线性增长阶段，这是由于纳米多孔介质孔道被液体分子充满之后，纳米流控系统处于一个近乎不可压缩的状态，此时上表面平均接触应力会快速增长；而在这一阶段增长速度远小于压缩初始阶段平均接触应力增长速度，这是由于此时橡胶蜂窝骨架已发生较大变形，对纳米流控系统支撑效果相较于压缩初期变差。综上所述，蜂窝充填材料耦合了纳米流控系统和橡胶蜂窝骨架特性，具有更强的承压能力；不同临界渗透压高度对蜂窝充填材料承压能力有显著影响，临界渗透压高度越高，蜂窝充填材料承压能力越强。

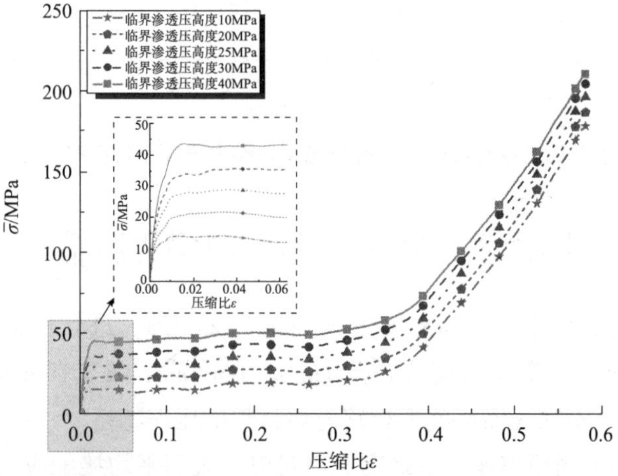

图 8－13　不同临界渗透压高度下蜂窝充填材料上表面平均接触应力－压缩比关系图

图 8－14 为不同进孔压力平台区长度下蜂窝充填材料上表面平均接触应力－压缩比关系图。由图可见，当压缩比 $\varepsilon<0.2$ 时，不同进孔压力平台区长度对应的平均接触应力－压缩比关系曲线近乎重合；随着压缩比增大，平台区长度越短，蜂窝充填材料越早进入快速增长阶段，这是由于平台区越短，表明纳米多孔介质有效孔体积越小，越少的液体分子能够进入纳米多孔介质孔道，纳米流控系统越早进入一个近乎不可压缩的状态。当纳米流控系统处于不可压缩状态时，蜂窝充填材料上表面平均接触应力就会进入一个快速增长的阶段。平台区长度越短，从平台区进入快速增长阶段越迅速，这是由于较短的平台区意味着较小的压缩比，压缩比越小，表明橡胶蜂窝骨架变形量越小，对纳米流控系统支撑作用越

明显，接触应力不会被纳米流控系统本身形状变化而分解掉。不同平台区长度不影响蜂窝充填材料在快速增长阶段平均接触应力增长速率。综上所述，不同进孔压力平台区长度对蜂窝充填材料承压能力有显著影响，进孔压力平台区长度越短，蜂窝充填材料承压能力越强。

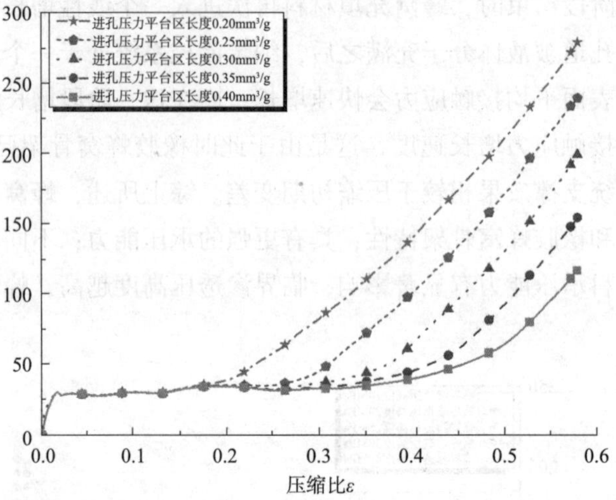

图 8-14　不同进孔压力平台区长度下蜂窝充填材料上表面平均接触应力-压缩比关系图

8.3.2　压缩速度对蜂窝充填材料面外压缩特性影响分析

本小节以纳米流控系统临界渗透压高度为 25MPa、进孔压力平台区长度为 0.30 mm^3/g 为例，改变压缩速度（$v=1m/s$、$v=5m/s$、$v=10m/s$、$v=20m/s$、$v=40m/s$），探究不同压缩速度下蜂窝充填材料的压缩特性。

图 8-15 为不同压缩速度下蜂窝充填材料上表面平均接触应力-压缩比关系图。由图可见，压缩速度对蜂窝充填材料上表面平均接触应力有较大影响。在压缩初期，平均接触应力处于一个快速增长阶段，在达到纳米流控系统临界渗透压值后，蜂窝充填材料平均接触应力随即进入平台区，压缩速度越大，进入平台区时平均接触应力峰值越大；压缩速度 $v=1\sim10m/s$ 范围内时，平台区阶段平均接触应力较为平稳，当压缩速度 $v=20m/s$、压缩比 $\varepsilon=0.17\sim0.36$ 时，以及压缩速度 $v=40m/s$、压缩比 $\varepsilon=0.27\sim0.43$ 时，平台区阶段平均接触应力出现明显波动，压缩速度越大，波动越明显；在平台区阶段，压缩速度越大，平均接触应力均值越大，表明蜂窝充填材料具有更强的承压能力；随着压缩比的增大，蜂窝充填材料平均接触应力再次进入快速增长阶段，不同压缩速度下平均接触应力增长速率接近，但平均接触应力值仍存在差距。上述现象均表明，压缩速度越大，蜂

窝充填材料承压能力越强；在压缩速度较低时，蜂窝充填材料上表面平均接触应力－压缩比关系曲线较为相似；随着压缩速度增大，蜂窝充填材料在压缩过程中出现“应力台阶”现象。

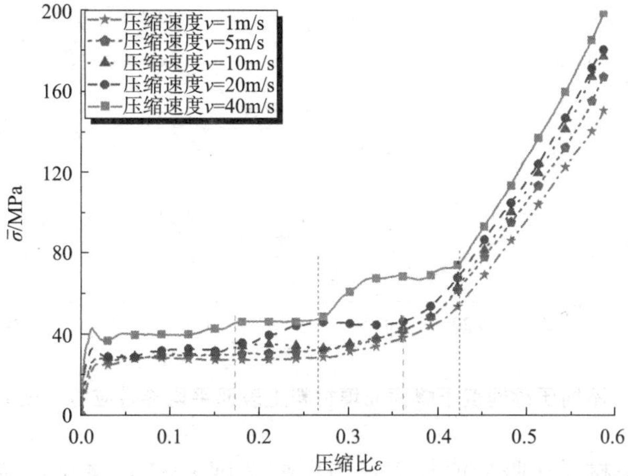

图8－15　不同压缩速度下蜂窝充填材料上表面平均接触应力－压缩比关系图

为探明蜂窝充填材料平均接触应力－压缩比关系曲线出现“应力台阶”的主要影响因素，改变胞元壁厚边长比（$t/l=0.075$、$t/l=0.125$、$t/l=0.175$），提取压缩速度 $v=20\text{m/s}$、压缩比 $\varepsilon=0.17\sim0.36$ 时，以及压缩速度 $v=40\text{m/s}$、压缩比 $\varepsilon=0.27\sim0.43$ 时，有蒙皮橡胶蜂窝骨架（胞元边长 $l=4\text{mm}$、扩展角 $\theta=120^\circ$）及蜂窝充填材料（胞元边长 $l=4\text{mm}$、扩展角 $\theta=120^\circ$，临界渗透压高度为25MPa、进孔压力平台区长度为 $0.30\ \text{mm}^3/\text{g}$）在面外压缩过程中上表面平均接触应力数据，绘制成图8－16。其中，为便于观察，将有蒙皮橡胶蜂窝骨架上表面平均接触应力数据做放大10倍处理。由图可见，改变压缩速度或胞元壁厚边长比，橡胶蜂窝骨架与蜂窝充填材料上表面平均接触应力曲线趋势相近，均为先增长后进入一个近似平台阶段。对于同一壁厚边长比 $t/l=0.125$，压缩速度越大，“应力台阶”长度越短，平均接触应力增长幅度越大。对于同一压缩速度 $v=40\text{m/s}$，“应力台阶”长度相近，但壁厚边长比越大，平均接触应力增长幅度越大；且在平台阶段，随着壁厚边长比增大，平均接触应力由近似负增长逐步变为正增长。上述现象均表明有蒙皮橡胶蜂窝骨架动态压缩性能是蜂窝充填材料在压缩过程中出现“应力台阶”现象的主要影响因素。

图8－17为不同压缩速度下蜂窝充填材料比吸能－压缩比关系图。由图可见，当压缩速度 $v=1\sim10\text{m/s}$ 范围内时，比吸能随压缩比增长曲线相似，表明此时压缩速度对蜂窝充填材料比吸能值影响较小；随着压缩速度的增大，同一压缩

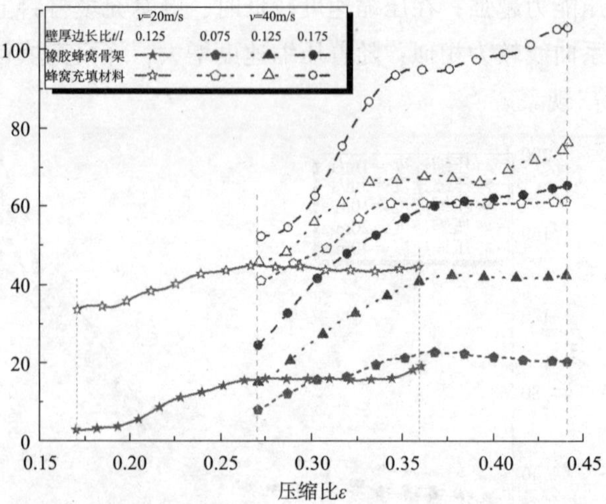

图 8－16　不同压缩速度下蜂窝充填材料上表面平均接触应力－压缩比关系图

比下，蜂窝充填材料比吸能值越大；当压缩速度 $v=20\sim40\text{m/s}$ 范围内时，同一压缩比下比吸能值已出现较为明显的增长，但在这一压缩速度下比吸能曲线相较于压缩速度较低时的比吸能曲线有较为明显的波动，表明随着压缩速度的增大，蜂窝充填材料能量吸收过程不再平缓，这是由于纳米流控系统与橡胶蜂窝骨架对动态载荷的响应时间不同，二者吸能层次存在差距，当压缩速度较大时，这一差距越明显。综上所述，在压缩速度较低时，蜂窝充填材料比吸能值差距较小；随着压缩速度增大，蜂窝充填材料比吸能值增大，且速度越大，蜂窝充填材料比吸能值增大越明显。

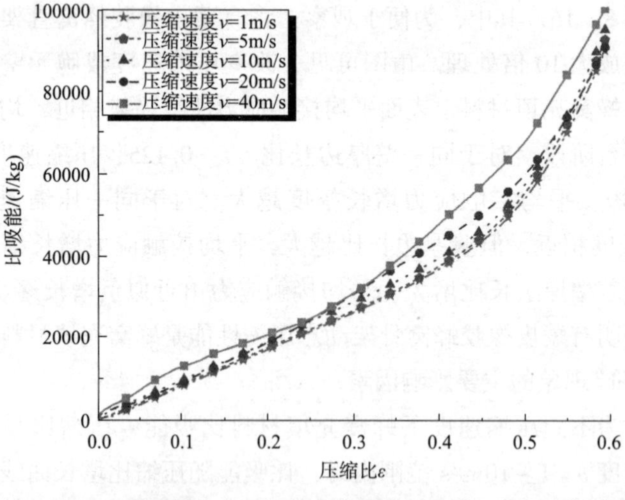

图 8－17　不同压缩速度下蜂窝充填材料比吸能－压缩比关系图

8.4 本章小结

本章将纳米流控系统充填入零级、一级空橡胶蜂窝骨架中构成纳米流控弹性材料。利用 ANSYS Workbench 软件探明纳米流控弹性材料相比于空橡胶蜂窝骨架静力学优势，以及填充液(纳米流控系统)临界渗透压变化对纳米流控弹性材料平台区压力影响规律。同时基于 Abaqus 软件建立了蜂窝充填材料有限元模型，探明纳米流控系统临界渗透压高度、进孔压力平台区长度，以及压缩速度对蜂窝充填材料面外动态压缩性能的影响规律。得到如下结论：

(1)由于纳米流控系统在未达到临界渗透压时，可视为近似不可压缩，当其受压时会发生横向弹性变形，一定程度上可以抑制零级蜂窝骨架壁板的弯曲变形，使零级蜂窝骨架在较高的压力下才能产生弹性坍塌，因而在蜂窝骨架中填充纳米流控系统后，其构成的弹性材料承压能力相较于空橡胶蜂窝骨架承压能力可提高上百倍。

(2)纳米流控系统临界渗透压越大，充填零级、一级橡胶蜂窝骨架后产生的平台区压力也越大。空橡胶蜂窝骨架承压能力越强构成的纳米流控弹性材料承压能力越强。可根据实际应用情况，通过选择合适的纳米多孔材料孔径对纳米流控系统充填蜂窝骨架结构平台区压力进行调控。

(3)压缩速度越大，蜂窝充填材料承压能力越强、比吸能值越大。在压缩速度较低时，蜂窝充填材料上表面平均接触应力－压缩比关系曲线较为相似，蜂窝充填材料承压能力、能量吸收能力差距较小。当压缩速度较大时，蜂窝充填材料在压缩过程中出现“应力台阶”现象，而橡胶蜂窝骨架动态压缩性能是蜂窝充填材料出现“应力台阶”的主要影响因素。上述研究为蜂窝充填材料的实际应用提供理论支持及数据支撑。

参考文献

[1]祁珊珊．基于纳米流控系统的封隔器胶筒力学性能研究[D]．西安石油大学，2020.

[2]高漫．纳米流控弹性材料橡胶蜂窝骨架结构静力学特性研究[D]．西安石油大学，2021.

[3]Dou Y, Zhang Y, Liang J, et al. Experimental study on application characteristics of zeolite/water stuffing for the nanofluidic packer rubber[J]. Advances in Mechanical Engineering, 2020, 12(11): 1687814020971901.

[4]章娅菲，窦益华，罗睿．基于 ZSM－5 型沸石－水系统的封隔器胶筒材料密封性能研究[J]．润滑与密封，2018，43(10)：12－17＋22.

9　蜂窝骨架纳米流控封隔器胶筒力学性能研究

封隔器胶筒是封隔器的核心部件，通过轴向压缩和径向膨胀填充封隔器和套管之间的环形空间，既能起到隔绝井下液体和压力的作用，又能封隔产层并防止层间流体和压力的相互干扰。但井下工作环境环劣，受力复杂，胶筒易产生裂纹和破损等现象造成封隔器密封失效。针对上述问题，基于纳米流控系统独特的能量吸收及压力—体积特性提出了一种纳米流控封隔器胶筒，可大幅减缓胶筒肩部应力集中现象，延长封隔器使用寿命。

9.1　蜂窝骨架纳米流控封隔器胶筒结构设计

蜂窝骨架纳米流控封隔器胶筒，是一种新型的封隔器胶筒，由纳米流控系统充填蜂窝骨架后所形成的复合弹性材料制成，具有良好的耐温变、抗压变的工作特性。图 9－1 所示为蜂窝骨架纳米流控封隔器胶筒结构示意图。

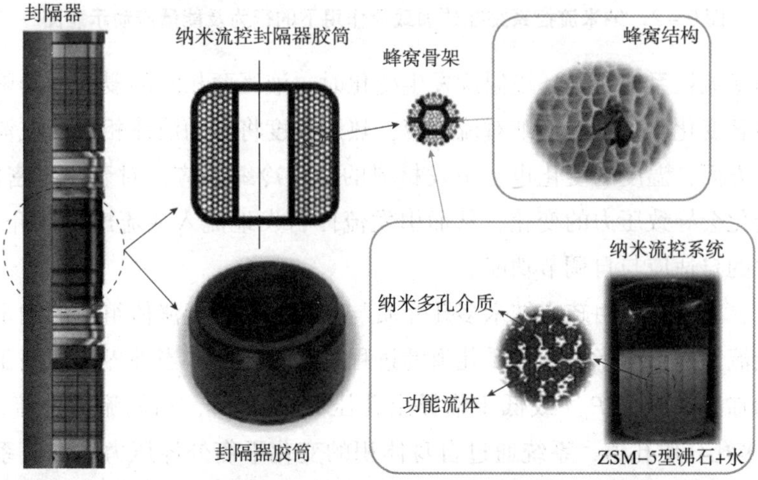

图 9－1　蜂窝骨架纳米流控封隔器胶筒结构示意图

纳米流控系统由纳米多孔介质与功能流体构成，使用时通常封装在一个密闭环境中。为保证纳米流控系统的可重复使用性，应选择疏水纳米多孔介质与非浸润性功能流体的组合。一个设计合理的纳米流控系统其能量存储能力是传统吸能材料的几十甚至上百倍[1,2]，在小体积应用环境下具有显著的优势。

纳米流控系统的基本工作原理如图 9－2 所示。纳米多孔介质表面遍布孔径在几纳米到几微米之间的小孔，由于毛细斥力的作用，液体在常温常压下不能进入疏液性纳米孔。随着外加载荷的增大，孔外液体的势能逐步升高，当外加载荷大于某个临界压强值(即临界渗透压 P_{in})时，毛细斥力被克服，功能流体被压入纳米孔内，并逐步填满整个纳米孔道。在这个过程中，系统体积发生变化而压力变化缓慢。对于疏水多孔介质与非浸润性功能流体所组成的纳米流控系统，当外载荷卸载之后，孔内的功能流体会在相界面能的驱使下流出纳米孔道，在此过程中，系统体积变大，而对外体现压力变化依旧微小。该系统的这样一个能量存储和释放的过程就好比一个弹簧的压缩和释放的过程，只是一个存储界面能，一个存储弹性势能，但前者比后者的能量存储率却高得多。

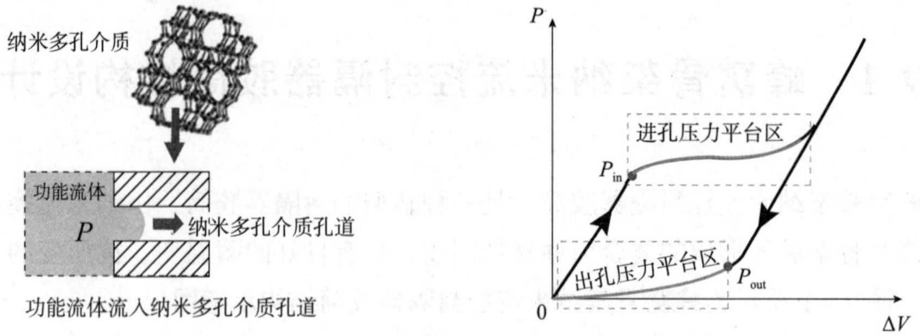

图 9－2　纳米流控系统在外加载荷作用下的行为及能量流动示意图

当纳米流控系统所处环境温度发生变化时，液固两相间的浸润性会随温度变化产生显著变化，基于热毛细对流效应，热量梯度将推动液体相进入或流出固体相。另一方面，温度的变化也会引发材料的热胀冷缩效应，对于一个密闭系统，温度的变化会导致压力的变化，从而引发流体自发地流入或流出多孔介质孔道，实现压力的自适应与自调节功能。

综上，对于一个由疏水纳米多孔介质与非浸润性功能流体组成的纳米流控系统，功能流体进出纳米多孔介质孔道的过程是可重复的。当外界压力高于纳米流控系统的临界渗透压 P_{in}(或低于临界出孔压力 P_{out})后，功能流体将流入(或流出)纳米多孔介质孔道，系统通过自身体积的变化平衡外界压力波动，系统压力变化极小。如果外界温度发生变化，液固两相间浸润性将改变，相界面能将驱动功能流体流入/流出纳米孔道，系统体积发生改变，从而平衡温度引起的压力变化。

由纳米流控系统构成可知，该系统的主要组成成分“纳米多孔介质 + 功能流体”是以悬浮液的状态存在的，国外学者将其描述为“milk - like liquid”。在应用中，需要选择一种合适的骨架结构，将纳米流控系统包覆封装，制造成所需要的形状，以便使用。

蜂窝结构是覆盖二维平面的最佳拓扑结构，也是一种最经济的空间架构。与传统材料相比，蜂窝结构的复合材料具有质量轻、比强度高、高温性能稳定等优点。已有研究者通过实验证实，将纳米多孔介质与功能流体的混合物充填在薄壁圆管内，充填了液体的薄壁管的抗压性能将得到强化[3,4]。已有学者通过理论分析、有限元数值模拟与试验研究表明，与空蜂窝骨架相比，泡沫充填蜂窝骨架的峰应力值、抗压强度和能量吸收性能均有所提升[5-8]。因此，采用纳米流控系统充填蜂窝状骨架得到胶筒材料，将在增强其蜂窝骨架抗剪、承压能力的基础上，获得一种具有纳米流控系统独特温变、压变特性的封隔器胶筒材料。

采用蜂窝骨架封装纳米流控系统后，图 9 - 2 所示的进孔平台期与出孔平台期之间的范围即为该种蜂窝骨架纳米流控封隔器胶筒的理想工作区间。临界渗透压 P_{in} 和临界出孔压力 P_{out} 即为该种智能弹性胶筒材料的上下压力阈值。当封隔器胶筒受压高于上压力阈值(临界渗透压 P_{in})后，封装在骨架内的液体将突破液固相界面能，进入到多孔介质孔道当中，借助自身形状(体积)的变化来平衡外界压力波动，从而使压力稳定在一定范围内，封隔器胶筒施加在外围套管和内侧封隔器中心管的交变应力也因此稳定在一个较小范围内。当封隔器胶筒受压降低，则液体会在液固两相斥力的作用下流出多孔材料孔道，封隔器胶筒体积膨胀，更好的密闭环空。

当环空温度发生变化时，会改变液固两相之间的浸润性，也会引发材料体积发生热胀冷缩的变化，进而引发压力的变化。在所述工作区间内，压力变化会引发流体流入或流出多孔材料孔道，从而实现智能调节，最终实现对外体现压力不变或变化微小。

前文中结合数值模拟与实验研究，获得了橡胶蜂窝骨架的力学特性、纳米流控填充配方的压力 - 体积变化特性以及蜂窝骨架充填纳米流控系统弹性材料的压缩性能，下文讨论蜂窝骨架纳米流控封隔器胶筒力学性能。

9.2 封隔器胶筒非线性仿真

封隔器密封部件的主要工作部件之一是胶筒，胶筒一般由橡胶制成，其被压缩后可以起到密封油管与套管之间环空的作用。封隔器胶筒在压缩过程中存在几何、材料、接触非线性，导致其有限元分析难以收敛。本章基于非线性有限元理论处理非线性导致的难收敛问题，并探究不同因素对密封系统的影响规律。

封隔器胶筒在压缩过程中存在五种接触状态，即初始状态、自由变形状态、单向接触状态、双向接触状态、坐封状态，如图 9－3(a)～(e)所示。初始状态指封隔器胶筒未发生任何变形的状态，如图 9－3(a)所示。自由变形状态指封隔器胶筒受到轴向压缩时胶筒内外表面无约束的变形阶段，此时胶筒内表面与封隔器中心管分离，外表面还未与套管发生接触，如图 9－3(b)所示。单向接触状态

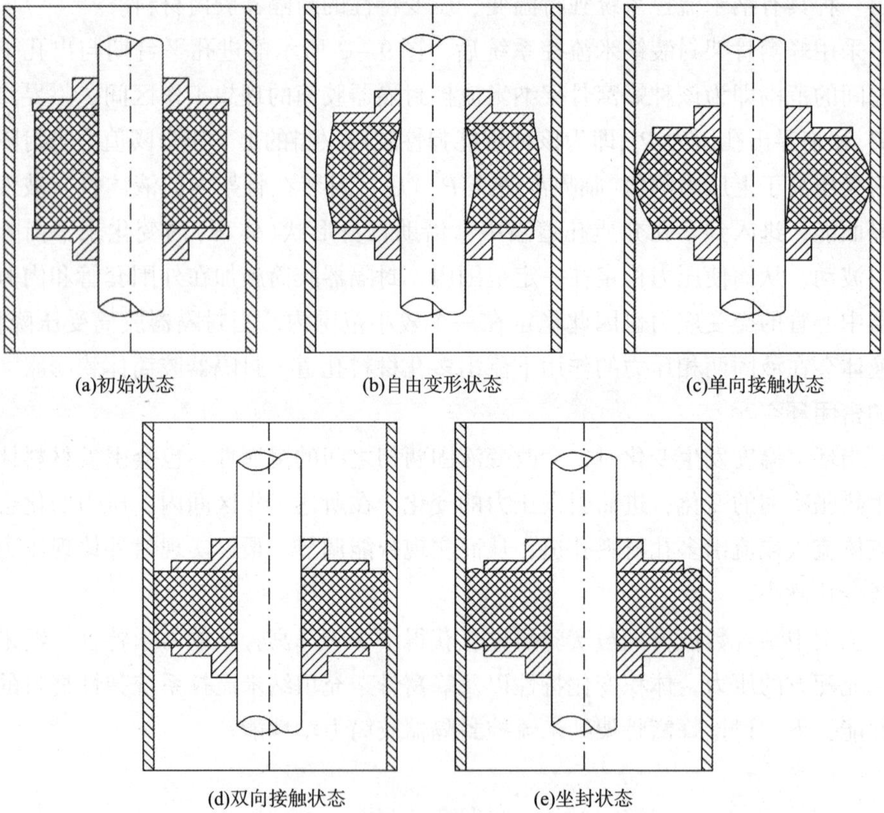
(a)初始状态　(b)自由变形状态　(c)单向接触状态　(d)双向接触状态　(e)坐封状态

图 9－3　封隔器胶筒坐封过程

指封隔器胶筒在自由变形阶段完成后过渡到胶筒内表面与中心管分离、胶筒外表面与套管开始接触的一种变形状态，如图 9 –3(c)所示。双向接触状态指封隔器胶筒由单向接触状态过渡到胶筒内表面与中心管接触、胶筒外表面与套管接触的一种变形状态，如图 9 –3(d)所示。坐封状态指封隔器胶筒在双向接触变形阶段之后，受到持续地轴向压缩，胶筒完全封闭环空空间，并能承受确定轴向压差的一种变形状态，如图 9 –3(e)所示。

封隔器胶筒变形过程中包含了材料非线性、几何非线性、接触非线性等典型非线性特征。

(1)材料非线性

封隔器胶筒一般由橡胶制成，橡胶属于超弹性材料，其应变和应力的关系呈现出非线性关系。图 9 –4 所示为典型橡胶材料的应力 – 应变曲线，图 9 –4 表明：橡胶类材料的应力 – 应变曲线呈现出复杂的非线性关系；较小的外载作用于橡胶就会发生较大的变形，虽然发生较大的变形，但卸载后，应变也会回到原点，不会存在残余应变，表现出“超弹”特性。

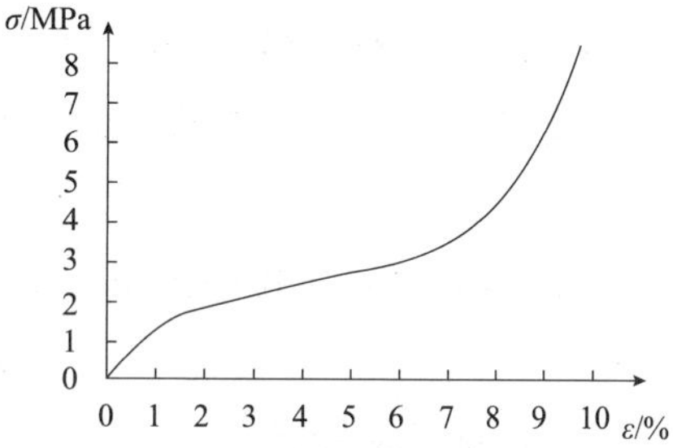

图 9 –4　典型橡胶材料应力 – 应变曲线

(2)几何非线性

封隔器胶筒在轴向载荷的作用下发生大位移、大变形现象，即存在几何非线性。几何非线性包括两种情形：大位移、小变形；大位移、大变形。封隔器胶筒在压缩过程中几何形状发生较大变化，刚度也随之改变，且与位移成函数关系。

(3)接触非线性

封隔器胶筒在轴向载荷作用下存在 5 种状态：初始状态、自由变形状态、单向接触状态、双向接触状态、坐封状态，在此过程中，封隔器胶筒的边界条件一直在发生变化，存在边界条件非线性现象，即接触非线性。

9.3 封隔器胶筒材料模型

封隔器胶筒由橡胶制成，属于不可压缩超弹性材料，各微元体积在变形过程中基本保持不变，应变在卸载后会恢复到原点，不存在残余应变。通常用应变能量密度函数来表征不可压缩超弹性材料的本构关系。应变能密度函数可以用应变张量的分量或应力张量的分量进行表达[9]：

$$Y_{ij}=\frac{\partial V}{\partial L_{ij}}\equiv 2\frac{\partial V}{\partial G_{ij}} \tag{9-1}$$

式中 Y_{ij}——第二皮艾拉－基尔霍夫(P－K2)应力张量的分量；

V——未发生形变的单位体积的应变能函数；

L_{ij}——拉格朗日(Lagrange)应变张量的分量；

G_{ij}——右柯西－格林(Cauchy－Green)形变张量的分量。

Lagrange 应变表达式如下：

$$L_{ij}=\frac{1}{2}(G_{ij}-k_{ij}) \tag{9-2}$$

式中 k_{ij}——置换符号，当 $i=j$ 时，$k_{ij}=1$；当 $i\neq j$ 时，$k_{ij}=0$。

变形张量 G_{ij} 可用变形梯度 D_{ij} 的乘积组成表示：

$$G_{ij}=D_{ik}D_{kj} \tag{9-3}$$

G_{ij} 的特征值(主拉伸比)φ_1^2，φ_2^2，φ_3^2 由式(9－4)确定：

$$\left|G_{ij}-\varphi_p^2k_{ij}\right|=0 \tag{9-4}$$

可以进一步表示为：

$$\varphi_p^6-I_1\varphi_p^4+I_2\varphi_p^2-I_3=0 \tag{9-5}$$

式中，I_1，I_2，I_3 为右 Cauchy－Green 形变张量的分量 G_{ij} 的不变量：

$$\begin{aligned}I_1&=\varphi_1^2+\varphi_2^2+\varphi_3^2\\ I_2&=\varphi_1^2\varphi_2^2+\varphi_2^2\varphi_3^2+\varphi_3^2\varphi_1^2\\ I_3&=\varphi_1^2\varphi_2^2\varphi_3^2=B^2\end{aligned} \tag{9-6}$$

式中，不可压缩系数 $B=|D_{ij}|$。

假设材料为各向同性，将应变能函数用应变不变量或主拉伸表示为：

$$V=V(I_1,\ I_2,\ I_3)=V(I_1,\ I_2,\ B) \tag{9-7}$$

或：

$$V=V(\varphi_1,\ \varphi_2,\ \varphi_3) \tag{9-8}$$

定义变形梯度的体积保持部分为 $\overline{F}_{ij}$，则：

$$\overline{D}_{ij}=B^{-1/3}D_{ij} \tag{9-9}$$

因此，

$$B=\left|\overline{D}_{ij}\right|=1 \tag{9-10}$$

修正后的主拉伸比和不变量为：

$$\overline{\varphi}_p=B^{-1/3}\varphi_p\quad(p=1,\ 2,\ 3) \tag{9-11}$$

$$\overline{I}_p = B^{-1/3} I_p \tag{9-12}$$

则，定义应变能函数为：

$$V = V(\overline{I}_1, \overline{I}_2, B) = V(\overline{\varphi}_1, \overline{\varphi}_2, \overline{\varphi}_3, B) \tag{9-13}$$

对于不可压缩超弹性材料，常用的应变能函数有 Neo - Hookean、Mooney - Rivlin、Ogden Potential 等模型，由于 Mooney - Rivlin 模型较为简单，参数相对容易确定，且适用于中等变形，在工程中应用较广。

Mooney - Rivlin 模型包括 2，3，5，9 参数形式的表达形式。Mooney - Rivlin2 参数的应变能函数模型表达式为：

$$V = c_{10}(\overline{I}_1 - 3) + c_{01}(\overline{I}_2 - 3) + \frac{1}{c}(B-1)^2 \tag{9-14}$$

式中，c_{10}，c_{01}，c 为材料常数。

Mooney - Rivlin 3 参数的应变能函数模型表达式为：

$$V = c_{10}(\overline{I}_1 - 3) + c_{01}(\overline{I}_2 - 3) + c_{11}(\overline{I}_1 - 3)(\overline{I}_2 - 3) + \frac{1}{c}(B-1)^2 \tag{9-15}$$

式中，c_{10}，c_{01}，c_{11}，c 为材料常数。

Mooney - Rivlin 5 参数的应变能函数模型表达式为：

$$\begin{aligned} V = {} & c_{10}(\overline{I}_1 - 3) + c_{01}(\overline{I}_2 - 3) + c_{20}(\overline{I}_{12} - 3)^2 + \\ & c_{11}(\overline{I}_1 - 3)(\overline{I}_2 - 3) + c_{02}(\overline{I}_2 - 3)^2 + \frac{1}{c}(B-1)^2 \end{aligned} \tag{9-16}$$

式中，c_{10}，c_{01}，c_{11}，c_{20}，c_{02}，c 为材料常数。

9.4 封隔器胶筒接触应力实验及有限元模型验证

封隔器胶筒在受到轴向载荷后会膨胀变形，从而与套管紧密接触达到密闭油套环空隔离上下层段的目的。胶筒在与套管接触过程力学分布规律影响胶筒的形状从而直接影响其密封性能，因此研究具体的接触应力分布及大小对封隔器胶筒密封性的提高将会具有指导意义。目前主流的研究方法都是通过有限元数值模拟技术来模拟井下封隔器坐封工况得到优化设计的理论方案，抑或是单独对胶筒的力学性能进行研究。

为了研究封隔器胶筒与套管之间的力学传递规律，完成了封隔器坐封过程胶筒与套管接触应力实验，自主设计井下工具实验台。该试验台可模拟封隔器坐封过程中胶筒随着轴向载荷增大逐步挤压变形与套管接触密闭油套环空的过程，通过提前布置的传感器实时记录实验数据并在后期处理得到封隔器胶筒与套管之间的接触应力数据，得到封隔器胶筒接触应力分布及变化规律，为封隔器胶筒优化设计提供理论依据，同时为有限元仿真分析提供对比数据，将实验结果与有限元分析结果相互对比总结得到相对可靠的理论分析结果。

9.4.1　井下工具(封隔器)实验系统方案

井下工具实验台实物照片如图 9－5 所示。该实验台由两大部分组成：模拟井筒系统及拉压扭系统。模拟井筒系统依据不同的实验目的可以搭载不同的配套工具，或者根据实验要求将模拟井筒系统换成相应实验工具，具有较强的灵活性。井筒模拟系统外部包裹加热装置，可以模拟井底高温环境。拉压扭系统由液压泵驱动为封隔器提供实验动力，包括井下封隔器受到轴向力、内外压等。同时，实验台在进行实验操作时可根据实验目的不同在相应部位添加传感器或者配套测量工具，获得相应的实验数据。

图 9－5　井下工具实验台

下面详细介绍井下工具(封隔器)实验系统组成方案。所建设的井下工具(封隔器)实验系统由力加载系统、模拟井筒系统、水压加载系统、智能测控系统、加热系统组成(图 9－6)。

1)力加载系统

力加载系统用于给实验井下工具(封隔器)施加拉压扭载荷。主要由主机、液压控制系统、电气系统组成。

其中主机由机身、上梁、滑块、工作台、主油缸、限程装置、立柱等组成，是系统的机械执行部分。

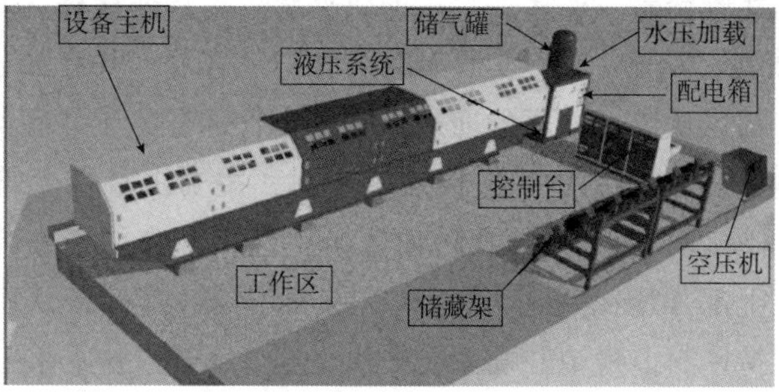

图 9-6 实验系统整体示意图

液压控制系统由泵站、油箱、液压集成控制阀、压力调节系统、过滤系统、充液阀及管路等组成，用于控制和驱动力加载系统。液压系统设有安全阀和液压支撑保险回路，以有效地保护机器和操作者的安全，满足有关安全技术要求。液压系统设油液水冷却装置，控制工作温度在 15 ~ 60℃之间，当油温过高时自动启动水冷却装置，保证机器稳定可靠工作。

电气系统由动力和控制两部分组成。动力部分采用伺服电机驱动油泵以给液压控制系统提供动力。控制部分主要由 PLC 及其控制元件、各种控制按钮、功能转换开关、紧急停止按钮等组成。采用 PLC 可编程控制器主控，输出点中间继电器转换输出。

为最大限度地保证实验过程中操作人员的安全，力加载系统设置互锁功能（图 9-7）。例如自动运行时，力加载系统没到井口工作位置时，拉压缸、井口加紧装置都无法操作，只有到达井口工作位置后，这些操作才能进行。小车能够前后行走，前提是井口夹紧装置松开、液压动力钳后位、拉压主机部分上位同时满足。无论是手动还是自动模式下小车行走，各液压缸必须处于原始位置等。

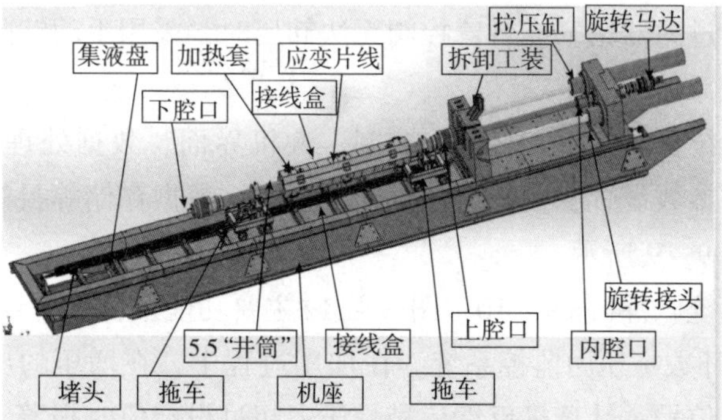

图 9-7 力加载系统

2)模拟井筒系统

模拟井筒由实验套管、连接法兰、加热夹套、工具连接杆、套管连接头、密封塞、密封圈等组成，分井底、实验套管、井口三部分。井底部分用于安装固定实验套管下端，提供从下部加压的通道；实验套管部分位于井底部分之上，下连井底部分，上连井口部分，上下连接处应密封，主要由真实套管或高压釜体组成，内装实验井下工具(封隔器)及附加管串；井口部分用于安装、固定实验套管上端，提供从上部加压的通道。井下工具(封隔器)连接杆从中穿过，连接杆与井口部分间保持密封。模拟井筒系统提供上压、下压、中心腔三个实验压力接口与水压加载系统通过管线连接，用于模拟提供井下工具(封隔器)管外封隔器上下以及管内压力。另外，在模拟井筒外需配套相应的加持、安装等辅助工具(图9-8)。

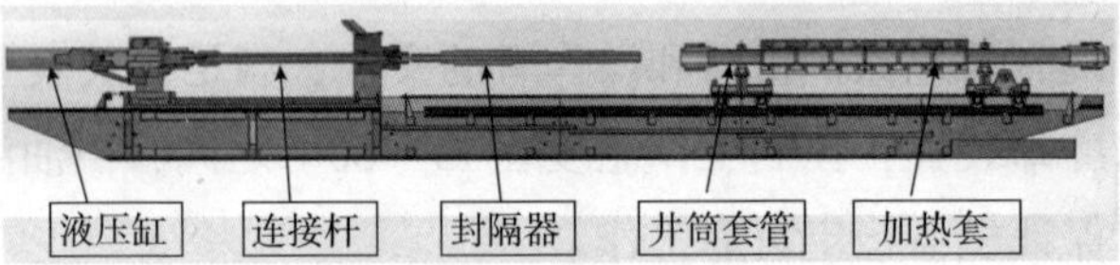

图9-8 模拟井筒系统

3)水压加载系统

水压加载系统用于给模拟井筒系统提供井下工具(封隔器)管外上下以及管内压力。系统使用压缩空气为动力源，以气动液体增压泵作为压力源，驱动气源压力与输出液压力成正比。通过对驱动气源压力的调整，可以对输出液压力进行无级调节。当气压力与液压力平衡时，气动增压泵自动停止动作，输出压力也稳定在设定的压力上。三路压力均采用独立增压、独立卸压的方式提供压力输出；采用三个压力传感器分别采集中心管压力、上腔压力和下腔压力，并设置独立的气控截止阀与气控卸压阀，实现单一模拟井筒试验时的自动控制；配置备用手动卸压阀，当高压过滤器堵塞或者气控阀无法卸压时，采用手动针阀进行卸压。

4)智能测控系统

智能测控系统采用在PC中集成控制、人机界面、数据处理、通信等功能，实现试验过程中参数设置、实验监控、结果显示、数据存储等目的。智能测控系统功能示意如图9-9所示。

智能测控系统软件(图9-10、图9-11)主要功能及特点有：

(1)采用闭环数字压力监控系统。在加压过程中，在增压的出口设置高压压力传感器—输出信号—计算机反馈信号，压力超过设定值时报警，驱动空气入口切断，增压泵停止工作，当压力低于下限值时自动开机补压。

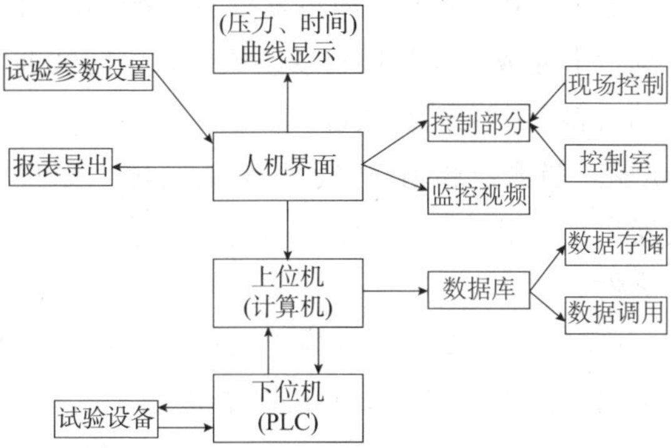

图 9－9　智能测控系统功能示意图

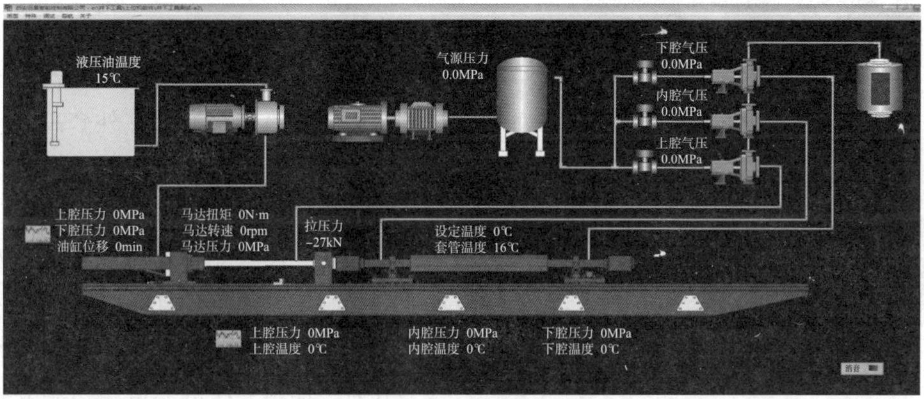

图 9－10　智能测控系统界面

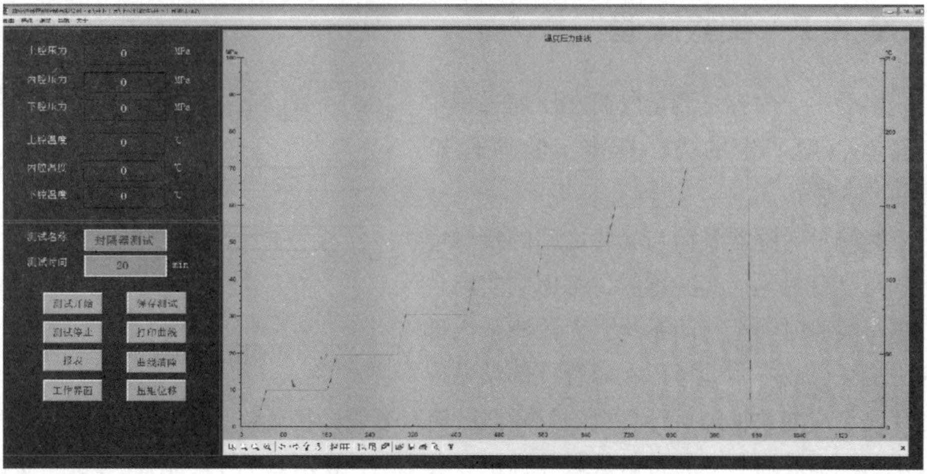

图 9－11　智能测控系统打压界面

(2)整个试验过程可以全部由电脑通过软件自动控制，所有的试验设定和操作都可以在自动控制台上完成，计算机自动生成压力、时间曲线，实时显示，并将各种数据存储，随时打印中文试验报告。

(3)软件可设试验人员账户和用户名，试验人员输入账户和密码后方可进入系统，保证系统的安全性。试验完毕后，有相应试验人员的电子签名，以划清检验责任并具有可追溯性。

(4)试验产品、试验方法、试验报告均以数据库形式存储和管理，方便查询或调取，可以自动生成月报表、季度报表和年度报表。

5)加热系统

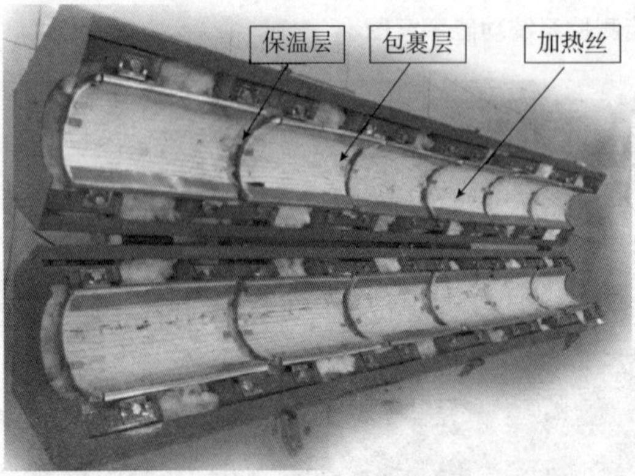

图 9－12　加热系统

加热系统用以对模拟井筒进行加热。采用陶瓷加热器又称柔性加热器，加热类型为电阻式加热。选用优质镍铬合金丝缆，外套高纯度氧化铝陶瓷绝缘件制成履带式或绳式加热器以及其他形式。可根据工件形状、尺寸制作，可以拼接、弯曲、缠绕紧贴工件加热。该加热系统升温速度快、热利用率高、操作方便。加热系统的温度可以独立控制，也可以连入智能测控系统实现统一控制(图 9－12)。

9.4.2　实验原理

实验主要内容是测量胶筒在压缩过程中与套管接触产生的力，具体实验原理如图 9－13 所示。

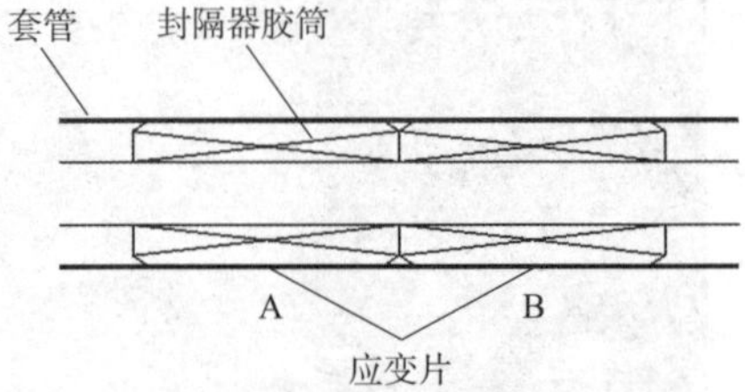

图 9－13　实验原理图

为测量封隔器胶筒与套管之间的接触应力，与已有封隔器实验不同，考虑到实验台在进行实验时为全封闭系统，无法测量内部应力变化，故本实验考虑在套管外部粘贴应变片测量应变数据随后计算得到封隔器胶筒对套管的接触应力。根据实验要求测量出封隔器胶筒与套管接触区域并标记，其中 A、B 两点为上下胶筒与封隔器接触区域，将应变片粘贴于 A、B 两点，应变片类型为常温单轴 120Ω 电阻应变片。

本次实验根据应力测量位置不同分为两组，第一组实验 A、B 两点环向各粘贴一个应变片，测量封隔器两个胶筒在工作过程中与套管的接触应力；第二组实验 A 点截面 180°间隔粘贴应变片，测量封隔器上胶筒在工作过程中与套管的接触应力。实验前，需要将封隔器套管与封隔器胶筒接触部位抛光打磨，并按应变片粘贴要求粘贴应变片。测量对象为胶筒对套管施加的压力，故应变片粘贴方向为环向。启动井下工具实验台，根据封隔器坐封原理及坐封条件，设定实验台轴向力为 280kN、内压 20MPa，逐步加载完成封隔器坐封过程，通过应力应变仪实时显示传感器参数变化，并记录实验数据，图 9－14 为实验照片。

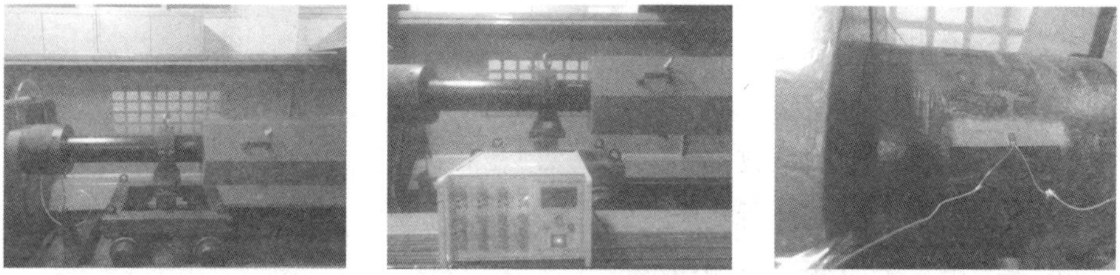

(a)套管抛光图　　(b)第一组实验应变片粘贴图　　(c)第二组实验应变片粘贴图

图 9－14　封隔器胶筒接触应力实验图

9.4.3　数据记录及结果分析

CS－1A 型动态应变仪采用了先进的应变测试电路及进口高性能电子器件，成为我国最新一代动态高性能应变仪，并跨入了国际先进水平的行列。本仪器配接不同类型的应变片及应变片式传感器，可以实现应力、拉压力、速度、加速度、位移、扭矩等多种物理量的测量。其具体测量系统搭载方式如图 9－15 所示，实验数据可以进行常规分析(正富氏变换、逆富氏变换、自功率谱、互功率谱、传递函数、相干函数、自相关、互相关、倒频谱、加速度反应谱、细化富氏应换、频域积分、频域微分、时域信号滤波、富氏带通滤波、富氏带阻滤波、均值保持带通滤波、均值保持带阻滤波、递归滤波、褶积滤波)，并绘制成图形打印。

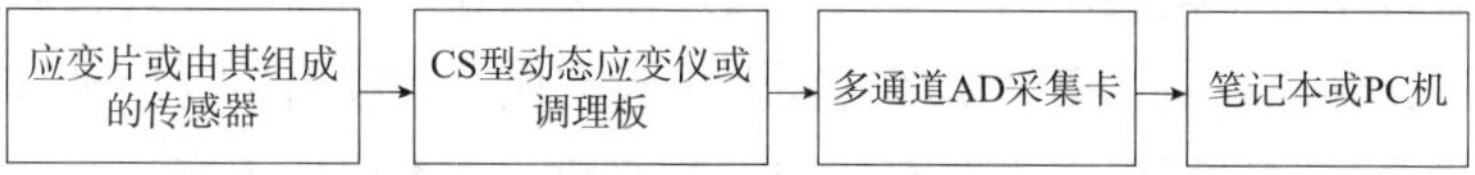

图 9－15　CS－1A 型动态应变仪搭载原理

根据实验设计需要对两组实验数据进行测量，每组实验完成至少三次封隔器坐封实验，应力应变仪数据按每 0.5s 记录。实验前设置应力应变仪具体参数如

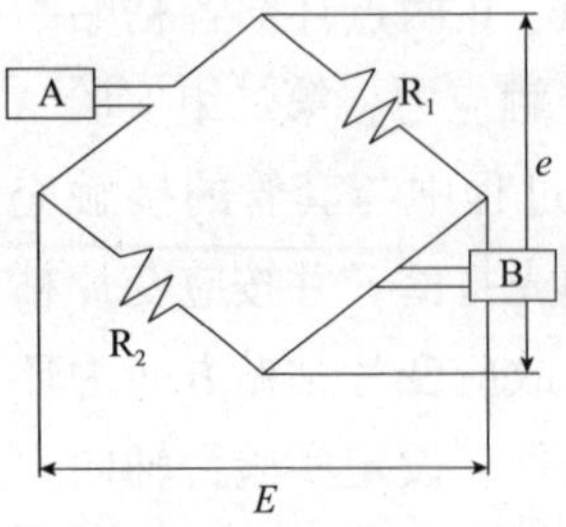

图 9-16 实验电桥连接图

下：电桥桥压设定为4V，增益倍数选为原始增益倍数。根据应力应变仪工作原理实验仪器显示1V电压时表示套管产生$4\times10^{-8}\varepsilon$。实验中应变片电桥连接方式采用惠斯通电桥，其能够检测电阻的微小变化，是一种精度很高的测量方式。实验时将两个应变片连入惠斯通电桥组成半桥电路如图9-16所示，根据半桥计算原理输出电压计算公式如式(9-17)所示。

$$e=\frac{1}{4}K(\varepsilon_1+\varepsilon_2)E \tag{9-17}$$

式中 e——输出电压；

E——电桥桥压；

K——应变片比例系数；

ε_1——第一个应变片所测应变；

ε_2——第二个应变片所测应变。

由式(9-17)可知，应力应变仪输出的电压与实验中半桥连接两个应变片测量的应变数据之和有关。

实验结束后将应力应变仪测量电压整理并转换为测量的应变，根据应力应变关系$\sigma=E\varepsilon$并代入套管的弹性模量便可以计算得到封隔器套管与胶筒的接触应力数据。

从原始数据中提取封隔器实验中的有效数据按时间节点绘制曲线如图9-17所示，其中第一组实验命名为A实验，第二组实验命名为B实验，A-1代表第一组实验中第一次坐封过程，B实验命名方式同理。

封隔器胶筒压缩并与套管接触过程是一个复杂的变化过程，根据实验数据绘制出的封隔器胶筒与套管接触应力曲线图可以得到以下结论：

(1)封隔器坐封过程主要根据胶筒是否与套管接触分为三个阶段：接触前、接触过程、完全接触。在胶筒挤压变形过程中，胶筒与套管的接触应力主要在后两个阶段产生。第一阶段因橡胶本身的力学导致胶筒随着轴向力持续增加被压缩膨胀，此阶段不产生接触应力。第二阶段胶筒接触到封隔器会发现接触应力急剧上升，并迅速到达峰值。第三阶段封隔器坐封完成，若胶筒未发生破坏则与套管的接触应力会稳定在峰值，不会有特别大的波动，基本保持不变。

(2)本次实验应变片粘贴位置在套管外壁，测量数据较小于实际封隔器胶筒与套管的实际接触应力。两组实验主要的区别为应变片粘贴位置不同，即测量对象不同。根据对比发现第一组实验最大接触应力为1.8MPa，第二组实验最大接

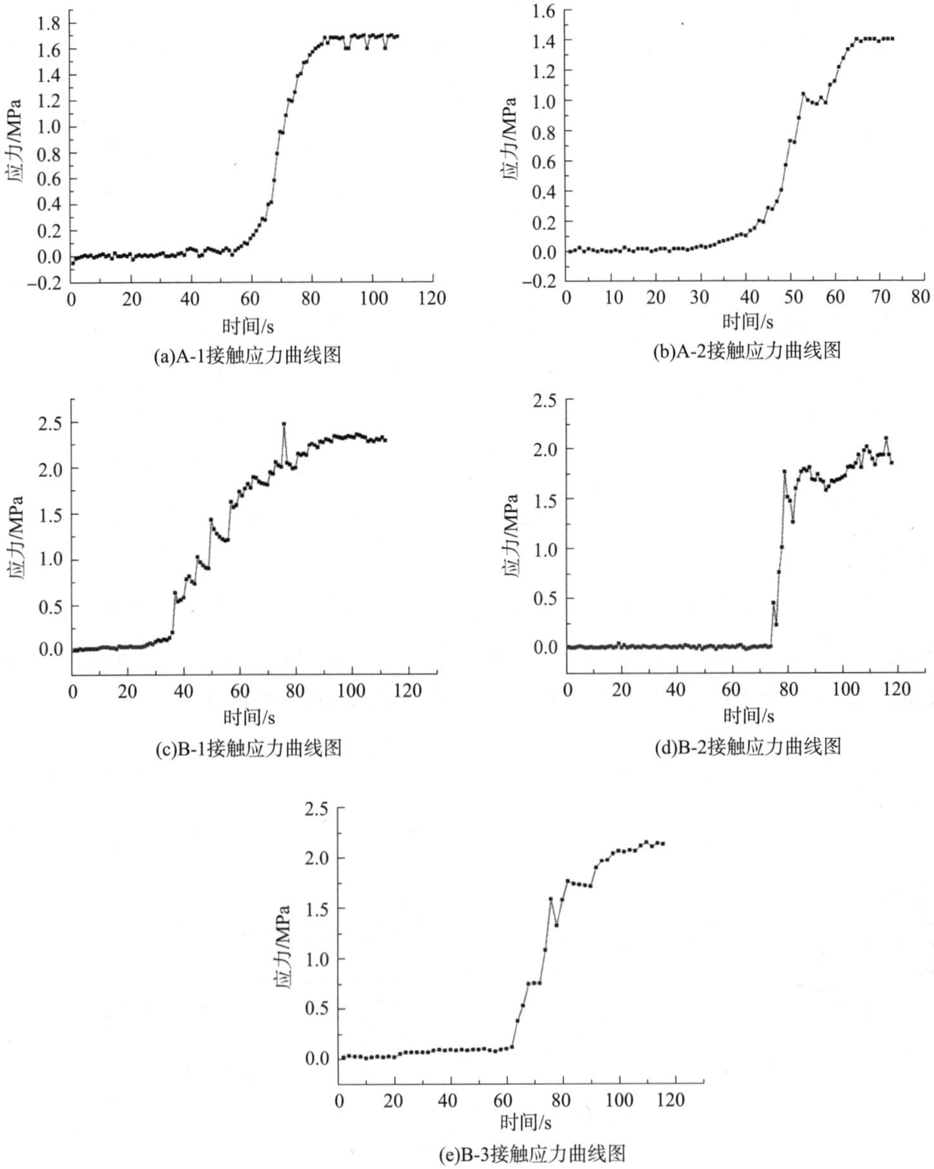

(a)A-1接触应力曲线图 (b)A-2接触应力曲线图

(c)B-1接触应力曲线图 (d)B-2接触应力曲线图

(e)B-3接触应力曲线图

图 9－17 封隔器实验接触应力曲线图

触应力 2. 4MPa。由此可知封隔器胶筒与套管的接触应力在靠近加载端处的胶筒部位较大，远离加载端处的胶筒部位较小。

9. 4. 4 有限元模型有效性验证

为验证上节中的有限元模型的有效性，从与实验工况相匹配的有限元分析数据中提取两组与实验测量点对应的数据，绘制测量点在有限元分析中按时间节点的等效应力如图 9－18 和图 9－19 所示。有限元分析中各点命名如下：A－A 代表测量对象为 A 实验中的 A 点，A－B 代表测量对象为 A 实验中的 B 点，B－A 代表测量对象为 B 实验中的 A 点，B－B 代表测量对象为 B 实验中的 B 点。

从有限元数值模拟绘制出的曲线图可以得到套管与胶筒之间接触力学传递规律，具体如下：

(1)有限元模拟中测量点受力变化趋势与实验测量点受力变化趋势相同，在胶筒接触套管前没有力的传递，当胶筒开始贴合套管后接触压力及等效应力都会急剧增加，在坐封完成后套管所受到的力呈现稳定趋势。

(2)A 组实验当中，上胶筒测量点最大等效应力及最大接触压力均大于下胶筒；B 组实验当中，两个测量点的最大等效应力及最大接触压力基本相同，即有限元数值模拟与实验规律相同：靠近加载端的胶筒对套管施加的力大于远离加载端的胶筒。

(3)有限元分析各方面设定的为理想工况，并且在建立有限元模型时材料属性设定与实际材料有一定的差距，在计算结果方面有限元测量两组实验的数据相比实验数据偏大 10%，各点受力规律与实验测量受力规律相同。

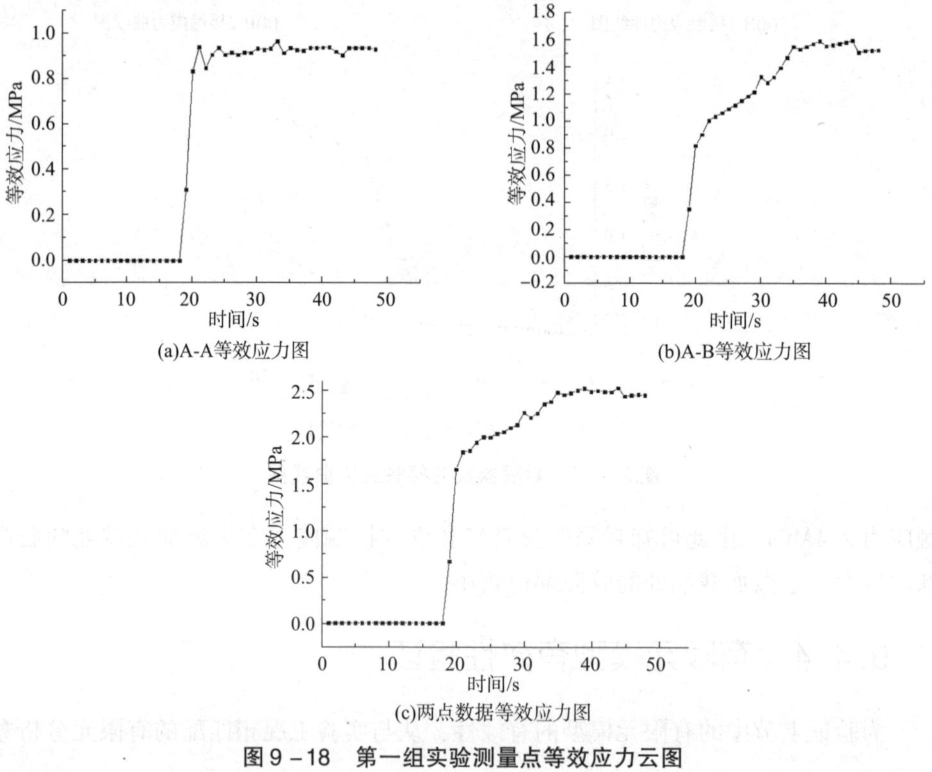

图 9－18　第一组实验测量点等效应力云图

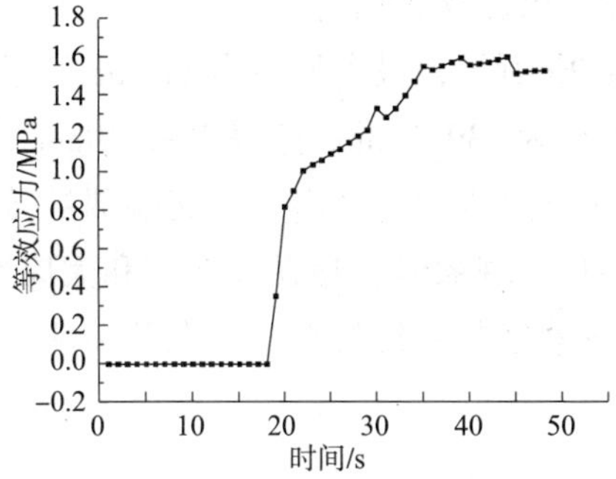

(a)B-A等效应力图

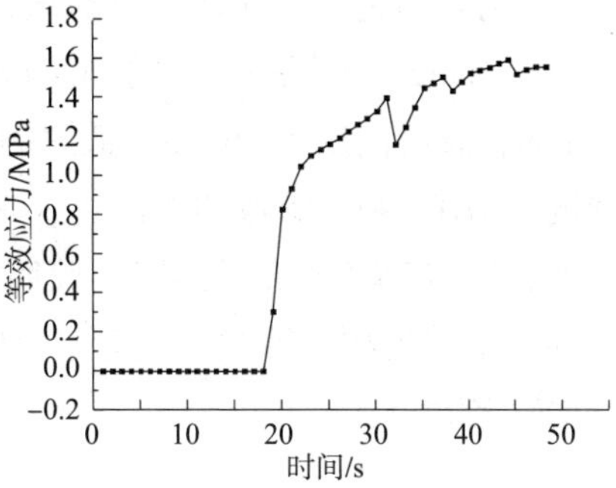

(b)B-B等效应力图

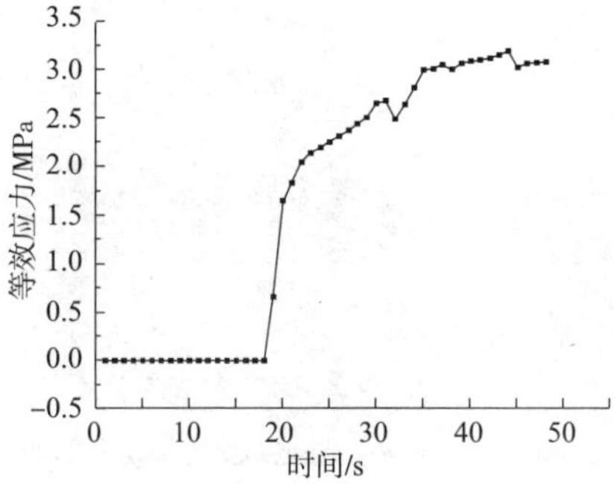

(c)两点数据等效应力图

图 9－19　第二组实验测量点等效应力云图

9.5　RTTS 封隔器胶筒的非线性仿真

RTTS 封隔器在油田作业现场有着极为广泛的应用，因此，以 RTTS 封隔器为例研究封隔器密封系统的非线性仿真。

RTTS 封隔器胶筒材料模型选用 Mooney－Rivlin 双参数模型，依据公式(9－14)、橡胶材料拉伸实验数据拟合确定材料常数 c_{10}，c_{01}。将橡胶材料拉伸实验数据输入 ANSYS Workbench 中材料数据拟合模块，可得不同硬度橡胶的 Mooney－Rivlin 双参数模型中的材料常数。在 RTTS 封隔器仿真分析中，选用硬度 IRHD＝90 的橡胶，其对应 Mooney－Rivlin 双参数模型中的 $c_{10}=0.96278$，$c_{01}=1.92556$，杨氏模量为 $E=17.33$MPa，不可压缩系数为 1×10^{-6}[10]。

RTTS 封隔器密封部件的主要工作部件为胶筒，在胶筒的仿真过程中存在材料非线性、几何非线性、接触非线性的问题。通过准确地建立密封部件几何模型、选取合适的材料模型、设置正确的接触关系并选择恰当的接触算法，可以解决 RTTS 封隔器密封系统的三重非线性带来的收敛困难问题。

建立 RTTS 封隔器密封系统模型如图 9－20 所示，最大外径为 110mm，通径为 68mm，胶筒高度为 76mm，适用的套管外径为 139.7mm，壁厚为 9.17mm，胶筒硬度 IRHD＝90，参数如上所述。在胶筒压缩过程中，会出现胶筒端部被挤出的现象，即“肩突”现象。封隔器胶筒发生“肩突”现象时，存在大变形和大应变，极易导致求解失败，因此，在建立 RTTS 封隔器密封系统模型时，在胶筒两端添加“防突”部件。

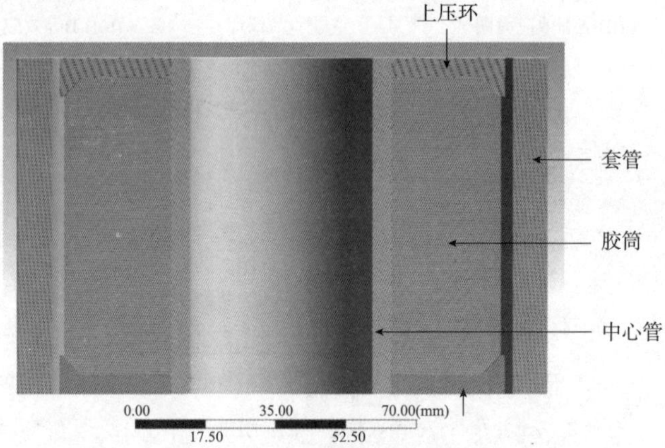

图 9－20　RTTS 封隔器密封部件仿真模型

封隔器胶筒在坐封过程中存在材料非线性、几何非线性、接触非线性的问题，在求解过程中采用自适应网格算法，而自适应网格限制网格类型为四面体网格。因此，将胶筒划分为四面体网格（Tetrahedrons），并采用一致网格划分方法（patch conforming method）。防突部件的几何形状为不规则多面体，不能执行六面体网格划分，因此，将其划分为四面体网格。隔环、套管和中心管的几何形状为规则圆柱，且这些部件不存在非线性行为，因此，将隔环、套管和中心管划分为六面体网格。RTTS 封隔器密封系统的网格划分如图 9－21 所示。

RTTS 封隔器密封系统网格划分中使用了自适应网格算法，即在求解过程中程序按照设置的阈值实时更新网格，对网格进行重新划分。图 9－22 为 RTTS 封隔器求解过程中残差力监测曲线，实线状竖线为网格更新节点（Remesh Point），由图 9－22 可知，在本次求解过程中，程序进行了 5 次网格更新。图 9－22 中带“★”的线为残差力（Force Convergence），带“●”的线为基准力（Force Criterion），图 9－22 表明，在网格更新之后，求解收敛速度有明显提高。

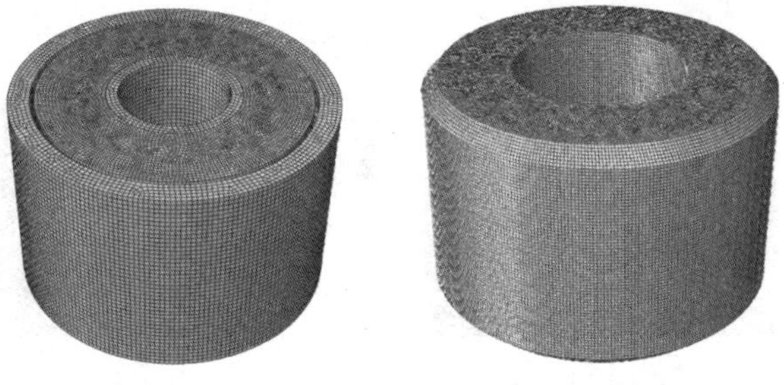

(a)整体网格　　　　(b)胶筒网格

图 9－21　RTTS 封隔器密封部件仿真网格划分

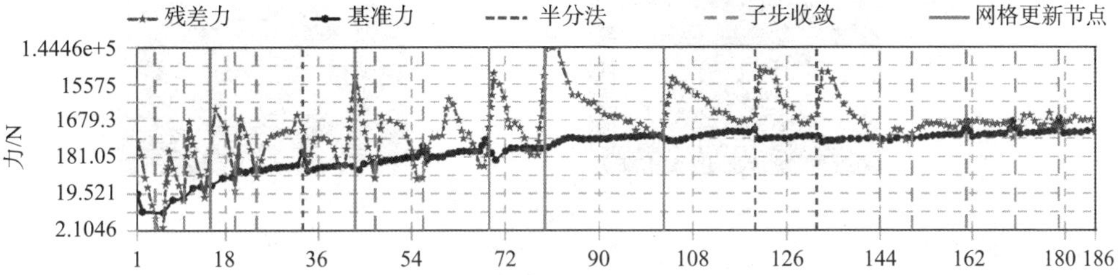

图 9－22　RTTS 封隔器求解过程中残差力监测曲线

在 RTTS 封隔器密封部件材料设置、有限元模型网格划分完成之后，依据实际变形状态进行接触状态设置、边界条件设置、求解器设置等，相关设置涉及的有限元分析算法将直接影响求解精度、求解收敛状态、求解速度。

在 RTTS 封隔器胶筒变形过程中将遍历初始状态、自由变形状态、单向接触状态、双向接触状态、坐封状态。初始状态时，胶筒内表面与中心管外表面保持接触，胶筒外表面与套管内表面处于分离状态；自由变形状态时，胶筒内表面与中心管外表面逐渐分离，胶筒外表面与套管内表面依旧处于分离状态；单向接触状态时，胶筒内表面与中心管外表面部分接触，胶筒外表面逐渐与套管内表面接触；坐封状态时，胶筒内、外表面分别与中心管外表面、套管内表面保持接触，并具有一定的接触应力。

由于密封部件的工作过程存在着材料非线性、几何非线性、接触非线性等问题，因此，需对求解器进行相关设置。设置载荷步数为 1，并通过子步定义自动时间步，设置初始子步步数为 1000，最小步子步数为 10，最大子步步数为 10000。设置求解器类型为直接求解器，并开启大变形开关。在求解设置中插入非线性自适应区域。

（1）不同坐封载荷下胶筒的压缩距

图 9－23 中（a）～（g）依次为 10kN、20kN、30kN、40kN、50kN、60kN、70kN 的坐封载荷作用下胶筒的变形云图和套管的接触应力图。

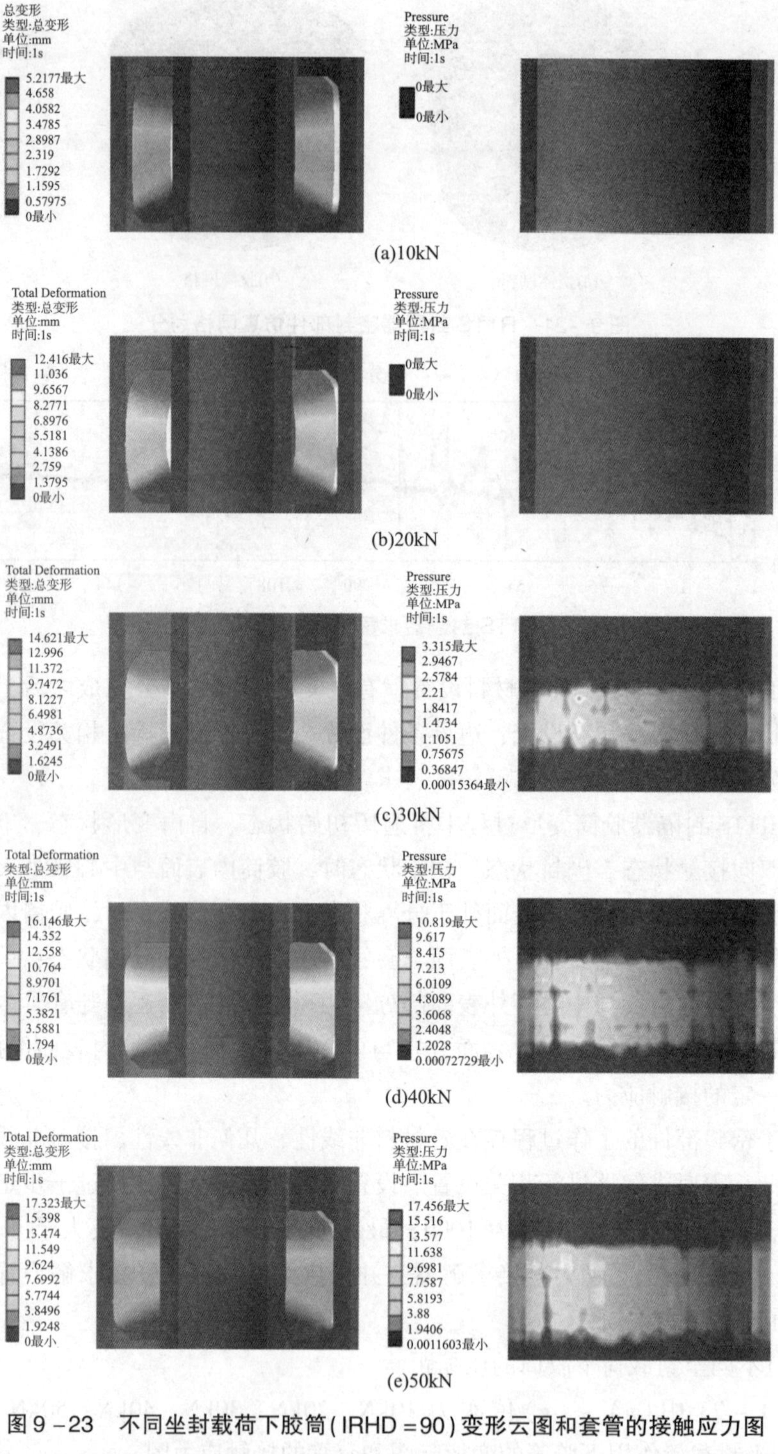

图 9 – 23　不同坐封载荷下胶筒(IRHD = 90)变形云图和套管的接触应力图

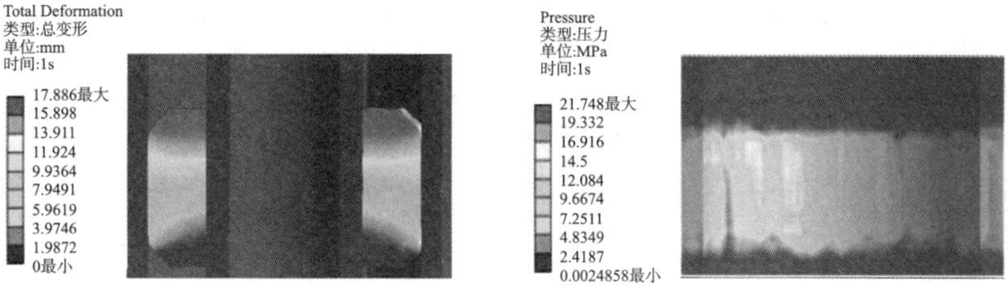

(f)60kN

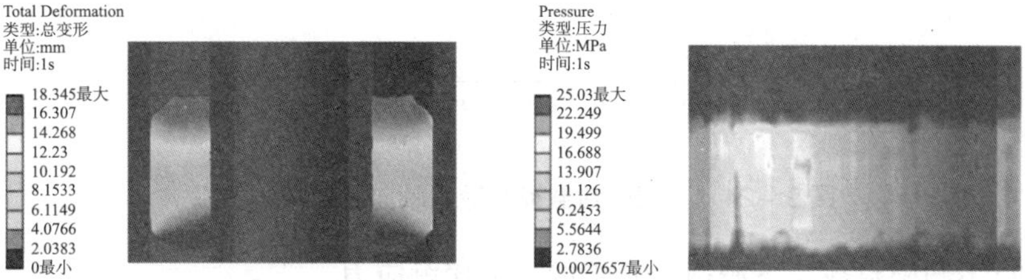

(g)70kN

图 9－23　不同坐封载荷下胶筒(IRHD＝90)变形云图和套管的接触应力图(续)

从图 9－23 中胶筒的位移云图中可以看出，在载荷 30kN 时，胶筒外壁与套管内壁接触，在载荷达到 50kN 时，胶筒的外壁几乎完全与套管接触，当完全接触时，随着载荷增加到 70kN，胶筒完全坐封。为了保证足够的压缩距，同时避免因压缩距过大带来胶筒肩部应力集中使得胶筒破坏，引起密封失效，将橡胶材料的压缩比保持在 0.3 左右是较为理想的。为分析坐封载荷与轴向压缩距的关系，提取 10kN、20kN、30kN、40kN、50kN、60kN、70kN 坐封载荷下胶筒最大变形量，如表 9－1 所示。绘制出不同坐封载荷与胶筒轴向压缩距的关系曲线如图 9－24 所示。

表 9－1　不同坐封载荷下胶筒的压缩距

轴向载荷/kN	10	20	30	40	50	60	70
压缩距/mm	5.2117	12.416	14.621	16.146	17.323	17.886	18.345

图 9－23 和图 9－24 表明，胶筒和套管的最大接触应力，以及胶筒的压缩距都是随着载荷的增加明显增加的；图 9－24 中，胶筒的轴向压缩距离变化是不均匀且非线性的，属于大变形；并且在初始受力时，变化量增大较快，随着载荷增加，在 20kN 后，胶筒压缩距增长逐渐减慢，在载荷达到 50kN 后，胶筒压缩距增长继续减缓，随着载荷增加，胶筒的弹性抵抗越来越明显，压缩距的增大逐渐趋于平缓。

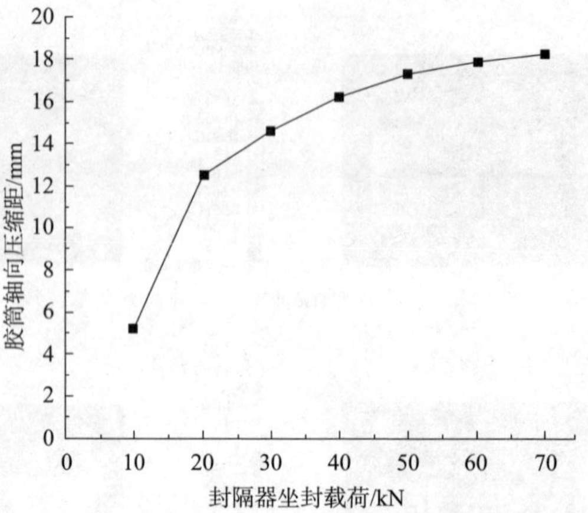

图 9-24　不同坐封载荷与胶筒轴向压缩距的关系

(2)不同坐封载荷下胶筒与套管的最大接触应力

提取图 9-23 中，胶筒与套管最大接触应力，如表 9-2 所示。

表 9-2　不同坐封载荷下胶筒与套管的最大接触应力

轴向载荷/kN	10	20	30	40	50	60	70
套管接触应力/MPa	0	0	3.315	10.819	17.456	21.748	25.03

以胶筒所承受的轴向压力为横坐标，以胶筒与套管之间的最大接触应力为纵坐标，绘制如下曲线图 9-25。

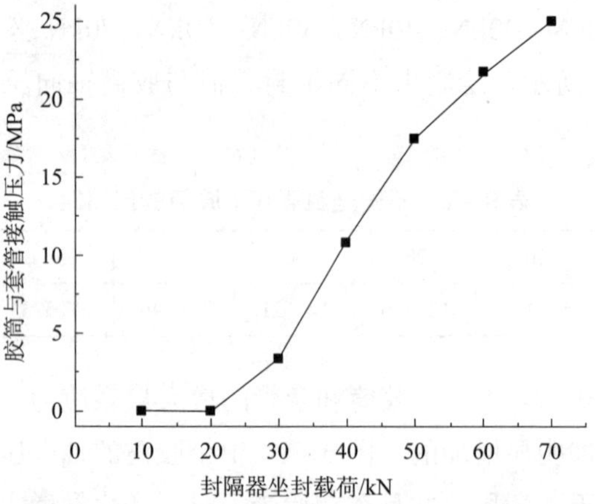

图 9-25　不同坐封载荷与胶筒接触应力的关系

图 9-25 为不同坐封载荷作用下胶筒与套管最大接触应力关系曲线，由图中可以看出，胶筒受到压缩而膨胀，在载荷为 50kN 之前，随着载荷的增大，胶筒

与套管接触区域最大接触应力明显呈接近线性状态地增大。在载荷大于 50kN 时，最大接触应力有逐渐变缓的趋势，当载荷为 70kN 时，胶筒与套管间的最大接触应力约为 25.03MPa，此时，两者完全接触，达到密封效果。

(3)不同坐封载荷下接触应力沿胶筒轴向坐标的变化

为了研究胶筒和套管之间接触应力的分布，提取 10～70kN 加载下从胶筒上端至下端(对应 0～76mm 时)的接触应力数据，如表 9－3 所示。

表 9－3　不同坐封载荷下接触应力沿胶筒轴向坐标的变化

坐标/mm \ 载荷/kN	10	20	30	40	50	60	70
0	0	0	0	0	0	0	0
4.606	0	0	0.00152	0.0164	0.03442	0.047858	0.055873
9.212	0	0	0.00305	0.026692	0.05367	0.074731	0.089091
13.818	0	0	0.00367	0.042375	0.07600	0.099737	0.11794
18.423	0	0	0.00409	0.15479	0.36921	0.5354	0.60264
23.03	0	0	0.06148	0.48382	1.05680	1.4372	1.5765
27.636	0	0	0.15757	1.3332	2.94580	4.2459	4.9054
32.242	0	0	0.48593	2.746	5.11570	7.1988	8.4098
36.848	0	0	0.97178	3.1461	5.40990	7.4553	8.8895
41.454	0	0	0.90198	2.7084	5.15710	7.5908	9.2378
46.06	0	0	1.19310	2.8713	4.93770	6.7394	7.9019
50.667	0	0	1.03790	2.9382	4.95750	6.6801	7.7751
55.272	0	0	0.97897	2.65	4.82550	6.8587	8.1867
59.879	0	0	0.33991	2.3764	4.63130	6.6734	7.8928
64.484	0	0	0.11463	1.8811	4.33020	6.8217	8.4699
69.09	0	0	0.05407	0.48632	1.00170	1.5254	1.9093
73.697	0	0	0.02705	0.22162	0.48876	0.77047	0.96827
76	0	0	0	0	0	0	0

以胶筒轴向坐标为横坐标，胶筒和套管接触应力为纵坐标，同时考虑不同载荷的接触应力变化对比，绘制曲线图如图 9－26 所示。

从图中可以看出，在加载 0～20kN 时，胶筒此时与套管还未接触；而在20～50kN 加载的情况下，曲线趋势存在一些变化，最大接触应力值从胶筒中部 45mm 处逐渐移动到 35mm 处，这说明此时胶筒状态正在从与套管不接触过渡到接触；

在50~70kN加载的情况下，此时曲线的趋势已经趋于一致，仅仅是接触应力值发生变化，这说明此时胶筒已经与套管完全接触，封隔器坐封完成。

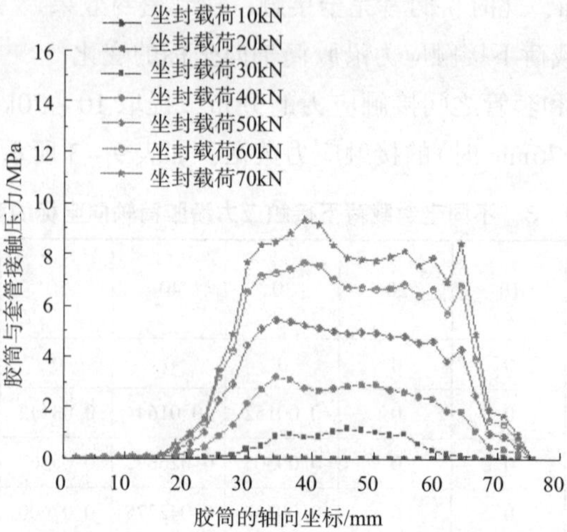

图9-26 不同载荷下胶筒和套管接触应力沿胶筒长度方向变化曲线

随着载荷的增加，接触应力理所当然地增大。在胶筒与套管的接触过程中，随着载荷的增加，胶筒的中部首先与套管相接触，所以在载荷较小时，胶筒与套管的最大接触应力主要集中在胶筒的中段。随着载荷越来越大，胶筒的外壁与套管完全接触之后，由于下端不能移动，所以胶筒的下半部分与套管发生强烈的挤压，因此，在载荷较大的情况下，胶筒与套管的接触应力主要集中在胶筒的下半段。

9.6 蜂窝骨架纳米流控封隔器胶筒力学性能仿真

蜂窝骨架纳米流控封隔器胶筒，是一种新型的封隔器胶筒，由纳米流控系统充填蜂窝骨架后所形成的复合弹性材料制成。结合前文相关研究，选取胞元边长$l=4$mm、壁厚边长比$t/l=0.125$、扩展角$\theta=120^{\circ}$的橡胶蜂窝骨架为包覆骨架，进孔压力为10MPa的纳米流控系统为填充液。

结合传统封隔器胶筒的探究方法，传统的封隔器胶筒选用的是莫尼-里夫林(Mooney-Rivlin)2参数模型，$c_{10}=0.96278$，$c_{01}=1.92556$。耦合纳米流控系统特性的蜂窝骨架弹性材料选用Mooney-Rivlin5参数模型进行曲线拟合，$c_{10}=1.1308$，$c_{01}=-0.80012$，$c_{20}=0.4478$，$c_{11}=-0.12594$，$c_{02}=0.1721$，$E=$

17. 33 MPa，不可压缩系数为 1×10^{-6} 。其他的设置类型与传统胶筒的仿真设置保持一致。

(1)不同坐封载荷下胶筒的压缩距

图 9 – 27 中(a) ~ (g)依次为 10kN、20kN、30kN、40kN、50kN、60kN、70kN 的坐封载荷作用下纳米流控封隔器胶筒的变形云图和套管的接触应力图。

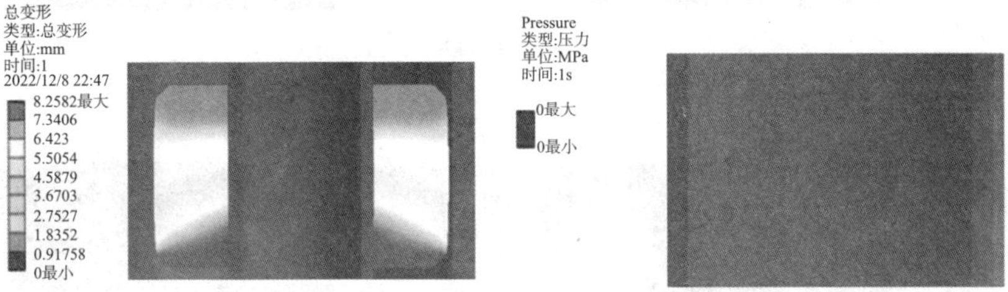

(a)10kN

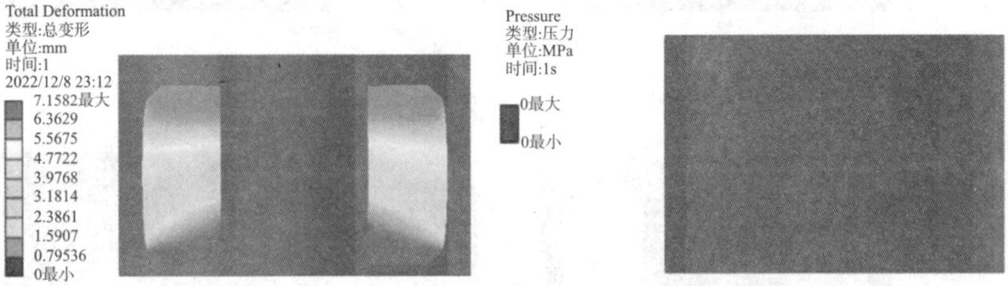

(b)20kN

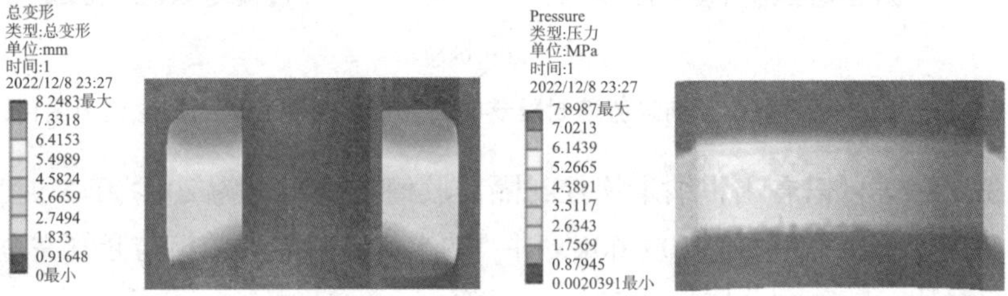

(c)30kN

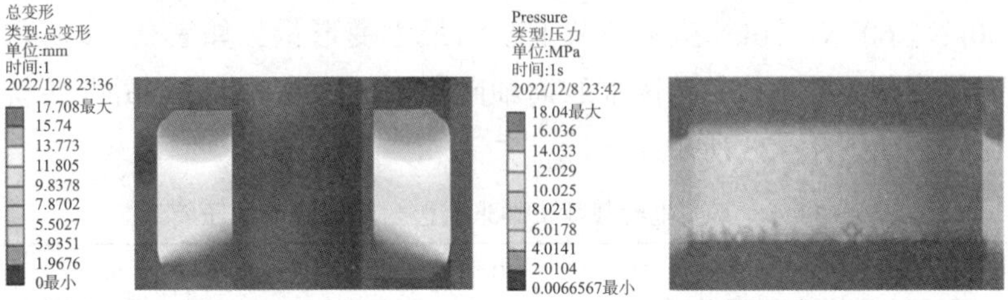

(d)40kN

图 9 –27　不同坐封载荷下纳米流控封隔器胶筒变形云图和套管的接触应力图

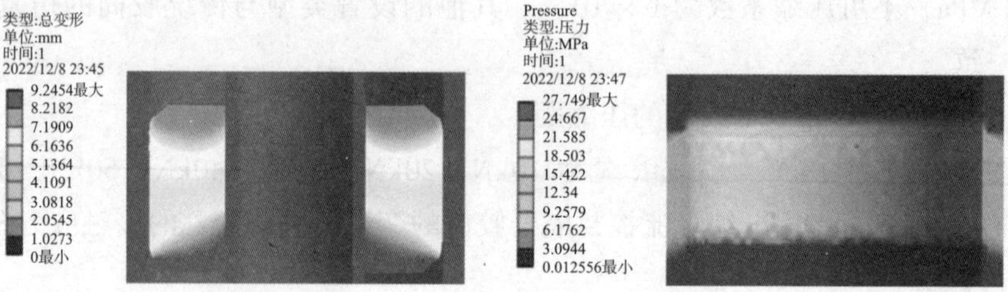

(e)50kN

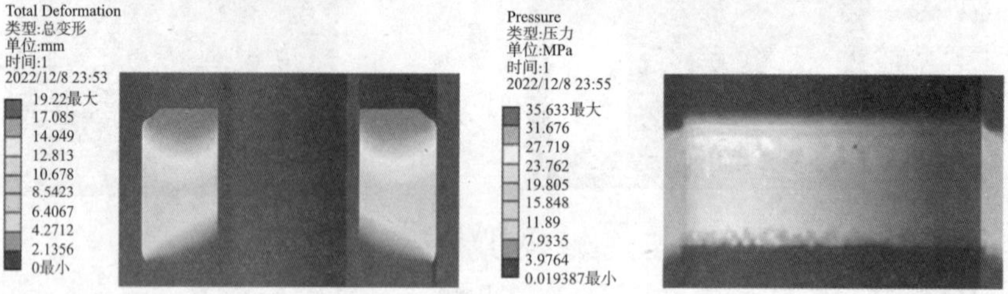

(f)60kN

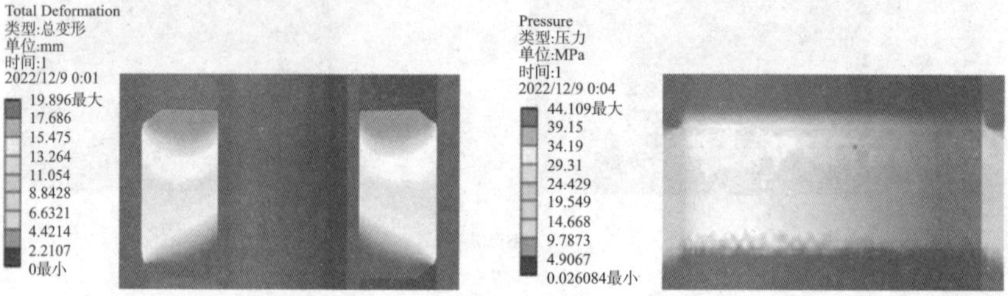

(g)70kN

图9－27　不同坐封载荷下纳米流控封隔器胶筒变形云图和套管的接触应力图(续)

从图9－27可以看出，纳米流控封隔器胶筒在坐封力为20～30kN时，开始与套管相接触。在坐封力为50～60kN时，纳米流控封隔器胶筒与套管完全接触。当完全接触后，随着载荷增加到70kN，胶筒完全坐封。

为分析坐封载荷与轴向压缩距之间的关系，提取10kN、20kN、30kN、40kN、50kN、60kN、70kN坐封载荷下胶筒最大变形量，如表9－4所示。绘制出不同坐封载荷与纳米流控封隔器胶筒轴向压缩距的关系曲线，并与传统封隔器胶筒相比较，如图9－28所示。

表9－4　不同坐封载荷下纳米流控封隔器胶筒的压缩距

轴向载荷/kN	10	20	30	40	50	60	70
压缩距/mm	8.2582	14.316	16.724	17.708	18.243	19.22	19.896

图9－27和图9－28表明，纳米流控封隔器胶筒和套管的最大接触应力，以

及压缩距都是随着载荷的增加明显增大的，这与传统胶筒规律一致；在图 9－28 中，可以看出在相同坐封载荷下，纳米流控封隔器胶筒的压缩距大于传统胶筒，这是因为在未与套管完全接触时，纳米流控封隔器胶筒里面的纳米流控系统为悬浮液状态，形变能力较强；当胶筒完全接触后，胶筒内的压力达到纳米流控系统的进孔压力，部分液体填充进纳米孔道里，纳米流控系统体积减小，使得纳米流控封隔器胶筒有更大的压缩距。

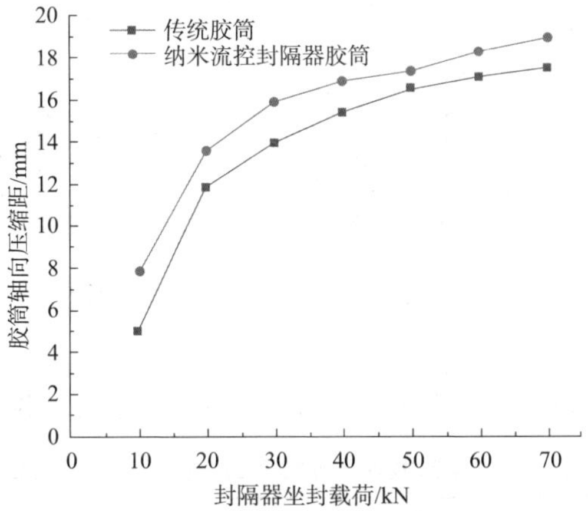

图 9－28　不同坐封载荷与胶筒轴向压缩距的关系

(2)不同坐封载荷下胶筒与套管的最大接触应力

从图 9－27 中，提取胶筒与套管最大接触应力，列于表 9－5。

表 9－5　不同坐封载荷下胶筒与套管的最大接触应力

轴向载荷/kN	10	20	30	40	50	60	70
套管接触应力/MPa	0	0	7.8987	18.04	27.749	35.633	44.109

以胶筒所承受的轴向压力为横坐标，以胶筒与套管之间的最大接触应力为纵坐标，绘制曲线图，并与传统胶筒相比较，如图 9－29 所示。

图 9－29 为不同坐封载荷作用下胶筒与套管最大接触应力关系曲线。由图可见，纳米流控封隔器胶筒受到压缩而膨胀，随着载荷的增大，胶筒与套管接触区域最大接触应力近似线性增大。当载荷为 70kN 时，胶筒与套管间的最大接触应力约为 44.109MPa，此时，两者完全接触，达到密封效果。对比传统胶筒与纳米流控封隔器胶筒，在封隔器坐封时，纳米流控封隔器胶筒的最大接触应力提高了 76.22%，说明纳米流控封隔器胶筒的密封性能更好。

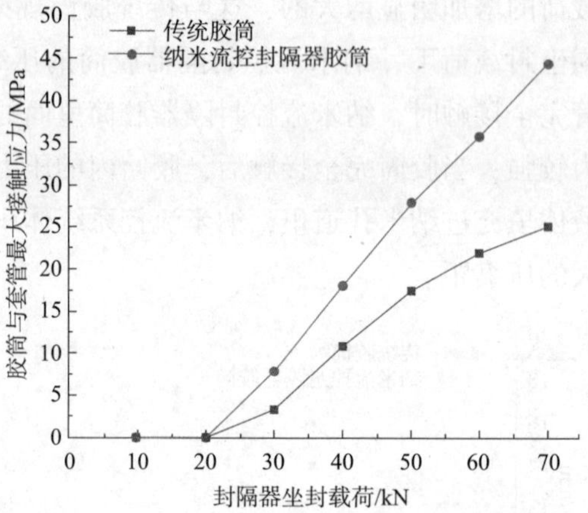

图9－29　不同坐封载荷与胶筒接触应力的关系

(3)不同坐封载荷下接触应力沿胶筒轴向坐标的变化

为了研究纳米流控封隔器胶筒和套管之间接触应力的分布，提取10～70kN加载下从胶筒上端至下端(对应0～76mm时)的接触应力数据，如表9－6所示。

表9－6　不同坐封载荷下接触应力沿胶筒轴向坐标的变化

载荷/kN 坐标/mm	10	20	30	40	50	60	70
0	0	0	0	0	0	0	0
4.606	0	0	0.072	0.24375	0.46284	0.69807	0.95739
9.212	0	0	0.12035	0.428	0.82577	1.2559	1.7268
13.818	0	0	0.22728	0.82741	1.5009	2.1381	2.8289
18.423	0	0	0.40737	0.46436	1.2067	3.3253	6.0164
23.03	0	0	0.32471	5.1012	11.096	16.937	22.775
27.636	0	0	3.0464	8.8044	14.044	19.13	24.141
32.242	0	0	3.9792	8.8451	13.455	17.992	22.542
36.848	0	0	3.9716	8.2815	12.368	16.43	20.449
41.454	0	0	3.7982	7.766	11.532	15.343	19.001
46.06	0	0	3.3382	6.8824	10.244	13.615	16.931
50.667	0	0	2.9861	6.2486	9.401	12.53	15.675
55.272	0	0	2.0372	5.2523	8.2591	11.294	14.174
59.879	0	0	0.85617	3.1682	6.2007	9.1683	11.937
64.484	0	0	0.46605	1.4232	2.6919	4.3095	5.9907
69.09	0	0	0.27275	0.78717	1.4021	2.1339	2.9281

续表

载荷/kN 坐标/mm	10	20	30	40	50	60	70
73.697	0	0	0.16906	0.48045	0.84446	1.2793	1.7409
76	0	0	0	0	0	0	0

以胶筒轴向坐标为横坐标，胶筒和套管接触应力为纵坐标，同时考虑不同载荷的接触应力变化对比，绘制曲线图如图9－30所示。

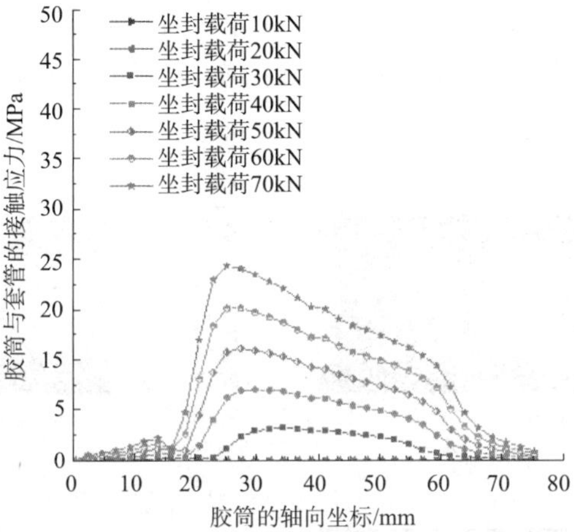

图9－30　不同载荷下纳米流控封隔器胶筒和套管接触应力沿胶筒长度方向变化曲线

从图中可以看出，当载荷为0～20kN时，胶筒还未与套管接触；而当载荷在20～70kN情况下，胶筒最大接触应力值一直处于35mm左右的位置，并且越来越长的胶筒段出现了接触应力值，说明胶筒状态逐渐从与套管不接触过渡到接触，再到完全接触。对比传统胶筒，纳米流控封隔器胶筒表面的应力值变化更加平滑，说明纳米流控封隔器胶筒自身应力分布相对均匀，应力集中现象较少，胶筒的使用寿命将更长。

随着载荷的增加，接触应力增大。在胶筒与套管的接触过程中，随着载荷的增加，胶筒的中部首先与套管相接触，所以在载荷较小时，胶筒与套管的最大接触应力集中在胶筒的中段。随着载荷的增大，胶筒外壁与套管完全接触后，由于下端不能移动，胶筒的下半部分与套管发生强烈的挤压，因此，在载荷较大的情况下，胶筒与套管的接触应力主要集中在胶筒的下半段。

(4)摩擦因数对胶筒接触应力的影响

封隔器在复杂的井下环境中工作，其工作介质随着不同的工况而发生变化。

因此，胶筒与套管之间的摩擦因数不仅与其表面形态、材料等有关，而且受到工作介质的影响。

胶筒表面的摩擦因数会影响到胶筒表面的接触应力，从而影响封隔器的密封性能。研究不同摩擦因数对胶筒接触应力的影响规律，对于封隔器的合理设计和选用具有指导意义。

图 9－31 为 50MPa 坐封压力下不同摩擦因数的胶筒与套管间接触应力分布云图。图 9－31(a)～(d)依次为 $f=0.1$，$f=0.3$，$f=0.5$，$f=0.7$。由图可见，随着摩擦因数的增大，纳米流控封隔器胶筒与套管间的最大接触应力有小幅度的增加，但接触应力分布逐渐出现“分层”现象，说明随着摩擦因数的增大，胶筒表面的应力分布越来越不均匀，此时胶筒的密封性能也就跟着变差。

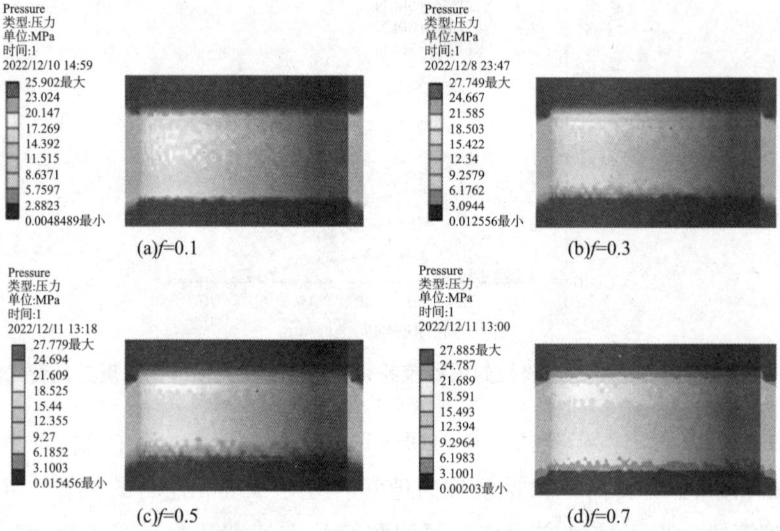

图 9－31　不同摩擦因数下纳米流控封隔器胶筒和套管的接触应力图

为研究摩擦因数对纳米流控封隔器胶筒和套管之间接触应力的影响，提取 50kN 加载下 4 种摩擦因数时，胶筒上端至下端(对应 0～76mm 时)接触应力数据，列于表 9－7。

表 9－7　不同摩擦因数下接触应力沿胶筒轴向坐标的变化

坐标/mm \ 摩擦因数	0.1	0.3	0.5	0.7
0	0	0	0	0
4.606	0.1231	0.46259	0.62462	0.74375
9.212	0.37812	0.84345	1.0816	1.228

续表

坐标/mm \ 摩擦因数	0.1	0.3	0.5	0.7
13.818	1.0125	1.4784	1.8862	2.02741
18.423	3.7319	1.4505	1.3334	1.16436
23.03	12.5	10.753	10.003	9.1012
27.636	14.659	13.982	13.448	12.8044
32.242	14.319	13.678	12.964	11.8451
36.848	13.718	12.585	11.834	10.4815
41.454	13.178	11.333	10.438	8.766
46.06	12.677	10.163	9.107	7.8824
50.667	12.597	9.346	8.1316	6.2486
55.272	11.847	8.1894	6.8921	5.2523
59.879	10.177	6.1646	4.8597	3.1682
64.484	4.229	2.7905	2.2007	1.4232
69.09	1.8994	1.3963	1.1858	0.78717
73.697	1.1124	0.84093	0.72449	0.48045
76	0	0	0	0

以胶筒轴向坐标为横坐标，胶筒和套管间接触应力为纵坐标，同时考虑不同载荷的接触应力变化对比，绘制不同摩擦因数下纳米流控封隔器胶筒和套管的接触应力沿胶筒长度方向变化曲线图，如图 9－32 所示。

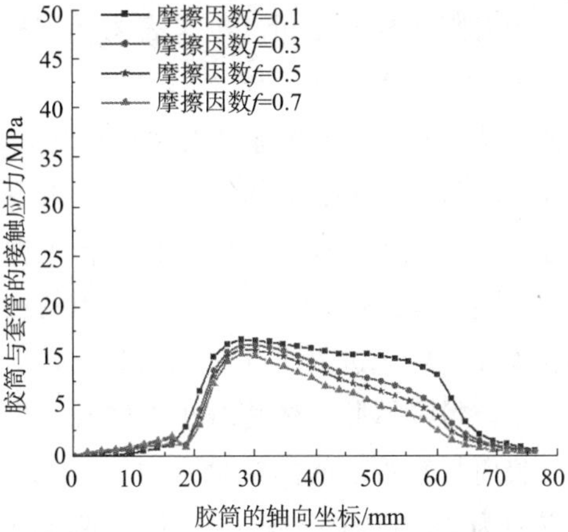

图 9－32　不同摩擦因数下纳米流控封隔器胶筒和套管的接触应力沿胶筒长度方向变化曲线

由图9－32可知，胶筒与套管间的接触应力随着摩擦因数的减小而增大。不同摩擦因数下，胶筒与套管间的接触应力延胶筒轴向变化趋势相同。当胶筒轴向坐标大于30mm后，随着摩擦因数的增加，胶筒与套管间的接触应力随胶筒轴向位置的变化趋势由“平缓”逐渐变得“陡峭”。曲线越“平缓”，则接触应力分布越均匀，胶筒的密封性能越好；曲线越“陡峭”，则接触应力分布均匀性越差，胶筒密封性能越差。结合图9－31和9－32可知，虽然增大摩擦因数能使纳米流控封隔器胶筒的最大接触应力增大，但胶筒整体沿轴向的应力却是随摩擦因数的增大而减小。

9.7 本章小结

本章分析了蜂窝骨架纳米流控封隔器胶筒的力学性能，并将其与传统胶筒进行了比较，得出如下结论：

(1)纳米流控封隔器胶筒与传统胶筒在坐封过程中变形过程与应力集中段基本相同。在胶筒与套管的接触过程中，随着载荷的增加，胶筒的中部首先与套管相接触，在载荷较小时，胶筒与套管的最大接触应力主要集中在胶筒的中段。随着载荷越来越大，胶筒的外壁与套管完全接触之后，由于下端不能移动，胶筒的下半部分与套管发生强烈的挤压，因此，在载荷较大的情况下，胶筒与套管的接触应力主要集中在胶筒的下半段。

(2)选取胞元边长 $l=4$mm、壁厚边长比 $t/l=0.125$、扩展角 $\theta=120^\circ$ 的橡胶蜂窝骨架为包覆骨架，进孔压力为10MPa的纳米流控系统为填充液，建立纳米流控封隔器胶筒模型进行有限元模拟分析。结果表明，该种纳米流控封隔器胶筒的压缩距离为19.896mm，对比传统硬度IRHD＝90材料封隔器胶筒的压缩距为18.345mm。纳米流控封隔器胶筒完全坐封的压缩距相比传统封隔器胶筒提升了8.4%。纳米流控封隔器胶筒在未与套管完全接触时，两端无约束，内部的纳米流控填料为悬浮液状态，纳米流控胶筒形变能力相对传统橡胶材质胶筒较强；当胶筒与套管完全接触后，随着坐封载荷的增大，胶筒内的压力达到纳米流控填料中液体的进孔压力，液体开始填充进入多孔介质的纳米孔道中，纳米流控填料体积减小，从而使得纳米流控封隔器胶筒体积减小，体现为更大的压缩距。完全坐封后，纳米流控封隔器胶筒与套管之间的接触应力为44.109MPa，传统封隔器胶筒和套管之间的接触应力为25.03MPa。相比之下，纳米流控封隔器胶筒与套管之间接触应力提高了76.22%，说明纳米流控封隔器胶筒的密封性能优于传统封隔器胶筒。

(3)分析不同的摩擦因数下的计算结果，发现胶筒与套管间的接触应力随着摩擦因数的减小而增大。不同摩擦因数下，胶筒与套管间的接触应力延胶筒轴向变化趋势相同。摩擦因数越小，胶筒下半段与套管间的接触应力曲线趋势越平缓，密封性能越好。

参考文献

[1]Khay I, Chaplais G, Nouali H, et al. Assessment of the energetic performances of various ZIFs with SOD or RHO topology using high pressure water intrusion – extrusion experiments[J]. Dalton Transactions, 2016, 45(10): 4392 –4400.

[2]Li M, Lu W. Liquid marble: A novel liquid nanofoam structure for energy absorption[J]. AIP Advances, 2017, 7(5): 055312.

[3]Chen X, Surani F B, Kong X, et al. Energy absorption performance of steel tubes enhanced by a nanoporous material functionalized liquid[J]. Applied Physics Letters, 2006, 89(24): 331.

[4]Sun Y, Li Y, Zhao C, et al. Crushing of circular steel tubes filled with nanoporous – materials – functionalized liquid[J]. International Journal of Damage Mechanics, 2016: 1056789516683539.

[5]Yu X, Qin Q, Zhang J, et al. Crushing and energy absorption of density – graded foam – filled square columns: experimental and theoretical investigations [J]. Composite Structures, 2018: S0263822318316222.

[6]Ebrahimi S, Vahdatazad N, Liaghat G. Experimental Characterization of the Energy Absorption of Functionally Graded Foam Filled Tubes Under Axial Crushing Loads[J]. Journal of Theoretical & Applied Mechanics, 2018, 48(1): 76 –89.

[7]鄂玉萍，张喜俊. 泡沫充填型蜂窝纸板面外压缩性能实验研究[J]. 振动与冲击，2017，36(20): 146 –150.

[8]Qiang L, Jie F, Ma J, et al. Axial and lateral crushing responses of aluminum honeycombs filled with EPP foam[J]. Composites Part B Engineering, 2017, 130: S1359836817314300.

[9]李晓芳，杨晓翔. 橡胶材料的超弹性本构模型[J]. 弹性体，2005，15(01): 50 –58.

[10]刘永辉. 封隔器胶筒性能有限元分析及结构改进[D]. 西南石油大学，2006.